21世纪高等学校计算机教育实用规划教材

数据库原理及应用教程
——SQL Server 2014

沈　红　张焕君　主　编
喻红婕　胡树杰　副主编
马玉峰　刘　雄　张凤乔　参　编

U0347761

清华大学出版社
北京

内 容 简 介

本书较系统全面地阐述了数据库系统的基础理论、基本关系和基本方法,全书共分 10 章。具体内容包括数据库的基本概念、关系数据库、关系数据库标准语言 SQL、关系模式的规范化理论、数据库设计、数据库安全性、数据库完整性、数据库故障与恢复、并发控制理论及实践篇。

本书是作者多年从事数据库原理课程教学与科研实践的结晶,书中注重基础理论的介绍,并在理论阐述的基础上和具体应用相结合,以达到整体理论教学与实践教学课程体系的预期教学效果。本书删减烦琐、陈旧的内容,例题大部分有详细的解析过程,利于读者对理论知识的吸收和巩固。

本书既可以作为高等院校计算机科学与技术、软件工程、电子信息科学、信息安全、信息管理与信息系统、信息与计算科学等专业本科生数据库课程的教材,还可以供从事信息领域工作的科技人员及其他人员参阅。

书中与 SQL 语句相关的例题均在 SQL Server 2014 环境下测试通过。

图书在版编目(CIP)数据

数据库原理及应用教程:SQL Server 2014/沈红,张焕君主编. —北京:清华大学出版社,2018
(2021.1重印)
(21 世纪高等学校计算机教育实用规划教材)
ISBN 978-7-302-51332-2

Ⅰ. ①数… Ⅱ. ①沈… ②张… Ⅲ. ①关系数据库系统—教材 Ⅳ. ①TP311.132.3

中国版本图书馆 CIP 数据核字(2018)第 223734 号

责任编辑:贾 斌
封面设计:常雪影
责任校对:焦丽丽
责任印制:吴佳雯

出版发行:清华大学出版社
    网 址:http://www.tup.com.cn, http://www.wqbook.com
    地 址:北京清华大学学研大厦 A 座   邮 编:100084
    社 总 机:010-62770175   邮 购:010-83470235
    投稿与读者服务:010-62776969, c-service@tup.tsinghua.edu.cn
    质量反馈:010-62772015, zhiliang@tup.tsinghua.edu.cn
    课件下载:http://www.tup.com.cn,010-83470236
印 装 者:三河市铭诚印务有限公司
经 销:全国新华书店
开 本:185mm×260mm 印 张:20.75   字 数:505 千字
版 次:2018 年 7 月第 1 版   印 次:2021 年 1 月第 2 次印刷
印 数:1501~2000
定 价:49.00 元

产品编号:080055-01

出 版 说 明

随着我国高等教育规模的扩大以及产业结构调整的进一步完善,社会对高层次应用型人才的需求将更加迫切。各地高校紧密结合地方经济建设发展需要,科学运用市场调节机制,合理调整和配置教育资源,在改革和改造传统学科专业的基础上,加强工程型和应用型学科专业建设,积极设置主要面向地方支柱产业、高新技术产业、服务业的工程型和应用型学科专业,积极为地方经济建设输送各类应用型人才。各高校加大了使用信息科学等现代科学技术提升、改造传统学科专业的力度,从而实现传统学科专业向工程型和应用型学科专业的发展与转变。在发挥传统学科专业师资力量强、办学经验丰富、教学资源充裕等优势的同时,不断更新教学内容、改革课程体系,使工程型和应用型学科专业教育与经济建设相适应。计算机课程教学在从传统学科向工程型和应用型学科转变中起着至关重要的作用,工程型和应用型学科专业中的计算机课程设置、内容体系和教学手段及方法等也具有不同于传统学科的鲜明特点。

为了配合高校工程型和应用型学科专业的建设和发展,急需出版一批内容新、体系新、方法新、手段新的高水平计算机课程教材。目前,工程型和应用型学科专业计算机课程教材的建设工作仍滞后于教学改革的实践,如现有的计算机教材中有不少内容陈旧(依然用传统专业计算机教材代替工程型和应用型学科专业教材),重理论、轻实践,不能满足新的教学计划、课程设置的需要;一些课程的教材可供选择的品种太少;一些基础课的教材虽然品种较多,但低水平重复严重;有些教材内容庞杂,书越编越厚;专业课教材、教学辅助教材及教学参考书短缺,等等,都不利于学生能力的提高和素质的培养。为此,在教育部相关教学指导委员会专家的指导和建议下,清华大学出版社组织出版本系列教材,以满足工程型和应用型学科专业计算机课程教学的需要。本系列教材在规划过程中体现了如下一些基本原则和特点。

(1) 面向工程型与应用型学科专业,强调计算机在各专业中的应用。教材内容坚持基本理论适度,反映基本理论和原理的综合应用,强调实践和应用环节。

(2) 反映教学需要,促进教学发展。教材规划以新的工程型和应用型专业目录为依据。教材要适应多样化的教学需要,正确把握教学内容和课程体系的改革方向,在选择教材内容和编写体系时注意体现素质教育、创新能力与实践能力的培养,为学生知识、能力、素质协调发展创造条件。

(3) 实施精品战略,突出重点,保证质量。规划教材建设仍然把重点放在公共基础课和专业基础课的教材建设上;特别注意选择并安排一部分原来基础比较好的优秀教材或讲义修订再版,逐步形成精品教材;提倡并鼓励编写体现工程型和应用型专业教学内容和课程体系改革成果的教材。

（4）主张一纲多本，合理配套。基础课和专业基础课教材要配套，同一门课程可以有多本具有不同内容特点的教材。处理好教材统一性与多样化，基本教材与辅助教材，教学参考书，文字教材与软件教材的关系，实现教材系列资源配套。

（5）依靠专家，择优选用。在制订教材规划时要依靠各课程专家在调查研究本课程教材建设现状的基础上提出规划选题。在落实主编人选时，要引入竞争机制，通过申报、评审确定主编。书稿完成后要认真实行审稿程序，确保出书质量。

繁荣教材出版事业，提高教材质量的关键是教师。建立一支高水平的以老带新的教材编写队伍才能保证教材的编写质量和建设力度，希望有志于教材建设的教师能够加入到我们的编写队伍中来。

21世纪高等学校计算机教育实用规划教材编委会
联系人：魏江江 weijj@tup.tsinghua.edu.cn

前　言

　　数据库技术是计算机科学技术中发展最快的技术之一,已在社会生活中得到广泛的应用,并形成一个巨大的软件产业。它已成为计算机信息系统与应用系统的核心技术和重要基础。出版本教材是为了反映数据库学科的新成果和应用的新方向,适应数据库技术的不断发展。

　　本书既注重系统地介绍数据库的基本理论和方法,又补充了新型数据库系统的主要技术知识。本书缩减传统数据库系统的理论部分内容,突出数据库理论与应用技术紧密结合的特点,结合现代的软、硬件环境及应用实例讲解,更适于作为高等学校本科生教材。

　　本书在介绍原理知识之后,配合有大量的相关例题,加深读者对理论课学习的进一步理解。大部分的例题都配有详细的解析过程,有利于读者对理论知识的吸收和巩固。

　　书中每章后面均配有适量的习题,以加强读者对数据库系统概念、方法的理解和掌握。

　　本书有配套的课件,以方便教学。

　　本书共分 10 章,结合高校教学信息管理系统数据库应用案例,较为详细地介绍了数据库系统的基本概念、原理、方法和应用技术。

　　第 1 章介绍数据库系统的相关概念,回顾数据管理技术的发展历史,并在此基础上介绍数据模型的概念、数据库系统结构和数据库系统的组成。

　　第 2 章介绍关系数据库的基本概念、关系模型的运算理论、关系代数及关系的完整性等方面的知识。

　　第 3 章介绍关系数据库标准语言 SQL。主要介绍 SQL 的产生、发展、特点,掌握模式、表、索引、视图的创建与管理,介绍数据库中数据的查询与更新操作等。

　　第 4 章介绍关系数据理论,包括函数依赖、公理系统、规范化和模式分解等内容。

　　第 5 章介绍关系数据库设计理论,在结合高校教学信息管理系统实例的基础上,介绍数据库设计的详细步骤,包括需求分析、概念结构设计、逻辑结构设计、物理结构设计、数据库实施以及数据库运行和维护阶段。

　　第 6 章介绍数据库安全性的概念以及数据库安全控制方法。

　　第 7 章介绍数据库完整性的概念以及完整性的维护机制。

　　第 8 章介绍数据库故障和恢复技术,包括事务的概念、故障的种类及恢复策略。

　　第 9 章介绍并发控制,首先介绍并发操作对数据库系统带来的影响,接下来介绍并发控制概述、封锁的概念、并发调度的可串行性、两段锁协议等。

　　第 10 章介绍 SQL Server 的发展过程及 SQL Server 2014 的安装及使用,并通过一个相关实例——学生选课系统,具体介绍数据库设计的过程。

　　本书既着眼于帮助学生掌握数据库系统的基本原理、技术和方法,又助其了解现代数据库系统的特点及发展趋势。本书内容丰富,叙述严谨清晰,每章后均配有本章小结以及适量的思考题和习题,适于广大师生的教与学。

本书由沈阳理工大学信息学院沈红和张焕君负责取材、组织和统稿。第1章由沈红、张焕君共同完成;第2章、第3章由沈红执笔;第4章、第5章由张焕君执笔;第6章、第7章由喻红婕执笔;第8章、第9章由胡树杰执笔;第10章由喻红婕、胡树杰和李爱华指导完成。实验室的刘雄和张凤乔两位学生负责编写程序,在诸位教师的指导下验证通过。特别是刘雄,书中SQL部分的例题都由他通过实验验证,表示感谢!还有马玉峰老师、崔宁海老师、杨大为老师及虞闯老师对书稿提出了宝贵的意见并对文稿做了最后的校对工作。在此感谢所有为本教材出版做出贡献的老师和学生们。

本书在编写过程中参考了一些书籍及文献资料,在此谨向被引用资料的作者表示感谢。

本书既可以作为高等院校计算机科学与技术、软件工程、电子信息科学、信息安全、信息管理与信息系统、信息与计算科学等专业本科生的数据库课程的教材,还可以供从事信息领域工作的科技人员及其他人员参阅。

在本书的编写过程中,编者尽可能引入新的技术和方法,力求反映当前的技术水平和未来的发展方向,但由于编者水平有限,书中难免存在不足之处,敬请广大读者批评指正。

编 者

2018 年 3 月

目　录

X

第 1 章　　绪　　论

【本章主要内容】
1. 简要介绍了数据库系统的基本概念及数据库系统的发展过程。
2. 着重阐述了数据模型的相关理论,介绍了概念模型和几种基本数据模型。
3. 重点论述了三级模式结构。
4. 简要介绍了 DBMS 的功能和数据库系统的组成。

1.1　数据库系统概述

数据库是数据管理的最新技术,是计算机科学的重要分支。它产生于 20 世纪 60 年代,到现在为止不过是区区的 50 多年时间。但数据库的研究对国民经济和人类的社会发展产生了巨大的影响。数据库系统,也就是本书将要讨论的主题,毫无疑问是软件工程领域最为耀眼的一颗明星。数据库目前作为所有信息系统的基础,正改变着许多组织机构和人们生活的方式。并且随着硬件技术的显著提高和通信技术的快速发展,数据库技术在万维网、电子商务、移动通信和网格计算等领域已经越来越凸显其重要性。

对一个国家来说,数据库的建设规模、数据库信息量的大小和对数据库的使用频度已经成为衡量该国家信息化程度的重要标志。因此,数据库不仅是计算机专业和信息管理专业等相关学科的重要课程,也是许多非计算机专业的选修课程。

那么,什么是数据库? 什么是数据库系统? 什么是数据库管理系统? 数据库理论与技术又是如何产生和发展起来的呢? 这是本节将要介绍的内容。

首先介绍几个最常用的数据库术语。

1.1.1　基本概念

1. 数据与信息(Data & Information)

数据:是数据库中存储以及用户操纵的基本对象。数据是描述事物的符号记录。说到数据,可能人大脑中的第一反应是数字,例如 0,1,2 等。其实数字只是最简单的数据,也就是说,数据不仅是数字,还可能是文本、图形、图像、音频、视频、人事档案记录、银行的往来账单等,这些都是数据。

可以对数据定义如下:描述事物的符号记录称为数据。描述事物的符号可以是数字,也可以是文字、图形、图像、音频、视频、语言等,数据有多种表现形式,它们都可以经过数字化后存入计算机。

但是数据的表现形式还不能完全表达其内容。例如,80 是一个数据,可以是一个人的体重,也可以是一个单位的人数,还可以是一个学生某科的成绩……,因此数据需要解释,才能了解这个数据的具体含义。数据和关于数据的解释是一体的,否则单纯的数据没有意义。数据的解释是指对数据含义的说明,数据的含义称为数据的语义,数据与其语义是密不可分的。

信息就是有一定含义的、经过加工处理的、对决策有价值的数据。它是关于现实事物存在的方式或运动状态的反映,是数据及数据含义的总和。

例如描述沈阳理工大学信息学院新生信息,可以用一组数据"张三同学,男生,1998年5月生,2016年入学,考入沈阳理工大学信息学院的计算机科学与应用专业"。在计算机中可以这样描述:

(张三,男,199805,信息学院,计算机科学与应用,2016)

因此数据和信息可以归纳为:数据是信息的载体,信息是数据的内涵(解释)。即数据是信息的符号表示,而信息通过数据描述,又是数据语义的解释。尽管两者在概念上不尽相同,但通常在使用时并不严格区分。

2. 数据库(DataBase,DB)

数据库:顾名思义,就是存放数据的仓库。那么如何给出数据库的严格定义呢?

严格地讲,数据库是按一定结构组织并长期存储在计算机内、可共享的大量数据的集合。数据库中的数据按一定的数据模型组织、描述和存储,具有较小的冗余度、较高的数据独立性和易扩展性,并可为各种用户共享。

概括地讲,数据库中的数据,具有永久存储、有组织和可共享三大特点。

3. 数据库管理系统(DataBase Management System,DBMS)

在了解了数据和数据库基本概念之后,下一个应该掌握的问题就是数据如何更科学地组织和存储在数据库中,以及人们如何高效地获取和维护数据库中的数据。而能完成这些任务的是一个系统软件——数据库管理系统。

数据库管理系统:是管理和维护数据库的系统软件,它位于用户与操作系统之间,是数据库和用户之间的一个接口。其主要作用是在数据库建立、运行和维护时对数据库进行统一管理和控制。数据库管理系统和操作系统一样是计算机的基础软件,也是一个大型复杂的软件系统。

概念说明:

(1) 从操作系统角度来看,DBMS是使用者,它建立在操作系统的基础之上,需要操作系统提供底层服务,如创建进程、读写磁盘文件、对CPU和内存进行管理等。

(2) 从数据库角度来看,DBMS是管理者,是数据库系统的核心,是为数据库的建立、使用和维护而配置的系统软件,负责对数据库进行统一的管理和控制。

(3) 从用户的角度来看,DBMS是工具和桥梁,是位于操作系统和用户之间的一层数据管理软件。用户对数据库发出的所有操作命令,都要通过DBMS来执行。

那么DBMS主要提供的功能有哪些?

(1) 数据定义功能。

DBMS提供数据定义语言(Data Definition Language,DDL),用户通过它可以方便地对数据库中的数据对象进行定义。例如可以定义模式、数据库表、视图等。

（2）数据的组织、存储和管理。

为了提高存储空间利用率和方便数据库中数据存取和查找，DBMS要分类组织、存储和管理数据库中的各类数据，包括数据字典、用户数据、数据的存取路径等。要确定以何种文件结构和存取方式在存储级上组织这些数据，如何实现数据之间的联系。数据组织和存储的基本目标是提高存储空间利用率和方便存取，因此提供多种存取方法（如：索引查找、Hash查找、顺序查找等）来提高存取效率。

（3）数据操纵功能。

DBMS提供数据操纵语言（Data Manipulation Language，DML）来实现对数据库中的数据进行操作。如查询、插入、删除和修改等，即通常说的增、删、改、查。

（4）数据库运行管理功能。

对数据库中的数据的安全性、完整性、并发控制和发生故障后的故障恢复等方面的管理功能。

（5）数据库的建立和维护功能。

数据库的建立和维护包括对数据库初始数据的初始装载、数据转换，数据转储、数据恢复、数据重组和记录日志文件以及性能监视、分析功能等。

常用的DBMS有Oracle、DB2、SQL Server、SyBase、MySQL、FoxPro等。

4. 数据库系统（DataBase System，DBS）

数据库系统是指在计算机系统中引入数据库后的系统，故可以简单的说，数据库系统是具有管理数据库功能的计算机系统。可以简化表示为：

数据库系统＝计算机系统（硬件＋软件＋人员）＋数据库管理系统＋数据库

因此，一般数据库系统由数据库、数据库管理系统、计算机软件、硬件支撑环境以及各类人员（包括数据库管理员，DataBase Administrator，DBA）所组成。

数据库管理系统在操作系统（OS）支持下，对数据库进行管理与维护，并提供用户对数据库的操作接口。它们之间的关系如图1-1所示。

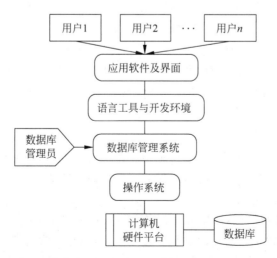

图1-1　数据库、数据库管理系统、数据库系统的关系

在一般不引起混淆的情况下常常把数据库系统简称为数据库。

5. 管理信息系统（Management Information System,MIS）

管理信息系统是计算机应用领域的重要分支。管理信息系统帮助人们完成原来需要手工处理的复杂工作,它不仅能明显地提高工作效率,降低劳动强度,而且能提高信息管理的质量和管理水平。因而,管理信息不是简单地模拟手工劳动,它要更合理地组织数据,更科学地管理数据,为事务发展提供控制信息。因此,它为事务变化提供关于发展趋势和变化规律的信息。以数据库技术为基础的管理信息系统是运用系统管理的理论和方法,以计算机技术、数据处理技术和网络通信技术为工具和手段,具有对信息进行加工处理、存储和传递等功能,同时具有预测、控制、组织和决策等功能的人-机系统。

管理信息系统的核心是数据库。管理信息系统的数据存放在数据库中,数据库技术为管理信息系统提供了数据管理的手段,数据库管理系统为管理信息系统提供了系统设计的方法、工具和环境。

1.1.2 数据库管理系统的产生和发展

数据库技术是应数据管理任务的需求而产生的。数据管理是研究如何对数据进行分类、组织、编码、存储、检索和维护的一门科学,是数据处理的核心技术。而数据处理是指对各种数据进行收集、存储、分类、加工和传播等一系列活动的总和。

随着计算机硬件和软件的发展,数据管理经历了人工管理阶段、文件系统阶段、数据库系统阶段,现在正向新一代的更高级的数据库系统发展。下面简单介绍数据管理经历的三个初级阶段。

1. 人工管理阶段

人工管理阶段(20 世纪 50 年代中期之前)是计算机数据管理的初级阶段。当时计算机主要用于科学计算,因此需要处理的数据量小。从硬件看,当时的外存只有纸带、卡片、磁带,没有直接存取的存储设备,所有数据不能存储。从软件看,那时还没有操作系统,没有管理数据的软件,数据处理方式是批处理。并且由于当时没有专门的软件对数据进行管理,程序员在设计程序时不仅要规定数据的逻辑结构,而且还要设计其物理结构,即数据的存储地址、存取方法、输入输出方式等,这样使得程序与数据之间依赖性很强,一旦数据的存储地址、存储方式稍有改变,就必须修改相应的程序。此外,当同一组数据面向多个应用程序时,由于用户各自定义自己的数据,数据彼此之间不能共享,存在大量的数据冗余。

人工管理阶段的数据管理具有以下 4 个特点。

（1）数据不保存。

人工管理阶段,由于当时计算机主要用于科学计算,其管理数据系统还是仿照科学计算的模式进行设计,数据管理中涉及的数据基本不需要也不允许长期保存。当时的处理方法是在需要时将数据输入,用完就撤走。不仅对用户数据这样处理,对系统软件有时也是这样处理的。

（2）由应用程序管理数据,数据与程序之间不具有相对独立性。

在人工管理阶段,由于没有专门的软件管理数据,数据需要由应用程序自己设计、说明（定义）和管理。应用程序中不仅要规定数据的逻辑结构,而且要设计物理结构,包括存储结构、存取方法、输入方式等。这就造成程序中存取数据的子程序随着数据存储机制的改变而改变的问题,使数据与程序之间不具有相对独立性,给程序的设计和维护带来了一定的麻烦。

（3）数据不共享、冗余度大。

人工管理阶段的数据是面向应用的,一组数据只能对应一个程序,即使两个应用程序涉及某些相同的数据,也必须各自定义,无法互相利用、互相参照。所以程序与程序之间有大量的冗余数据。

（4）数据不具有独立性。

数据的逻辑结构或物理结构发生变化后,必须对应用程序做相应的修改,这就加重了程序员的负担。

人工管理阶段应用程序与数据之间的一一对应关系可用图 1-2 所示。

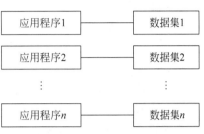

图 1-2　人工管理阶段应用程序与数据之间的对应关系

2. 文件系统阶段

20 世纪 50 年代后期到 60 年代中期,计算机在软件及硬件方面都有了极大的发展。随着计算机应用领域拓宽,计算机不仅用于科学计算,还大量用于数据管理。这个阶段的数据管理水平进入到文件系统阶段。这时在硬件方面已出现了磁盘、磁鼓等直接存取存储设备,可以用来存放大量数据;软件方面,操作系统中的文件系统就是专门用来管理所存储数据的软件。处理方式上不仅有了批处理,而且能够联机实时处理。在这种背景下,数据管理的系统规模、管理技术和水平都有了较大幅度的发展。尽管文件管理阶段比手工管理阶段在数据管理手段和管理方法上有很大的改进,但文件管理方法仍然存在着许多缺点。

文件管理阶段的数据管理特点:

（1）管理的数据以文件的形式长久地被保存在计算机的外存中。

在文件管理阶段,这时的计算机不仅用于科学计算,而且大量地用于数据处理。如果总是临时性地输入数据,根本无法满足用户的使用要求,工作会极其低效。因此,数据必须长期保留在外存上。并通过对数据文件的存取实现对文件的查询、修改、插入和删除等常见的数据操作。

（2）文件系统有专门的数据管理软件提供有关数据存取、查询及维护功能。

在文件系统中,由专门的软件即文件系统进行数据管理,文件系统把数据组织成相互独立的数据文件,实现了“按名存取”,即按文件名访问、按记录进行存取的管理技术。它能够为程序和数据之间提供存取方法,可以对文件进行修改、插入和删除的操作。文件系统实现了记录内的结构性,但整体无结构。程序和数据之间由文件系统提供存取方法进行转换,使应用程序与数据之间有了一定的独立性。这样,程序员在设计程序时可以把精力集中到算法上,而不必过多地考虑物理细节,同时数据在存储上的改变不一定反映在程序上,使程序的设计和维护工作量大大减小。

但是,文件系统仍然有以下的不足之处。

（1）数据的共享性差,冗余度大。

由于文件系统采用面向应用的设计思想,系统中的数据文件都是与应用程序相对应的,所以一个（或一组）文件基本上对应于一个应用程序,而且文件仍然是面向应用的。当不同的应用程序具有部分相同的数据时,也必须建立各自的数据文件,而不能共享相同的数据,因此造成了数据的冗余度(Redundancy)大、浪费存储空间的问题。

例如:某一学校学生处管理学生人事档案,教务处管理学生学习情况记录,所用到的学生数据很多都是重复的。相同的数据不能被共享,必然造成数据冗余。

(2)数据的不一致性。

由于相同数据的重复存储、各自管理,容易造成数据的不一致性,给数据的修改和维护带来了困难,还容易造成数据不一致的恶果。

例如:如果学生处修改了某个学生信息,而教务处没有修改该学生的相应信息,结果造成了同一学生信息的不一致性。

(3)数据独立性差。

在文件系统中,数据文件之间是孤立的,不能反映现实世界中事物之间的内在关系,使数据之间的联系无法描述。并且每一个数据文件服务于某一特定应用,因此文件的逻辑结构对该应用程序来说是优化的,因此要想对现有的数据再增加一些新的应用会很困难,应用程序系统不容易扩充。文件与应用程序联系密切,当文件的结构发生改变时,必须修改相应的应用程序,包括修改记录结构定义和应用程序的数据处理部分。此外,如果应用程序发生改变,也可能影响文件的定义。

例如:应用程序改用不同的高级语言编写,也将引起文件数据结构的改变。因此数据与程序之间仍缺乏独立性。可见,文件系统仍然是一个不具有弹性的无结构的数据集合,即文件之间是孤立的,不能反映现实世界。

(4)数据结构化程度低,不易扩展新的应用。

文件系统是以文件、记录和数据项的结构组织数据的。记录被组织成文件,记录由字段组成,记录内部有了一定的结构,但是文件之间是孤立的,从整体上看是无结构的,没有反映现实世界事物之间的内在联系,因此很难对数据进行合理的组织,以适应不同应用的需要。在一个应用系统中不增加新的数据文件就不能增加新的应用,不易于扩展新的应用。

文件系统的基本数据存取单位是记录,即文件系统按记录进行读写操作。在文件系统中,只有通过对整条记录的读取操作,才能获得其中数据项(字段)的信息,不能直接对记录中的数据项(字段)进行数据存取操作。

文件系统阶段应用程序与数据之间的对应关系可用图1-3所示。

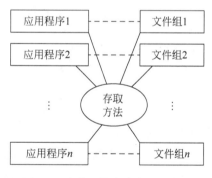

图1-3　文件系统阶段应用程序与
数据之间的对应关系

3. 数据库系统阶段

数据库系统是在文件系统基础上发展起来的。但是,数据库系统与文件系统具有本质上的区别。

到了20世纪60年代后期,这一阶段的数据管理的背景是:计算机管理的对象和应用范围越来越广泛,数据管理的规模也日趋增大,同时带来数据量的急剧增长。因此数据共享的要求也越来越强烈,文件管理系统已经不能适应需求。并在这个时期出现了内存大、运行速度快的主机和大容量的硬盘,计算机硬件价格下降而软件价格上升,为编制和维护系统软件及应用程序所需的成本相对增加。对数据库系统的研制和开发来说,这种背景既反映了迫切的市场需求,又提供了有利的开发环境。

同时多种应用、多种语言互相覆盖的共享数据集合的要求越来越强烈。在处理方式上,联机实时处理要求更多,并开始提出和考虑分布处理。在这种背景下,以文件系统作为数据管理手段显然已不能适应需求,于是为解决多用户、多应用共享数据的需求,使数据为尽可能多的应用服务,数据库技术便应运而生,并出现了统一管理数据的专门软件系统——数据库管理系统。

与文件系统相比,数据库系统具有很多优点。从文件系统到数据库系统,标志着数据管理技术的飞跃。下面详细地讨论数据库系统的特点及功能。

数据库系统的特点如下。

(1) 数据结构化。

数据库系统与文件系统的本质区别是数据库系统实现了整体数据的结构化。通过之前的介绍我们了解到,在文件系统中,记录被组织成记录,记录由字段组成,记录内部有了一定的结构,但是文件之间是孤立的,从整体上看是无结构的,没有反映现实世界事物之间的内在联系,因此很难对数据进行合理的组织以适应不同应用的需要。数据结构化程度低,在一个应用系统中不增加新文件就不能增加新的应用,不易于扩展新的应用。

例如,学生文件 Student 的记录是由学生编号、姓名、性别、年龄、所属学院、家庭住址、联系电话等属性组成,课程文件 Course 和学生选课文件 SC 的结构如图 1-4 所示。

图 1-4　学生、课程、学生选课文件结构

在上例中,学生文件 Student、课程文件 Course 和学生选课文件 SC 是独立的 3 个文件,但在现实生活中,这 3 个文件的记录之间是有联系的,即 SC 的学号必须是 Student 文件中某个学生的学号,SC 的课程号必须是 Course 文件中某门课程的编号。而在文件系统中不能直接反映出文件之间的这些联系。

数据库设计的基础是数据模型。在进行数据库设计时,首先要站在全局的角度抽象和组织数据;要完整、准确地描述数据自身和数据之间联系的情况,要建立适合整体需要的数据模型。数据库系统是以数据库为基础的,各种应用程序应建立在数据库之上。数据库系统的这种特点决定了它的设计方法,即系统设计时应先设计数据库,再设计功能程序,而不能像文件系统那样,先设计程序,再考虑程序需要的数据。

在数据库系统中,则实现了整体"结构化"。所谓整体"结构化",是指在数据库中的数据不再仅仅针对某一个应用,而是面向整个组织;不仅数据内部是结构化的,而且整体是结构化的,数据之间是具有联系的。

在关系数据库中,关系表的记录之间的这种联系是可以用参照完整性(相关内容将在第

2 章中详细讲解)来表述的。例如：如果向 SC 中增加一个学生的考试成绩，但是这个学生并没有出现在 Student 关系中，关系数据库管理系统(Relational DataBase Management System, RDBMS)将拒绝执行这样的插入操作，从而保证了数据的正确性。而在文件系统中要做到这一点，必须由程序员编写一段代码在应用程序中实现。

在数据库系统中实现了整体数据的结构化。也就是说，不仅要考虑某个应用的数据结构，还要考虑整个组织的数据结构。例如，一个学校的信息系统中不仅要考虑教务处的学生学籍管理、选课管理，还要考虑学生处的学生人事管理，同时还要考虑研究生院的研究生管理、人事处的职工人事管理、科研处的科研管理等。因此，学校信息系统中的学生数据就要面向各个处室的应用，而不仅仅是教务处的一个学生选课应用。可以按照图 1-5 方式为该校的信息系统组织其中的学生数据。

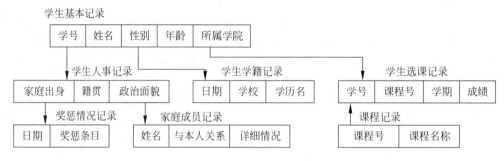

图 1-5　学校信息系统中的学生数据

这种数据的组织方式为各部门提供了必要的记录，使整体数据结构化了。这就要求在描述数据时不仅要描述数据本身，还要描述数据之间的联系。

在数据库系统中，不仅数据是整体结构化的，而且存取数据的方式也很灵活，可以存取数据库中的某一个数据项、一组数据项、一个记录或一组记录。而在文件系统中，数据的存取单位是记录，粒度不能细到数据项。

(2) 数据库系统的数据冗余度小，数据共享度高，容易扩充。

例如某一学校中学生处管理学生人事档案，教务处管理学生学习情况，所用到的学生数据很多都是重复的。相同的数据不能被共享，必然造成数据冗余。这不仅浪费系统的存储空间，而且极易造成数据之间的不相容性与不一致性。

所谓数据的不一致性，是指同一数据不同副本的值不一样。采用人工管理或文件系统管理时，由于数据被重复存储，当不同的应用使用和修改不同的副本时就很容易造成数据的不一致。

由于数据库系统是从整体角度看待和描述数据的，数据不再是面向某个应用，而是面向整个系统，因此数据可以被多个用户、多个应用共享使用。数据共享可以大大减少数据冗余，节约存储空间，并且减少了由于数据冗余造成的不一致带来的数据冲突问题，另外也避免了由此产生的数据维护和数据统计错误等问题。另外由于数据面向整个系统，是有结构的数据，不仅可以被多个应用共享使用，而且容易增加新的应用。这就使得数据库系统弹性大，易于扩充，可以适应各种用户的要求。可以选取整体数据的各种子集用于不同的应用系统，当应用需求改变或增加时，只要重新选取不同的子集或加上一部分数据，便可以满足新的需求。

数据冗余度小是指重复的数据少。减少冗余数据可以带来以下优点。

① 数据量小可以节约存储空间，使数据的存储、管理和查询都容易实现。

② 数据冗余度小可以使数据统一，避免产生数据的不一致问题。

③ 数据冗余度小便于数据维护，避免数据统计错误。

数据共享度高使得数据库系统具有以下 3 个方面的优点。

① 系统现有用户或程序可以共同使用数据库中的数据。

② 当系统需要扩充时，再开发的新用户或新程序还可以共享原有的数据资源。

③ 多用户或多程序可以在同一时刻共同使用同一数据。

（3）数据库系统的数据和程序之间具有较高的独立性。

在文件系统中，由于文件与应用程序联系紧密，当文件的结构发生改变时，必须修改相应的应用程序，包括修改记录结构定义和应用程序的数据处理部分。此外，如果应用程序发生改变也可能影响文件的定义，因此文件系统的数据独立性差。

在数据库系统中，由于数据库中的数据定义功能（即描述数据结构和存储方式的功能）和数据管理功能（即实现数据查询、统计和增删改的功能）是由 DBMS 提供的，所以数据对应用程序的依赖程度大大降低，数据和程序之间具有较高的独立性。数据和程序之间的依赖程度低、独立程度大的特性称为数据独立性高。数据独立性高使得在应用程序中不再需要有关数据结构和存储方式的描述，从而减轻了程序设计的负担。当数据及结构变化时，如果数据独立性高，维护应用程序也会比较容易。

数据库中的数据独立性可以分为两级。

① 数据的物理独立性（Physical Data Independence）

物理独立性是指用户的应用程序与存储在磁盘上的数据库中的数据是相互独立的。数据在磁盘上的数据库中怎样存储是由 DBMS 管理的，用户程序不需要了解，应用程序要处理的只是数据的逻辑结构，这样当数据的物理结构发生变化时（例如当数据文件的组织方式被改变或数据存储位置发生变化时），应用程序不需要修改也可以正常工作。数据库系统之所以具有数据物理独立性高的特点，是因为数据库管理系统能够提供数据的物理结构与逻辑结构之间的映像（Mapping）或转换功能。正因为数据库系统具有这种数据映像功能，才使得应用程序可以根据数据的逻辑结构进行设计，并且一旦数据的存储结构发生变化，系统可以通过修改其映像来适应其变化，所以数据物理结构的变化不会影响应用程序的正确执行。

② 数据的逻辑独立性（Logical Data Independence）

逻辑独立性是指用户的应用程序与数据库的逻辑结构是相互独立的，也就是说，数据的逻辑结构改变了，用户程序也可以不变。

数据库中的数据逻辑结构分全局逻辑结构和局部逻辑结构两种。数据全局逻辑结构指全系统总体的数据逻辑结构，它是按全系统使用的数据、数据的属性及数据之间的联系来组织的。数据局部逻辑结构是指一个用户或一个应用程序使用的数据逻辑结构，它是根据用户自己对数据的需求进行组织的。局部逻辑结构中仅涉及与该用户（或程序）相关的数据结构。数据局部逻辑结构与全局逻辑结构之间是不完全统一的，两者之间可能会有较大的差异。

数据的逻辑独立性是指应用程序对数据全局逻辑结构的依赖程度。数据逻辑独立性高是指当数据库系统的数据全局逻辑结构改变时,它们对应的程序不需要改变仍可以正常运行。例如当新增加一些数据和联系时,不影响某些局部逻辑结构的性质。

数据库系统之所以具有较高的数据逻辑独立性,是由于它能够提供数据的全局逻辑结构和局部逻辑结构之间的映像和转换功能。正因为数据库系统具有这种数据映像功能,使得数据库可以按数据全局逻辑结构设计,而应用程序可以按数据局部逻辑结构进行设计。这样,既保证了数据库中的数据优化性质,又可以使用户按自己的意愿和要求组织数据,数据具有整体性、共享性和方便性。同时,当全局逻辑结构中的部分数据结构改变时,即使那些与变化相关的数据局部逻辑结构受到了影响,也可以通过修改全局逻辑结构的映像来减小其受影响的程度,使数据局部逻辑结构基本上保持不变。由于数据库系统中的程序是按局部数据逻辑结构进行设计的,并且当全局数据逻辑结构变换时可以使局部数据逻辑结构基本保持不变,所以数据库系统的数据逻辑独立性高。

数据与程序的独立,把数据的定义从程序中分离出去,加上存取数据的方法又由 DBMS 负责提供,从而简化了应用程序的编制,大大减少了应用程序的维护和修改时间。

数据独立性是由 DBMS 的二级映像功能来保证的,相关内容将在 1.3 节具体讨论。

(4) 数据由 DBMS 统一管理和控制。

数据库的共享是并发的(Coneurrency)共享,即多个用户可以同时存取数据库中的数据甚至可以同时存取数据库中同一个数据。

为此,DBMS 还必须提供以下几方面的数据控制功能。

① 数据的安全性控制(Security Control)。

数据的安全性是指保护数据,以防止不合法的使用造成的数据的泄漏、破坏和更改。数据安全性受到威胁是指出现用户看到了不该看到的数据,修改了无权修改的数据,删除了不能删除的数据等现象。使每个用户只能按规定,对某些数据以某些方式进行使用和处理。数据安全性被破坏有两种情况:

- 有意的破坏行为。用户有超越自身的数据操作权的行为。例如,非法截取信息或蓄意传播计算机病毒导致数据库瘫痪。
- 无意的破坏行为。出现了违背用户操作意愿的结果。例如,由于不懂操作规则或出现计算机硬件故障,使数据库不能使用。

数据库系统通过它的数据保护措施能够防止数据库中的数据被破坏。例如使用用户身份鉴别和数据存取控制等方法,万一数据被破坏,系统也可以进行数据恢复,以确保数据的安全性。关于数据库安全性相关知识将在第 6 章介绍。

② 数据的完整性控制(Integrity Control)。

数据的完整性指数据的正确性、有效性和相容性。就是将数据扩展在有效的范围内,或保证数据之间满足一定的关系。防止不符合语义的数据输入或输出所采用的控制机制。对于具体的一个数据,总会受到一定的完整性检查,将数据控制在有效的范围内,如果数据不满足其条件,它就是不符合语义的数据或是不合理的数据。这些约束条件可以是数据自身的约束,也可以是数据结构的约束。

数据库系统的完整性控制包括两项内容:一是提供进行数据完整性定义的方法,用户要利用此方法定义数据应满足的完整性条件。二是提供进行检验数据完整性的功能,特别是在数据输入和输出时,系统应自动检查其是否符合已定义的完整性条件,以避免错误的数据进入到数据库或从数据库中流出,造成不良的后果。数据完整性的高低是决定数据库中数据的可靠程度和可信程度的主要因素。关于数据库完整性相关知识将在第7章介绍。

③ 数据库恢复(Recovery Control)。

计算机系统的硬件故障、软件故障、操作员的失误以及故意的破坏也会影响数据库中数据的正确性,甚至造成数据库部分或全部数据的丢失。DBMS 必须具有将数据库从错误的状态恢复到某一已知的正确状态(亦称为完整状态或一致状态)的功能。数据恢复是通过记录数据库运行的日志文件和定期做数据备份工作,保证数据在受到破坏时,能够及时使数据库恢复到正确状态,这就是数据库的恢复功能。关于数据库安全性相关知识将在第8章介绍。

④ 并发控制(Concurrency Control)。

当多个用户的并发进程同时存取、修改数据库时,可能会发生相互干扰而得到错误的结果或使数据库的完整性遭到破坏,因此必须对多用户的并发操作加以控制和协调。排除由于数据共享,即用户并行使用数据库中的数据时,所造成的数据不完整和系统运行错误问题。关于数据库安全性相关知识将在第9章介绍。

⑤ 数据库中数据的最小存取单位是数据项。

我们知道,在文件系统中,数据的最小存取单位是记录,这给数据操作及使用带来诸多不便。数据库系统改善了文件系统的不足,它的最小数据存取单位是数据项(字段),就是在使用时既可以按数据项或数据项组存取数据,也可以按记录或记录组存取数据。由于数据库中数据的最小存取单位是数据项,使系统在进行查询、统计、修改及数据再组合等操作时,能以数据项为单位进行条件表达和数据存取处理,给系统带来了高效性、灵活性和方便性。

数据库管理阶段应用程序与数据之间的对应关系可用图1-6表示。

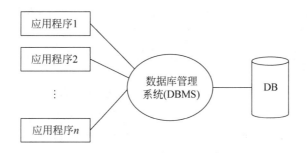

图 1-6　数据库管理阶段应用程序与数据之间的对应关系

了解了数据库系统的特点,我们可以给出数据库的定义。

综上所述,数据库就是长期存储在计算机内有组织的大量的、共享的数据集合。它可以供各种用户共享,具有最小的冗余度和较高的数据独立性。DBMS 在数据库建立、运用和维护时对数据库进行统一控制,以保证数据的完整性和安全性,并在多用户同时使用数据库时进行并发控制,在发生故障后对数据库进行恢复。

数据库系统的出现使信息系统从以加工数据的程序为中心转向围绕共享的数据库为中心的新阶段。这样既便于数据的集中管理,又有利于应用程序的研制和维护,提高了数据的利用率和相容性。

1.2 数 据 模 型

数据模型是一种表示数据及其联系的模型,是对现实世界数据特征与联系的抽象反映。也就是说数据模型是用来描述数据、组织数据和对数据进行操作的。

由于计算机不可能直接处理现实世界中的具体事物,所以人们必须事先把具体事物转换成计算机能够处理的数据,即首先要数字化,把现实世界中具体的人、物、活动、概念用数据模型这种工具来抽象、表示和处理。

通俗地讲,数据模型就是现实世界的模型。

现有的数据库系统均是基于某种数据模型的,数据模型是数据库系统的核心和基础。因此,了解数据模型的基本概念是学习数据库的基础。

数据库系统是一个基于计算机的、统一集中的数据管理机构。而现实世界是纷繁复杂的,那么现实世界中各种复杂的信息及其相互联系是如何通过数据库中的数据来反映的呢?这就是本节要讨论的问题。

1.2.1 数据描述的三个世界

数据库管理系统是采用数据模型来为现实世界的数据建模,把现实世界错综复杂联系的事物以计算机所能理解和表现的形式反映到数据库中,这是一个逐步转化的过程,这个转化一般分为三个阶段,我们称之为三个世界,即现实世界、信息世界及机器世界(或计算机世界)。现实世界中一些事物的某些方面的特征及事物间的相互联系,这些经过人类大脑的认识、分析和抽象后,并用一定的方法加以描述,即得到信息世界的信息,这种信息结构并不依赖于具体的计算机系统,而是概念级模型;然后再将信息世界的信息进一步具体描述、规范,最后再将概念模型转换成某一 DBMS 支持的数据模型,则成为机器世界的数据。

1. 现实世界

现实世界就是客观存在的世界,它是由各种事物、事物之间的相互联系及事物的发生、变化过程组成的。通常选用人们感兴趣的以及最能表示事物本质的若干特征来描述事物。如在学生档案管理中,学生的特征可用姓名、学号、性别、年龄等来描述,还可用表示人的生理特征的数据如身高、体重、相片等来表示。同时事物之间的联系也是丰富多样的。如在学校中,有教师与学生的教学关系、学生与课程的选课关系等。要想让现实世界事物在计算机的数据库中得以展现,重要的就是将那些最有用的事物特征及其相互间的联系提取出来。

2. 信息世界

信息世界是现实世界在人脑中的反映,经过人类头脑的分析、归纳、抽象,形成信息。对这些信息进行记录、整理、归类和形式化后,形成一些基本概念及联系,它们就构成了信息世界。现实世界中的事物、事物特性和事物之间的联系在信息世界中分别反映为实体、实体的属性和实体之间的联系。信息世界是一种相对抽象化的世界,它介于现实世界与计算机世界之间,起着承上启下的作用。信息世界涉及的概念主要有:

1) 实体

客观存在并可相互区别的事物或概念称为实体(Entity)。可以是具体的人、事、物,也可以是抽象的概念或联系,例如,一名学生、一所学校、一门课程、学生的一次选课、教师的授课、老师与院系的工作关系(即某位老师在某院系工作)等都是实体。

2) 属性

描述实体所具有的某一特性称为属性(Attribute)。一个实体可以由若干个属性来刻画。例如,学生实体可以由学号、姓名、性别、出生年月、所在院系、入学时间、家庭住址等属性组成,如(1703070101、李艺、女、199905、信息科学与工程学院、2017)。这些属性组合起来表征了一个学生实体。

3) 码

唯一标识每个实体的最小属性集称为码(Key)。每一个实体集一定有实体码。例如学号是学生实体的码,身份证号码是我们每一个人的码(唯一标识)。

4) 域

属性的取值范围称为该属性的域(Domain)。每个属性都有值,且有一定的取值范围。例如,学号的域为 10 位整数,性别的域为(男,女)等。

5) 实体型

具有相同属性的实体必然具有共同的特征和性质。实体型(Entity Type)是对某一类数据的结构和特征的描述,它是用实体名及其属性名集合来抽象和刻画同类实体的。如学生实体,我们可以这么描述:学生(学号、姓名、性别、出生年月、所在院系、入学时间);而选课实体,可以这样描述:选课(学号、课程号、成绩)。

实体值是实体型的一个具体内容,是由描述某实体型的各属性值构成的。如(1703070101、李艺、女、199905、信息科学与工程学院、2017)是学生实体型的一个具体内容。

6) 实体集

同一类型实体的集合称为实体集(Entity Set)。例如,全体学生就是一个实体集。

7) 联系

在现实世界中,事物内部以及事物之间是有联系(Relationship)的,这些联系在信息世界中反映为实体内部的联系和实体之间的联系。实体内部的联系通常是指组成实体的各属性之间的联系,实体之间的联系通常是指不同实体集之间的联系。

例如,实体内部的联系。"教工"实体的"职称"与"工资等级"属性之间就有一定的联系(约束条件),教工的职称越高,往往工资等级也就越高。实体之间的联系,例如"学生"实体和"课程"实体,联系是学生选课。

3. 机器世界

信息结构并不依赖于具体的计算机系统,不是某一个 DBMS 支持的数据模型。即信息世界是概念级的模型(之后我们会具体谈到),我们要把概念模型转换为计算机上某一DBMS 支持的数据模型。

用计算机管理信息,必须对信息进行数据化,数据化后的信息则成为机器世界的数据,数据是能够被计算机识别、存储并处理的,数据化了的信息世界称之为机器世界。

机器世界涉及的概念主要有以下几种。

1) 数据项

数据项(Item)是对象属性的数据表示。数据项有型和值之分,数据项的型是对数据特性的表示,它通过数据项的名称、数据类型、数据宽度和值域等来描述数据项;值是其具体取值。数据项的型和值都要符合计算机数据的编码要求,即都要符合数据的编码要求。

2）记录

记录（Record）是数据项的有序集合。一个记录描述一个实体。记录有型和值之分，记录的型是结构，由数据项的型构成；记录的值表示对象中的一个实例，它的分量是数据项值。

例如：（学号、姓名、性别、出生年月、所在学院、入学年份）是一个学生的记录型，而（1703070101、李艺、女、199905、信息科学与工程学院、2017）是一个学生的记录值。它表示学生对象的一个实例，1703070101、李艺、女等都是数据项值。

3）文件

文件（File）是同一类记录的集合，同一个文件中的记录类型应是一样的。它描述实体集，一个记录描述一个实体。

例如，将所有学生的登记表组成一个学生数据文件，文件中的每条记录都要按（学号、姓名、性别、出生年月、所在学院、入学年份）这样的结构组织数据项值。

4）键

键（Key）是用于标识文件中每个记录的字段或字段集。

5）数据模型

现实世界中的事物反映到计算机世界中就形成了文件的记录结构和记录，事物之间的相互联系就形成了不同文件间的记录的联系。记录结构及其记录联系的数据化的结果就是数据模型（Data Model）。

三个世界术语虽各不相同，但它们之间有着对应关系，三个世界术语间的关系如图 1-7 所示。

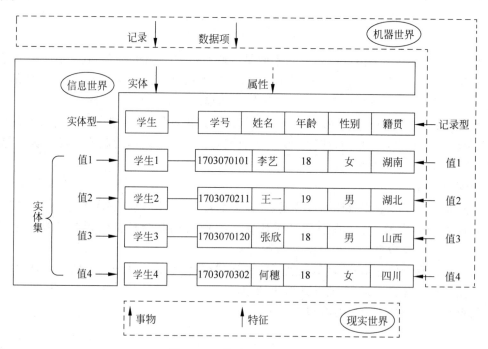

图 1-7　三个世界术语间关系

4. 现实世界、信息世界和机器世界的关系

现实世界、信息世界和机器世界这 3 个领域是由客观到认识、由认识到使用管理的 3 个不同层次,后一领域是对前一个领域的抽象描述。

现实世界、信息世界和机器世界的转换关系可以用图 1-8 来描述。

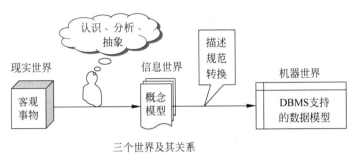

三个世界及其关系

图 1-8　信息的三种世界的联系和抽象过程

在不同的环境下解释同一个客观对象时,经常会以不同的方式进行描述。

在数据库技术中,根据模型应用的不同目的,把模型划分为两类,即概念模型和数据模型。在信息世界中,对所研究的信息需建立一个抽象的模型,以反映实体集及实体集之间的联系,人们称之为概念模型,它是从用户的观点来对数据建模,主要用于数据库设计;在机器世界则采用数据模型来具体描述、刻画实体集及实体集之间的联系,它是从计算机系统的观点来对数据建模,主要用于数据库管理系统的实现。

1.2.2　概念模型

概念模型(也称信息模型)是对信息世界的管理对象、属性及联系等信息的描述形式,它是对现实世界真实、全面的反映,是现实世界到机器世界的一个中间层次,是一种独立于计算机系统的数据模型。

当现实世界的事物反映到人的大脑中来,人们首先把这些事物抽象为一种既不依赖于具体的计算机系统又不受某具体的 DBMS 所左右的概念模型,概念模型是按用户的观点对数据进行建模,强调其语义表达能力,概念应该简单、清晰、易于用户理解,完全不涉及信息在计算机中的表示,它是对现实世界的第一层抽象,是用户和数据库设计人员之间进行交流的语言。

1. 概念模型的基本概念

概念模型是对信息世界的描述,上一节已经对信息世界的基本概念进行了详细的介绍,在此我们不再赘述。接下来我们了解一下实体之间联系的基本概念。

实体集间的联系包括两类:实体集之间的联系与实体集内部的联系。而实体集间的联系又分为两实体集间的联系、多实体集间的联系。

实体集之间的联系是指不同实体集之间的联系。例如,学生实体与课程实体、学院实体与班级实体的联系。实体集内部的联系是指实体集的各属性之间的相互联系。例如:学生实体集的"姓名"与其"学号"有一个对应关系;教工实体集的"职称"与其"指导研究生"之间有一定的约束联系,如果不是"副教授"及以上的职称,则不能指导研究生。

实体集间的联系分为:两个实体集间的联系、多个实体集间的联系及实体集内部的联系。

1）两个实体集间的联系

两个实体集间的联系分为三类：一对一联系(1∶1)、一对多联系(1∶n)、多对多联系(m∶n)。

（1）一对一联系(1∶1)

设有两个实体集 A 和 B，如果实体集 A 与实体集 B 之间具有一对一联系，则对于实体集 A 中的每一个实体，在实体集 B 中至多有一个（也可以没有）实体与之联系，反之亦然。则称 A、B 两个实体集间的联系是一对一联系，记作 1∶1。例如，在一个班级里只有一个正班长，而一个正班长只能在一个班级里任职，则班长与班级之间的联系就是一对一联系。

（2）一对多联系(1∶n)

设有两个实体集 A 和 B，如果实体集 A 与实体集 B 之间具有一对多联系，则对于实体集 A 的每一个实体，实体集 B 中有 n 实体($n \geqslant 0$)与之联系，反之，对于实体集 B 的每一个实体，实体集 A 中只有一实体与之联系，则称 A、B 两个实体集之间的联系是一对多联系，记作 1∶n。例如，一个学校里有多名学生，而每个学生只能在一个学校里学习，则学校与学生之间具有一对多联系。

（3）多对多联系(m∶n)

设有两个实体集 A 和 B，如果实体集 A 与实体集 B 之间具有多对多联系，则对于实体集 A 的每一个实体，实体集 B 中有 n 实体($n \geqslant 0$)与之联系，反之，则对于实体集 B 中的每一个实体，实体集 A 中也有 m 个实体($m \geqslant 0$)与之联系，则称 A、B 两个实体集之间的联系为多对多联系，记作(m∶n)。例如，学校里的一个学生可以选修多门课程，而每一门课程可以有多个学生选修，则学生和课程之间具有多对多联系。

实际上，一对一联系是一对多联系的特例，而一对多联系又是多对多联系的特例。如图 1-9 是用 E-R 图表示两个实体集之间的 1∶1、1∶n、m∶n 联系的例子。

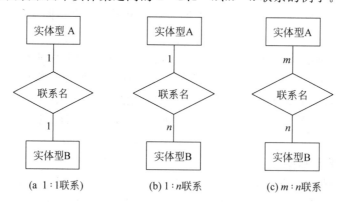

图 1-9　两个实体集联系的例子

2）多实体集之间的联系

实际上，两个以上的实体集之间也会存在联系，其联系类型一般为一对多和多对多。

（1）多实体集之间的一对多联系。

设实体集 $E_1, E_2, \cdots, E_n$，如果 $E_j (j=1,2,\cdots,n)$，与其他实体集 $E_1, E_2, \cdots E_{j-1}, E_{j+1} \cdots E_n$ 之间存在有一对多的联系，则，对子 E_j 中的一个给定实体，可以与其他实体集 $E_i (i \neq j)$ 中的一个或多个实体联系，而实体集 $E_i (i \neq j)$ 中的一个实体最多只能与 E_j 中的一个实体联

系,则称 E_j 与 $E_1,E_2,\cdots E_{j-1},E_{j+1}\cdots E_n$ 之间的联系是一对多的。

例如,对于课程、教师与参考书 3 个实体型,如果一门课程可以有若干个教师讲授,使用若干本参考书,而每一个教师只讲授一门课程,每一本参考书只供一门课程使用,则课程与教师、参考书之间的联系是一对多的,如图 1-10(a)所示。

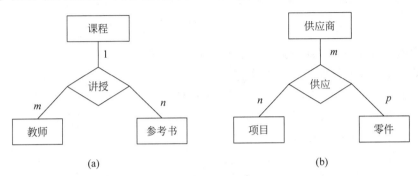

图 1-10　三个实体集联系的实例

(2) 多实体集之间的多对多联系。

在两个以上的多个实体集之间,当一个实体集与其他实体集之间均存在多对多联系,而其他实体集之间没有联系时,这种联系称为多实体集间的多对多联系。

例如,有供应商、项目、零件三个实体集,一个供应商可以供给多个项目、多种零件,每个项目可以使用多个供应商供应的零件,每种零件可由不同供应商供给。因此,供应商,项目、零件三个实体型之间是多对多的联系,如图 1-10(b)所示。

(3) 实体集内部的联系

实际上,在一个实体集内的实体之间也可以存在一对一、一对多或多对多的联系。例如:职工是一个实体集,职工中有领导,而领导自身也是职工。职工实体集内部具有领导与被领导的联系,即某一个职工领导若干名职工。而一个职工仅被一个领导所领导,这种联系是一对多的联系,如图 1-11 所示。

图 1-11　同一实体集内的
一对多联系

2. 概念模型的表示方法

概念模型是对信息世界的建模,概念模型应当能够全面、准确、方便地描述出信息世界中的基本概念。概念模型的表示方法很多,其中最为著名的和使用最广泛的是 P. P. Chen 于 1976 年提出的实体—联系方法(Entity-Relationship Approach,即 E-R 方法)。该方法用 E-R 图来描述现实世界的概念模型,故又称实体-联系模型。E-R 图也称为 E-R 模型。该模型提供了表示实体集、属性和联系的方法。在 E-R 图中,事物用实体型表示,事物的特征用属性表示,事物之间的关联用联系表示。概念模型是数据库设计的有效工具。

(1) 用矩形表示实体,矩形框内写实体名。

(2) 用椭圆形表示实体的属性,并用无向边将其与相应的实体型连接起来。例如,学生具有学号、姓名、性别、年龄、入学时间和所在学院等属性,用 E-R 图表示如图 1-12 所示。

但是有些实体可具有多达上百个属性,因此在 E-R 图中,实体型的属性不可能都直接画出,而通过数据字典的方式表示(即文字说明方式,在 5.2 节的数据字典中将进行相关介绍)。无论使用哪种方法表示实体型的属性,都不能出现遗漏属性的情况。

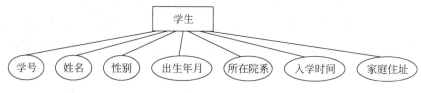

图 1-12　学生实体及属性

（3）用菱形表示实体型间的联系,菱形框内写上联系名,并用无向边分别与有关的实体型连接起来,同时在无向边旁标出联系的类型（1∶1,1∶n 或 m∶n）。如果联系具有属性,则该属性仍用椭圆框表示,仍需要用无向边将属性与其联系连接起来,需要注意的是,联系的属性必须在 E-R 图上标识出来,不能通过数据字典说明。例如,供应商、项目和零件之间存在供应联系,该联系的属性为供应量,如图 1-13 所示。

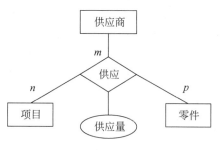

图 1-13　实体间联系的属性及其表示

如图 1-14 所示是概念模型的一个 E-R 图示例。该图反映了实体型学生与课程的属性及其联系。在此要特别注意的是,联系上也有属性,如属性成绩即不能只属于学生,也不能只属于课程,而是学生与课程之间发生联系,即学生选某一门课程的结果,故作为联系上的属性才合适。

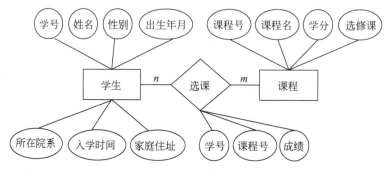

图 1-14　E-R 图示例

1.2.3　数据模型的组成

模型是对现实世界的抽象,在数据库技术中,数据模型是一组严格定义的概念的集合。这些概念精确地描述了系统的静态特性、动态特性和完整性约束条件（Integrity Constraints）。数据库管理系统的一个主要功能就是将数据组织成一个逻辑集合,为系统定义该集合的数据及其联系的过程称为数据建模,其使用的技术工具则称为数据模型。

数据模型是数据库系统的核心和基础。是为了把现实世界中的具体事物抽象、组织为某一 DBMS 支持的数据模型,各种机器上实现的 DBMS 软件都是基于某种数据模型或者说是支持某种数据模型的。

一个完整的数据模型由三部分组成,即数据结构、数据操作和完整性约束条件。

1. 数据结构

数据结构是数据模型最基本的组成部分。它描述了数据库的组成对象以及对象之间的联系,包括两个方面的内容:一是描述了与对象的类型、内容、性质相关的;二是描述了数据对象之间的相互联系。

在数据库系统中,通常人们都是按照其数据结构的类型来命名数据模型的,如层次结构、网状结构和关系结构的数据模型分别命名为层次模型、网状模型和关系模型。

总之,数据模型是所描述的对象类型的集合,它规定了数据模型的静态特性。

2. 数据操作

数据操作是指对数据库中各种数据对象允许执行的操作集合。包括操作及有关的操作规则两部分内容。

数据库中的数据操作主要有数据查询和数据更新(即插入、删除或修改数据的操作)两大类操作。

数据模型必须对数据库中的全部数据操作进行定义,指明每项数据操作的确切含义、操作对象、操作符号、操作规则以及对操作的语言约束等。数据操作是对系统动态特性的描述。

3. 数据的完整性约束条件

数据约束条件是一组数据完整性约束规则的集合。数据完整性规则是指数据模型中的数据及其联系所具有的制约和依存规则。数据约束条件用以限定符合数据模型的数据库状态以及状态的变化,以保证数据库中数据的正确、有效和相容。

每种数据模型都规定有基本的完整性约束条件,这些完整性约束条件要求所属的数据模型都应满足。同理,每个数据模型还规定了特殊的完整性约束条件,以满足具体应用的要求。

(1)通用的完整性约束条件通常把具有普遍性的问题归纳成一组通用的约束规则,只有在满足给定约束规则的条件下才允许对数据库进行更新操作。例如,关系模型中通用的约束规则是实体完整性和参照完整性。

(2)特殊的完整性约束条件把能够反映某一应用涉及的数据所必须遵守的特定的语义约束条件定义成特殊的完整性约束条件。在关系模型中特殊的约束规则是用户定义的完整性。

例如,在某大学的数据库中规定学生 GPA 达不到 2.0 将不能授予学士学位;每个教师每天授课不能超过四节;男职工的退休年龄是 60 周岁,女职工的退休年龄是 55 周岁等。这些约束条件都是关系模型中的特殊完整性约束条件。

前面提到,通常人们都是按照其数据结构的类型来命名数据模型,目前数据库领域常使用的数据模型有:层次模型、网状模型和关系模型;新兴的数据模型有面向对象数据模型和对象关系数据模型。

1.2.4 数据模型的分类

1. 层次模型

层次模型(Hierarchical Model)是数据库系统中最早出现的且曾经广泛使用的数据模型。在 20 世纪 60 年代末,层次模型数据库系统曾流行一时,其中最具代表性的是美国 IBM

公司的 IMS(Information Management Systems)数据库管理系统。

1) 层次数据模型的数据结构

它用树形结构表示各类实体集以及实体集之间的联系。

(1) 层次模型的定义

在数据结构中,定义满足下面两个条件的基本层次联系的集合为层次模型。

① 有且仅有一个节点没有双亲节点,这个节点称为根节点。

② 除根节点之外的其他节点有且只有一个双亲节点。

(2) 层次模型的数据表示方法

在层次模型中规定:每一个节点表示一个记录类型,记录类型描述的是实体;记录型包含若干个字段,字段用于描述实体的属性。各个记录类型及其字段都必须命名。各个记录类型、同一记录类型中各个字段不能同名。记录值表示实体;层次模型中的每个记录可以定义一个排序字段,排序字段也称为码字段,其主要作用是确定记录的顺序。如果排序字段的值是唯一的,则它能唯一地标识一个记录值。

另外,记录之间的联系用节点之间的连线(有向边)表示,这种联系是父子之间的一对多(含一对一)的实体联系。层次模型中的同一双亲的子女节点称为兄弟节点(Twin 或 Sibling),没有子女节点的节点称为叶节点。图 1-15 给出了一个层次模型的例子。在图 1-15 中,R_1 为根节点,R_2 和 R_3 都是 R_1 的子女节点,R_2 和 R_3 为兄弟节点,R_4 和 R_5 也为兄弟节点;R_3、R_4 和 R_5 为叶子节点。

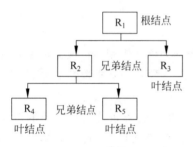

图 1-15 一个层次模型的示例

如图 1-16(a)给出了一个教师-学生的层次模型。它表示了该层次数据库的型,而图 1-16(b)所示的层次模型则对应其数据库的部分值。

(3) 多对多联系在层次模型中的表示

前面已经说过,层次数据模型只能直接表示一对多(包括一对一)的联系,但是为了能够真正反映现实世界,那么另一种常见联系方法,即多对多联系如何在层次模型中表示呢?首先必须将多对多联系分解成一对多联系。分解的方法有两种:冗余节点法和虚拟节点法。下面用一个例子来说明这两种分解方法。

如图 1-17(a)所示,一个含有多对多联系的 E-R 图。这是一个简单的多对多联系的示例,图中有学生和课程两个实体集,一个学生可以选修多门课程,一门课程可由多个学生选修。学生由学号、姓名和年龄 3 个字段组成,课程由课程号、课程名和学分 3 个字段组成。

下面用这个例子说明多对多联系的分解方法。

① 冗余节点分解法

图 1-17(b)采用冗余节点法,即通过增设两个冗余节点将图 1-17(a)的多对多联系转换成两个一对多联系。冗余节点法的优点是结构清晰,允许节点改变存储位置,缺点是需要额外占用存储空间,有潜在的不一致性。

② 虚拟节点分解法

图 1-17(c)采用虚拟节点的分解方法,即将图 1-17(b)中的冗余节点换为虚拟节点,所谓虚拟节点就是一个指针(Pointer),指向所替代的节点。虚拟节点法的优点是减少对存储

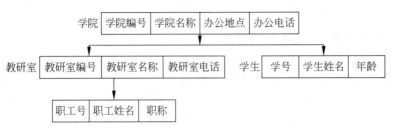

(a) 教师-学生层次数据库的型

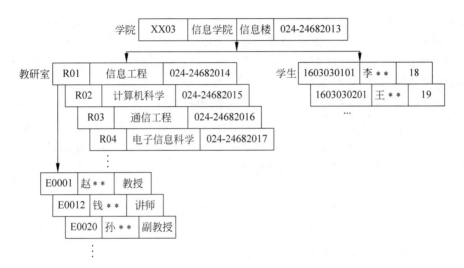

(b) 教师-学生层次数据库的部分值

图 1-16　层次数据库的型和值

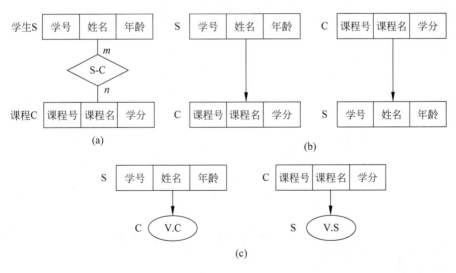

图 1-17　用层次模型表示多对多的联系

空间的浪费,避免产生潜在的不一致性,缺点是节点改变存储位置可能引起虚拟节点中指针的修改。

2) 层次模型的数据操作和完整性约束条件

在层次数据模型中,数据库的基本操作包括数据记录的查询、插入、删除和修改等操作。在进行相应的操作时,层次模型必须满足的完整性约束条件如下。

(1) 在进行插入操作时,如果没有指明相应的双亲节点值,则不能插入子女节点值。例如在图 1-16(b)的层次数据库中,若转学来一个学生,但还没有为该学生指明院系,则不能将该学生记录插入数据库中。

(2) 在进行删除操作时,如果删除双亲节点值,则相应的子女节点值也同时被删除。例如在图 1-16(b)的层次数据库中,若删除信息工程教研室的节点,则该教研室所有教员的数据将全部丢失;若删除信息学院的节点,则该学院的所有教研室和学生信息将全部删除,相应的所有教师信息也将全部删除。

(3) 在进行修改操作时,应修改所有相应记录,以保证数据的一致性。例如,在图 1-17(b)的层次模型中,若修改一个学生的年龄,则两处学生记录值的年龄字段都要执行修改操作。同样,要增加一个学生记录值时,也要同时对两处的学生记录执行插入操作,结果不仅造成操作麻烦,还特别容易引起数据不一致的问题。

3) 层次模型的存储方法

层次数据库中不仅要存储数据本身,还要存储数据之间的层次联系。层次模型数据的存储常常是和数据之间联系的存储结合在一起的。层次模型数据的存储一般使用邻接存储法和链接存储法两种方法来实现。

(1) 邻接存储法

邻接存储法是按照层次树前序穿越的顺序,把所有记录值依次邻接存放,即通过物理空间的相邻位置来安排(或隐含)层次顺序,实现存储。如图 1-18(a)中的数据模型,它的一个实例如图 1-18(b)所示,则对应的如图 1-18(c)就是按邻接法存放的、以根记录 A1 为首的层次记录实例集(为简单起见,仅用记录值的第一个字段来代表该记录值)。

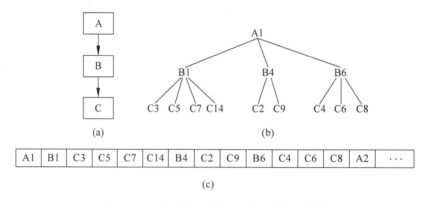

图 1-18 层次数据库邻接法层次结构的实例

(2) 链接存储法

链接存储法用指针来反映数据之间的联系,它包括子女-兄弟链接法和层次序列链接法。

链接层次法是用指针来反映数据之间的层次联系,如图 1-19 所示。其中,图 1-19(a)中每个记录设两类指针,分别指向最左边的子女(每个记录型对应一个)和最近的兄弟,因此这种链接方法被称为子女-兄弟链接法;如图 1-19(b)是按树的前序穿越顺序链接各记录值,这种链接方法称为层次序列链接法。

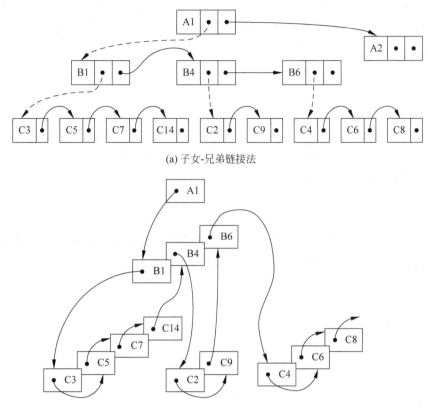

(a) 子女-兄弟链接法

(b) 层次序列链接法

图 1-19　链接存储法

4) 层次模型的特点

从图 1-15 可以看出层次模型像一棵倒立的树,节点的双亲是唯一的。图 1-16(a)是一个教师-学生层次模型的示例。该层次模型有 4 个记录型。记录型学院是根节点,由学院编号、学院名称、办公地点、办公电话 4 个字段组成。它有两个子女节点教研室和学生节点。记录型教研室是学院的子女节点,同时又是教师的双亲节点,它由教研室编号、教研室名称和教研室电话 3 个字段组成。记录型学生由学号、姓名、年龄 3 个字段组成。记录型教员由职工号、职工姓名、职称 3 个字段组成。学生与教师是叶子节点,它们没有子女节点。由学院到教研室、由教研室到教员、由学院到学生均是一对多的联系。

而图 1-16(b)是图 1-16(a)数据模型对应的一个值。该值是 XX03(信息学院)记录值及其所有后代记录值组成的一棵树。信息学院有 4 个教研室子女,记录值分别是 R01、R02、R03 和 R04 以及 2 个学生记录值 1603030101、1603030201。教研室 R01 有 3 个教员,记录值分别是 E0001、E0012 和 E0020。

通过对以上示例的分析,层次模型具有以下几个较为突出的问题。

(1) 在层次模型中具有一定的存取路径,需按路径查看给定记录的值。即任何一个给定的记录值只有按其路径查看时,才能显出它的全部意义,没有一个子女记录值能够脱离双亲记录值而独立存在。

(2)由于层次数据模型中的从属节点有且仅有一个双亲节点,因此它比较适合于表示数据记录类型之间的一对多联系,而现实世界中很多联系是非层次性的,如节点之间具有多对多联系,而对于多对多的联系难以直接表示,需进行转换,将其分解成若干个一对多联系。

(3)查询子女节点必须通过双亲节点。这样对层次模型数据库中的数据进行查询操作时,操作者必须了解数据的层次结构,而且每次操作只能取一个记录,若要取多个记录,必须使用循环。此外,系统提供给用户的数据库语言为过程化的语言,数据独立性较差。

(4)由于结构严密,层次命令趋于程序化。

(5)层次数据的结构特性使得对层次模型数据库进行插入、删除、修改操作时必须遵守父子约束、一致性约束,数据的型和值需保持树形结构等。这样对插入和删除操作的限制比较多,因此应用程序的编写比较复杂。

虽然层次模型有以上的问题或者不足,但是层次模型也有其突出的优点。

(1)数据结构比较简单清晰,层次分明,便于在计算机内实现。

(2)查询效率高。在层次模型中,记录之间的联系用有向边表示,这种联系通常通过指针来实现记录之间的联系,因此这种联系也就是记录之间的存取路径。当要存取某个节点的记录值,DBMS就沿着这一条路径很快找到该记录值,所以,层次数据库的性能优于关系数据库,不低于网状数据库。从根节点到树中任一节点均存在一条唯一的层次路径,为有效地进行数据操纵提供了条件。

(3)层次数据模型提供了良好的完整性支持。

可见用层次模型对具有一对多层次联系的部门描述非常自然、直观,容易理解,查询效率高。这些是层次数据库的突出优点。

2. 网状模型

现实世界中广泛存在的事物及其联系大都具有非层次的特点,若用层次结构来描述,既不直观,也难于理解。于是人们提出了另一种数据模型即网状数据模型(Network Model)。网状数据库系统采用网状模型作为数据的组织方式。网状数据模型的典型代表是 DBTG 系统,亦称 CODASYL 系统。这是 20 世纪 70 年代数据系统语言研究会(Conference OnData System Language,CODASYL)下属的数据库任务组(Data Base Task Group,DBTG)提出的一个系统方案,该方案代表着网状模型的诞生。DBTG 系统虽然不是实际的数据库系统软件,但是它提出的基本概念、方法和技术具有普遍意义。它对于网状数据库系统的研制和发展起了重大的影响。后来不少的系统都采用 DBTG 模型或者简化的 DBTG 模型。例如,较著名的有 Computer Associates International 公司的 IDMS、Cullinet Software 公司的 IDMS、Univac 公司的 DMS1100、Honeywell 公司的 IDS/2、HP 公司的 IMAGE 等。

网状模型是一个图结构,它是由字段(属性)、记录类型(实体型)和系(set)等对象组成的网状结构的模型。从图论的观点看,它是一个不加任何条件的有向图。

1)网状模型的数据结构

(1)网状模型的定义

在数据库中,把满足以下三个条件的基本层次联系的集合称为网状模型:

① 允许有一个以上的节点没有双亲；

② 至少有一个节点可以有多于一个的双亲；

③ 允许两个节点之间有两种或两种以上的关系。

图 1-20 中的(a)、(b)和(c)图都是网状模型的例子。

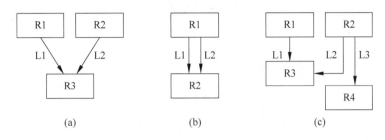

图 1-20　网状模型的例子

从网状模型的例子可以看出，它去掉了层次模型的两个限制，允许多个节点没有双亲节点，同时也允许节点有多于一个的双亲节点。此外它还允许两个节点之间有多种联系（称之为复合联系）。因此，网状模型是比层次模型更具普遍性的结构。而层次模型实际上是网状模型的一个特例，网状模型是层次模型的一般形式。网状模型可以更直接地描述现实世界。

（2）网状模型的数据表示方法

① 同层次模型一样，网状模型也使用记录和记录值表示实体集和实体；网状模型中每个节点表示一个记录类型（实体），每个记录类型可包含若干个字段（实体的属性）。

② 从定义可以看出，层次模型中子女节点与双亲节点的联系是唯一的，而在网状模型中这种联系可以是不唯一，因此，要为每个联系命名。网状模型中的联系用节点之间的连线表示，每个有向线段表示一对记录间的一对多的父子联系。由于网状模型中的联系比较复杂，所以网状模型中的联系简称为系。另外两个记录之间可以存在多种联系，且一个记录允许有多个双亲记录，所以网状模型中的系必须命名，用系名标识不同的联系。例如，图 1-20(a)中 R3 有两个双亲记录 R1 和 R2，因此我们把 R1 与 R3 之间的联系命名为 L1，R2 与 R3 之间的联系命名为 L2。另外，网状模型中还允许有复合链，即两个记录间可以有两种以上的联系，如图 1-20(b)所示。

下面以学生选课为例，看一看网状模型的数据库是怎样来组织数据的。

按照语义，一个学生可以选修多门课程，某一课程可以被多名学生选修，因此学生与课程之间的联系是多对多的。由于网状模型中不能表示实体之间多对多的联系。因此这样的实体联系图不能直接用网状模型来表示。为此引进一个学生选课的联结记录，它由 3 个数据项组成，即学号、课程号、成绩，表示某个学生选修某一门课程及其成绩。

这样，学生选课数据库包括 3 个记录：学生、课程和选课。

每个学生可以选修多门课程，显然对学生记录中的一个值，选课记录中可以有多个值与之联系，而选课记录中的一个值，只能与学生记录中的一个值联系。学生与选课之间的联系是一对多的联系，联系名为 S-SC。同样，课程与选课之间的联系也是一对多的联系，联系名为 C-SC。如图 1-21 所示为学生选课数据库的网状数据模型。

2）网状模型的数据操作与完整性约束条件

网状模型的数据操作包括查询、插入、删除和修改等操作，使用的是过程化语言。

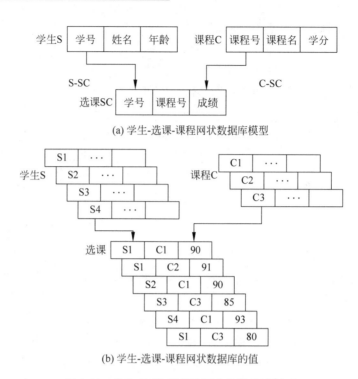

(a) 学生-选课-课程网状数据库模型

(b) 学生-选课-课程网状数据库的值

图 1-21　学生-选课-课程的网状数据模型例子

网状数据模型记录之间的联系比较复杂。网状模型一般来说没有层次模型那样严格的完整性约束条件,但具体的网状数据库系统对数据操纵都加了一些限制,提供了一定的完整性约束。

例如 DBTG 在模式 DDL 中,提供了定义 DBTG 数据库完整性的若干个概念和语句。

(1) 支持记录"码"的概念。"码"即唯一标识记录的数据项的集合。例如,学生记录(如图 1-21)中学号就是码,因此在学生数据库中不允许学生记录中有重复的学号值出现。

(2) 保证一个联系中双亲记录和子女记录之间的联系是一对多的。

(3) 可以支持双亲记录和子女记录之间某些约束条件。例如,有些子女记录要求双亲记录存在时才能插入,双亲记录删除时子女记录也连同删除。例如图 1-21 中选课记录就应该满足这种约束条件,学生选课记录值必须是数据库中已经存在的某一学生选修了已经存在某一门课的记录。

3) 网状模型的存储结构

由于网状模型记录之间的联系比较复杂,因而网状数据模型的存储结构中关键是如何实现记录之间的联系。网状数据模型常用的存储方法是链接法,它包括单向链接、双向链接、环状链接、向首链接等。此外,网状数据模型还有其他的存储方法,如二进制阵列法、索引法、指引元阵列法等,一般依具体系统的不同而采取不同的存储方法。

4) 网状数据模型的主要优缺点

网状数据模型的主要优点。

(1) 能够更直接地描述现实世界,一个节点可以有多个双亲;节点之间可以有多种联系,即允许复合链。

（2）存取效率比较高,具有良好的性能。

网状数据模型的主要缺点。

（1）结构比较复杂,而且随着应用环境的扩大,数据库的结构变得越来越复杂,不利于用户掌握。

（2）网状模型的 DDL 和 DML 语言复杂,并且要嵌入某一种高级语言(如 COBOL 语言或 C 语言)中,用户不容易掌握和使用。

（3）数据的独立性较差。这是由于记录之间的联系是通过存取路径实现的,应用程序在访问数据时必须选择适当的存取路径,因此,程序员要为访问数据设置存取路径,用户必须了解系统结构的细节后才能实现其数据存取工作,加重了编写应用程序的负担。

3. 关系模型

关系模型(Relational Model)是目前最重要的一种数据模型。关系数据库系统采用关系模型作为数据的组织方式,现在流行的数据库系统大都是关系数据库系统。美国 IBM 公司的研究员 E. F. Codd 于 1970 年发表了题为《大型共享系统的关系数据库的关系模型》的论文,首次提出了数据库系统的关系模型,开创了数据库关系方法和关系数据理论的研究,为数据库技术奠定了理论基础。关系模型的建立,是数据库历史发展中最重要的事件。

自 20 世纪 80 年代以来,数据库系统研究都是围绕着关系模型进行的。数据库领域当前的研究工作也都是以关系方法为基础。因此本书的重点也将放在关系数据库上,本书的以下各章将详细介绍关系数据库系统。

1）关系数据模型的数据结构

（1）关系模型的定义

关系模型与其他的数据模型不同,它建立在严格的数学概念的基础上。严格的定义将在第 2 章给出。这里只简单描述一下关系模型。

关系模型的数据结构是由若干关系模式组成的。关系模式相当于层次模型和网状模型中的记录类型(即节点)。关系模式的实例称为关系,每一个关系的数据结构是一张规范化的二维表,它表示不同的实体集及实体集之间的联系。在关系模型中,通常把二维表称为关系,一般的二维表都是由多行和多列组成。每一行称为一个元组,元组用主码标识;每一列称为一个属性,列中的值取自相应的域,域是属性所有可能取值的集合。目前大多数 DBMS 都是基于关系模型的。

（2）关系模型的数据表示

与层次和网状模型不同,在关系模型中,实体集之间的联系是通过二维表结构表示的。此外,表之间还有型和值的隐式联系(用于完整性约束和关联查询),均不需人为设置指针。如图 1-22 所示,曲线表示隐式联系。

图 1-22 给出了一个关系模型的数据结构示例,对应于图 1-14 所示的 E-R 图,描述了学生实体、课程实体以及两者之间选课的多对多联系,该关系模型包括 3 个关系模式(为描述方便,属性名有删减):

学生(<u>学号</u>,姓名,性别,出生日期,学院名称)
课程(<u>课程号</u>,课程名,学分)
选课(<u>学号,课程号</u>,成绩)

对应于图 1-14 所示的 E-R 图,在关系模型中,学生和课程实体分别转换为关系模式的

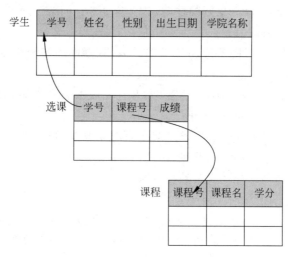

图 1-22　关系模型的数据结构

学生和课程,多对多联系"学生与课程"转换为关系模式的选课。在关系模式中,带有下画线的属性是主码,即唯一标识元组的一个最小属性集。表示实体的关系模式学生和课程的主码分别是"学号"和"课程号";而表示多对多联系的关系模式选课的主码是"学号,课号",即两个属性联合作为主码,因为只有同时给出哪个学生选了哪门课程,才能唯一标识一个选课元组。

关系模式选课的"学号"属性参照关系模式学生的主码"学号",表示哪个学生选课;关系模式选课的"课程号"属性参照关系模式课程的主码"课程号",表示选了哪门课程。

现在以图 1-23 所示的关系模型的数据实例为例,介绍关系模型中的一些常用术语。

学生

学号	姓名	性别	出生日期	学院名称
18030301	张三	男	2000-02-19	信息
18030302	李四	女	2000-12-09	信息

选课

学号	课程号	成绩
18030301	1	92
18030302	2	85
18030303	3	90

课程

课程号	课程名	学分
1	高等数学	6
2	数据库原理	2

图 1-23　关系模型的数据实例

① 关系(Relation):一个关系对应通常说的一张表,如图 1-23 所示的这张学生表就是学生关系。

② 元组(Tuple):表中的一行即为一个元组,描述一个具体实体,在关系数据库中称为记录。

③ 属性(Attribute):表中的一列即为一个属性。一个表中往往有多个属性,为了区分这些属性,要给每一个属性起一个不同的名称即属性名。如,学生关系中,属性有学号、姓名等。

④ 码(Key)也称为码键。表中的某个属性或属性组，它可以唯一确定一个元组，如图 1-23 中的学生关系中的学号，可以唯一确定一个学生，也就成为本关系的码；而选课关系中的码是(学号和课程号)属性组，这是因为这个关系中只有这两个属性才能唯一决定某一个学生选了某一门课程的成绩。

⑤ 域(Domain)：属性的取值范围，如人的年龄一般为 1～150 岁，大学生年龄属性的域的取值范围为是 10～30，性别的域是男或女，学院名称的域是一个学校所有学院名称的集合等。

⑥ 分量(Element)：元组中的一个属性值。

⑦ 关系模式(Relation Model)：是对关系的描述，一般表示为

关系名(属性 1，属性 2，……，属性 n)

例如，如图 1-22 的关系可描述为：

学生(学号，姓名，性别，出生日期，学院名称)
课程(课程号，课程名，学分)

在关系模型中，实体以及实体间的联系都是用关系来表示的。例如：学生与课程之间的多对多联系(学生选课)在关系模型中可以表示如下：

选课(学号，课程号，成绩)

另外，关系模型要求关系必须是规范化的。所谓关系规范化是指关系模式要满足一定的规范条件。关系的规范条件很多，但首要条件是关系的每一个分量必须是不可分的数据项。也就是说，不允许表中还有表。如图 1-24 中工资和扣除是可分的数据项，工资又分为：岗位工资、薪级工资、基础绩效、岗位津贴和科教奖励，扣除又分为医保、公积金、扣税和保险。因此，图 1-24 的表就不符合关系模型要求，是一个非规范化关系。

职工号	姓名	工资					扣除				实发	应发
		岗位工资	薪级工资	基础绩效	岗位津贴	科教奖励	医保	公积金	扣税	保险		

图 1-24　一个非规范化关系的示例

2) 关系模型的数据操作和关系的完整性约束条件

关系模型的数据操作主要包括数据查询、插入、删除、修改数据。关系中的数据操作是集合操作，操作的对象和操作结果都是关系，即若干元组的集合，而不是单记录的操作方式。此外，关系操作语言都是高度非过程的语言，由于关系模型把存取路径对用户隐蔽起来了，用户在操作时，只要指出"干什么"或"找什么"，而不必详细说明"怎么干"或"怎么找"。使得数据的独立性大大提高了。由于关系语言的高度非过程化使得用户对关系的操作变得容易，提高了系统的效率。

以上操作必须满足关系的完整性约束条件。关系的完整性约束条件包括 3 类：实体完

整性、参照完整性和用户定义的完整性。完整性的具体内容将在第 2 章作详细的介绍。

3）关系模型的存储结构

在关系模型的物理存储结构中，关系以文件形式存储。一些小型的关系数据库管理系统（RDBMS）采用直接利用操作系统文件的方式实现关系存储，一个关系对应一个数据文件。为了提高系统性能，许多关系数据库管理系统采用自己设计的文件结构、文件格式和数据存取机制进行关系存储，以保证数据的物理独立性和逻辑独立性，更有效地保证数据的安全性和完整性。

在关系数据模型中，实体及实体间的联系都用二维表来表示。在关系数据库的物理组织中，有的 DBMS 一个表对应一个操作系统文件，有的 DBMS 从操作系统获得若干大的文件，自己设计表、索引等存储结构。

4）关系数据模型的特点

关系数据模型具有下列优点。

（1）关系模型与非关系模型不同，它是建立在严格的数学概念的基础上的，有较强的理论基础。关系及其系统的设计和优化有数学理论指导，容易实现且性能较好。

（2）关系数据模型的概念单一，容易理解。在关系模型中，无论是实体还是实体之间的联系，无论是操作对象还是操作结果，都用关系来表示。对数据的检索和更新结果也是关系（即表）。这种概念单一的数据结构，使数据操作方法统一，也使用户易懂易用。

（3）数据的独立性和安全保密性都较好。由于关系模型的存取路径对用户透明，从而具有更高的数据独立性、更好的安全保密性，也减轻了程序员开发数据库工作的强度。

（4）可用关系直接表示多对多的联系。

（5）描述的一致性。不仅实体用关系描述，实体之间的联系也用关系描述。

关系数据模型具有下列缺点：

（1）关系模型中的数据联系是靠数据冗余实现的，关系数据库中不可能完全消除数据冗余。

（2）由于存取路径对用户透明，查询效率往往不如非关系模型。因此为了提高性能，DBMS 必须对用户的查询请求进行优化，因此增加了开发 DBMS 的难度。不过，用户不必考虑这些系统内部的优化技术细节。

在关系模型发展的早期，关系模型还有一些质疑的声音之外，这些声音主要来自性能方面，主要源于元组之间没有直接的指针链接、存取路径又对用户透明，查询效率往往不如层次、网状模型。但随着关系模型查询优化技术的完善和计算机硬件性能的提高，目前关系模型的效率基本接近层次模型、网状模型。在实际应用中，一般无须考虑关系模型的性能问题。所以关系数据模型诞生以后发展迅速，深受用户的喜爱。

4. 其他数据模型

从数据库的发展历程来看，层次模型、网状模型和关系模型是使用比较广泛的数据模型。其中 20 世纪 80 年代后期关系模型已渐渐成为最主要的数据模型。除了上述 3 种数据模型以外，还有其他一些数据模型也在特定的领域发挥着重要的作用，下面简单介绍其他的数据模型。

1）面向对象数据模型

面向对象数据模型（Object-Oriented Data Model，OO）是用面向对象的方法来描述现实世界对象的逻辑组织、对象间限制、联系等的模型。面向对象模型用类表示实体集,用对象表示实体,用对象间的关联表示实体间的联系。对象作为描述信息实体的统一概念,把数据和对数据的操作融为一体,通过类、继承、封装和实例化机制来构造基于面向对象数据模型的软件系统。面向对象数据模型是随着面向对象方法论应用于数据库领域而产生的。支持面向对象数据模型的数据库管理系统简称OODBMS(Object-Oriented Database Management System)。

面向对象数据模型中,类的子集称为该类的子类,该类称为子类的父类或超类。子类可继承父类的所有属性和方法。子类还可以有子类,形成一个类层次结构,如图 1-25 所示。

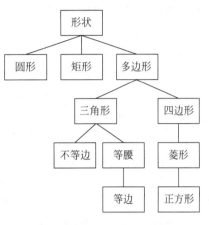

图 1-25 类层次结构示例

(1) 面向对象数据模型的三个要素

① 数据结构:为对象类层次(含嵌套)结构。其描述工具是对象、类和继承,其对应的约束条件可以包括每一个对象具有唯一的由系统定义的标识,每一个对象标识仅标识一个对象。

② 数据操作:包括与对象相关的方法。使用对象查询语言进行多种对象操作,包括定义类(属性、操作、继承性、约束),创建对象及操纵(生成、存取、修改、删除等)。

③ 数据的完整性约束:有类与对象的唯一性约束、父子约束、引用存在性约束等。

(2) 面向对象模型的核心技术

① 分类。分类是把一组具有相同属性结构和操作方法的对象归纳或映射为一个公共类的过程。

② 概括。概括是把几个类中某些具有部分公共特征的属性和操作方法抽象出来,形成一个更高层次、更具一般性的超类的过程。

③ 聚集,聚集是将几个不同类的对象组合成一个更高级的复合对象的过程。

2) 对象关系模型

对象关系模型(Object-Relational Model)是关系模型与面向对象模型的结合,在关系模型的基础上扩充了类、对象、继承等面向对象概念。关系模型提供的基本数据类型是有限的,而对象关系模型允许用户以基本数据类型为基础,自己定义新的数据类型、函数和操作符。用户自定义的数据类型和函数(操作符也是一种函数)在概念上相当于类,而定义数据类型的值相当于对象,同时可以支持自定义数据类型间的继承。支持对象关系模型的数据库管理系统简称为 ORDBMS(Object-Relational Database Management System)。

1.3 数据库系统的结构

从数据库管理系统角度看,数据库系统通常采用三级模式结构,即外模式、模式和内模式。这是数据库管理系统内部的系统结构。任何一个 DBMS 都应该支持三级模式的定义。本节将介绍数据库系统的模式结构。

1.3.1 数据库系统模式的概念

在数据模型中有"型"(Type)和"值"(Value)的概念。型是指对某一类数据的结构和属性的说明,而值是对型的一个具体赋值。例如,学生记录其型定义为(学号、姓名、性别、出生年月、所在院系、入学时间、家庭住址)等属性组成,而(1703070101,李艺、女,199905,信息科学与工程学院,2017,辽宁省沈阳市)则是该记录型的一个记录值。

模式(Schema)是数据库中全体数据的逻辑结构和特征的描述。它仅仅涉及型的描述,而不考虑具体的值。模式的一个具体值称为模式的一个实例(Instance)。同一个模式可以有很多实例。模式是相对稳定的,而实例是相对变化的,因为数据库中的数据在不断地更新。模式反映的是数据的结构及其联系,而实例反映的是数据库某一时刻的状态。

例如某高校 2017 年共有在校学生 15000 名,共开设 500 课程。在学生选课数据库模式中,包含学生记录、课程记录和学生选课记录,则 2017 年有一个学生数据库的实例,该实例包含了 2017 年学校中所有学生的记录(共有 15000 个学生记录)及学校开设的 500 门课程的记录和所有学生选课的记录。

2016 年度学生数据库模式对应的实例与 2017 年度学生数据库模式对应的实例是不同的。实际上 2017 年度学生数据库的实例也会随着时间的变化而变化,因为在此年度有的学生可能退学,有的学生降级,也可能转专业,有的学生可能退课。因此学生数据库和选课数据库的实例在各个时刻是变化的,而数据库模式基本保持不变。

虽然实际的数据库管理系统产品种类很多,它们支持不同的数据模型,使用不同的数据库语言,建立在不同的操作系统之上,数据的存储结构也各不相同。但它们在体系结构上通常都具有相同的特征,即一般都采用三级模式结构(早期微机上的小型数据库系统除外)。所谓三级模式结构是指数据库系统是由外模式、模式和内模式三级构成的,并提供两级映像功能,如图 1-26 所示。

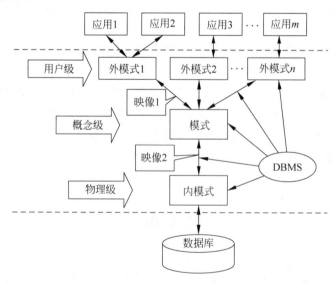

图 1-26 数据库系统的三级模型结构

下面分别介绍数据库系统的三级模式及两级映像功能。

1.3.2 数据库系统的三级模式结构

1. 模式

定义：模式（Schema）又称为概念模式（Conceptual Schema）或逻辑模式（Logical Schema）。是数据库中全部数据的逻辑结构和特征的描述，是系统为了减少数据冗余，实现数据共享的目标，并对所有用户的数据进行综合抽象而得到的公共数据视图。

模式处于数据库三级模式中的核心位置，它独立于数据库的其他层次，设计数据库模式结构时应首先确定数据库的逻辑模式。既不涉及数据的物理存储细节和硬件环境，也与具体的应用程序和编程语言无关。

实际上，模式统一综合考虑了所有用户的需求，并将这些需求有机地组成一个逻辑整体。它采用 DBMS 支持的数据模型定义要存储到数据库中的数据。

说明：

① 一个数据库只有一个模式。

② 模式是数据库数据在概念级上的视图。模式与具体的应用程序无关，它描述的是数据库的结构，而不是数据库本身，它只是装配数据的一个框架。

③ 数据库模式以某一种数据模型为基础构造。定义模式时不仅要定义数据的逻辑结构（如数据记录由哪些数据项构成，数据项的名字、类型、取值范围等），而且要定义这些数据之间的联系，定义与数据有关的安全性、完整性要求等。

④ 模式用模式描述语言描述和定义。一般 DBMS 都提供模式描述语言（模式 DDL）来严格定义模式。

例如：在一个关系数据库管理系统中，模式主要描述存储在数据库中的所有关系。在学生选课数据库中，一方面用关系描述学生和课程实体，另一方面用关系描述学生课程之间的联系——学生选课。下面的学生选课数据库模式给出了关系名称、属性名称以及主码：

学生(学号、姓名、性别、出生年月、所在院系、入学时间、家庭住址)
课程(课程号、课程名、学分)
选课(学号、课程号、成绩)

在 DBMS 中，用于定义模式的数据库语言称为模式数据定义语言（Schema Data Definition Language，模式 DDL）。

2. 外模式

定义：外模式（External Schema）也称子模式或用户模式，是数据库用户和数据库系统的接口，是数据用户的数据视图（View），是与某一具体应用相关联数据的逻辑表示。外模式是用户与数据库的接口，它主要描述用户视图的各记录的组成、相互联系、数据项的特征、数据的安全性和完整性约束条件等。

说明：

① 外模式一般是模式的子集。一个数据库可以有多个外模式；每个用户至少使用一个外模式。

② 同一个外模式可以为某一用户的多个应用系统所使用，即同一外模式可为多个应用程序所使用，但一个应用程序只能使用一个外模式。这是因为当不同用户在应用需求、保密

级别等方面存在差异时,不同用户外模式的描述就会不同。

③ 外模式是模式的子集。模式是对全体用户数据及其关系的综合、归纳和抽象,外模式是根据用户的具体需求对模式的抽取,因此模式的设计是外模式设计的基础。

④ 外模式是保证数据安全性的一个有力措施。每个用户只能访问和操作所对应的外模式中的数据,而数据库中的其他数据均不可见。

⑤ 在 DBMS 中,用外模式数据定义语言(External Schema Data Definition Language)来定义外模式,即外模式 DDL。

在 RDBMS 中,外模式主要通过视图来实现。如在学生选课数据库中,定义视图"学生选课成绩"如下:

学生选课成绩(学号,姓名,课程号,课程名,成绩)

在该视图中,学号和姓名来自学生关系,课程号和课程名来自课程关系,成绩来自选课关系。视图在结构上与关系相似,但关系数据库只存储视图的定义,不存储视图的数据。视图的数据是在使用时根据关系中存储的数据和视图的定义动态计算得到的。视图就是 RDBMS 提供的外模式。(关于视图的相关内容将在第 3 章具体介绍)

3. 内模式

定义:内模式(Internal Schema)也称存储模式或物理模式。它是数据物理结构和存储方法的描述,是数据在数据库内部的表示方式,也是整个数据库的最低层结构的表示。一个数据库只有一个内模式。

在内模式中要定义数据的结构和存储方式主要有:文件类型,数据的存储方式(顺序存储、按照 B^+ 树结构存储、按 Hash 方式存储),索引文件的结构,数据的压缩或加密处理,存储设备,物理块的大小等。

例如学生记录,如果按顺序存储,如图 1-27(a)所示,则插入的一条新记录总是放在学生记录存储的最后;如果按学号升序存储,如图 1-27(b)所示,则插入的一条记录就要找到它应在的位置再插入;如果按照学生年龄聚簇存放,假如新插入的 S3 是 16 岁,则应插入的位置如图 1-27(c)所示。

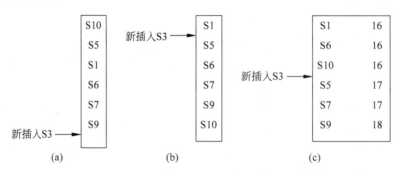

图 1-27　记录不同的存储方式示意图

说明:

① 一个数据库只有一个内模式。

② 内模式对用户透明。虽然内模式对一般用户是透明的,但它的设计直接影响数据库的性能。所以,数据库的设计者和维护者应对其有充分的了解,这样才能更合理、更有效地

维护数据库。

③ 一个数据库由多种文件组成。如数据库系统文件、用户数据文件、索引文件等。
DBMS 用于定义内模式的数据库语言称为内模式数据定义语言（Internal Schema Data
Definition Language），即内模式 DDL。

数据库的内模式依赖于它的全局逻辑结构，即模式，但独立于数据库的用户视图即外模
式。内模式的设计目标是保证物理存储设备有较好的时间效率和空间效率。

如图 1-28 是学生选课关系数据库三级模式的一个实例。

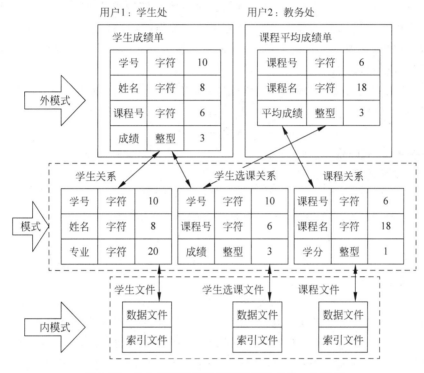

图 1-28　学生选课关系数据库三级模式的一个实例

1.3.3　数据库的二级映像功能与数据独立性

DBMS 为了实现三级模式结构，不仅提供了定义内模式、模式、外模式的语言，而且还
在三级模式之间提供了二级映像，即外模式/模式映像和模式/内模式映像。正是这二级映
像保证了数据库系统中的数据具有较高的数据独立性。

数据独立性一般分为物理独立性与逻辑独立性两级。

物理独立性：是指数据库物理结构的改变（即内模式的改变）不会影响逻辑结构（模式）
及应用程序（外模式）。即数据的存储结构改变了，如选用了另一种类型的存储文件、删除了
原有的索引、建立了新的索引等都不影响数据库的逻辑结构（即模式）的变化，因此应用程序
不会受到影响。

逻辑独立性：是指数据库逻辑结构（即模式）的改变不影响应用程序。即当模式改变
时，如增加新的实体、新的数据类型、新的属性、更改属性的数据、改变数据间联系类型等，不
需要相应修改应用程序，这就是数据的逻辑独立性。

为了保证数据独立性,DBMS 在三级模式之间提供两级映像,下面分别介绍二级映像的具体内容。

1. 模式/内模式映像

模式/内模式映像是说明模式在物理设备中的存储结构,它定义了概念模式和内模式之间的对应关系。模式/内模式映像的定义一般由内模式的定义描述指定。

因为数据库只有一个模式,也只有一个内模式,所以模式/内模式映像是唯一的。它定义了数据全局逻辑结构与存储结构之间的映射关系。当数据库的存储结构改变时,如采用了更先进的存储结构,由数据库管理员对模式/内模式映像做出相应修改,可以使模式保持不变,当然应用程序代码也不需要修改,从而保证了数据的物理独立性。

又如若数据库管理系统升级了,管理系统一般会将以前的模式用新存储方式进行存储,不会影响用户应用程序的使用。

数据库的内模式依赖于它的全局逻辑结构,但独立于数据库的用户视图,即外模式,也独立于具体的存储设备。它是将全局逻辑结构中所定义的数据结构及其联系按照一定的物理存储策略进行组织以达到较好的时间与空间效率。

2. 外模式/模式映像

外模式/模式映像是指由模式生成外模式的规则,它定义了各个外模式和概念模式之间的对应关系。这些映像定义通常包含在各个外模式的定义描述中。

模式描述数据的全局逻辑结构,一个数据库只有一个模式;外模式描述数据的局部逻辑结构,一个数据库可以有多个外模式。因此外模式/模式映像不唯一,由一个模式可以推导出任意多个外模式。对于每个外模式,数据库系统都定义一个外模式/模式映像,描述该外模式与模式之间的映射关系。

当模式改变时,如增加新的数据类型、新的属性、改变属性名字等,只要由数据库管理员对各个外模式/模式映像做出相应修改,就可以使外模式保持不变。而应用程序是依赖数据库的外模式开发的,因此应用程序代码不必修改,从而保证了数据的逻辑独立性。

例如图 1-28 中,若模式"学生关系"修改为由"学生关系 1-简表"和"学生关系 2-档案表"两部分组成,此时若产生另一用户外模式"学生总表",只需由这两个新关系映射产生即可。若用户外模式"学生成绩单"修改为(学号,姓名,课程号,课程名,学分,成绩),也只需要改为由"学生关系""选课关系"和"课程关系"三个关系映射产生即可。不必修改外模式,因而也不会影响原应用程序,故在一定程度上实现了数据的逻辑独立性。

说明:

① 模式/内模式映像是唯一的。因为数据库中只有一个模式及一个内模式,所以模式/内模式映像是唯一的。它定义了数据全局逻辑结构与存储结构之间的对应关系。该映像的定义通常包含在模式描述中。当数据库的存储结构改变时,只需由数据库管理员对模式/内模式映像作相应改变,可以使模式保持不变,从而保证了数据的物理独立性,不会影响用户应用程序的使用。

② 外模式/模式映像不唯一。数据库的外模式面向具体的应用程序,它定义在逻辑模式之上,但独立于存储模式和存储设备。当应用需求发生较大变化,相应外模式不能满足其视图要求时,该外模式就得做相应改动,所以设计外模式时应充分考虑应用的扩充性。

特定的应用程序是在外模式描述的数据结构上编制的,它依赖于特定的外模式,与数据库的模式和存储结构独立。不同的应用程序有时可以共用同一个外模式。数据库的二级映像保证了数据库外模式的稳定性,从而从底层保证了应用程序的稳定性,除非应用需求本身发生变化,否则应用程序一般不需要修改。

数据与程序之间的独立性,使得数据的定义和描述可以从应用程序中分离出去。另外,由于数据的存取由 DBMS 管理,用户不必考虑存取路径等细节,从而简化了应用程序的编制,大大减少了应用程序的维护和修改。

在数据库的三级模式结构中,数据库模式(全局逻辑结构)设计是数据库模式结构设计的核心与关键,它独立于数据库的其他层次。因此设计数据库模式结构时应首先确定数据库的逻辑模式。

综上所述,正是这三级模式结构和它们之间的两层映像,保证了数据库系统的数据能够具有较高的逻辑独立性和物理独立性。有效地实现数据库三级模式之间的转换是数据库管理系统的职能。

1.4　数据库系统的组成

一个数据库系统一般由三大部分组成:

- 计算机硬件平台;
- 软件系统:包括操作系统、数据库管理系统、数据库、语言工具与开发环境、数据库应用软件等;
- 人员。

1. 数据库系统的硬件平台

由于数据库系统建立在计算机硬件基础之上,它在必需的硬件资源支持下才能工作,因而系统的计算机设备配置情况是影响数据库运行的重要因素。

支持数据库系统的计算机硬件资源包括计算机(服务器及客户机)、数据通信设备(计算机网络和多用户数据传输设备)及其他外围设备(特殊的数据输入输出设备,比如图形扫描仪、大屏幕的显示器及激光打印机)等。由于数据库系统数据量都很大,数据结构复杂,软件内容多,加之 DBMS 丰富的功能使得自身的规模也很大,因而要求其硬件设备能够快速处理它的数据。这就需要硬件的数据存储容量大、数据处理速度和数据输入输出速度快,在进行数据库系统的硬件配置时,应注意以下 3 个方面的问题。

(1)计算机内存要尽量大。用来存放操作系统、DBMS 的核心模块、数据缓冲区和应用程序。

数据库系统与其他计算机系统相比需要更多的内存支持。由于数据库系统的软件构成复杂,它包括操作系统、数据库管理系统、应用程序及数据库,工作时它们都需要一定的内存作为程序工作区或数据缓冲区。所以,计算机内存的大小对数据库系统性能的影响是非常明显的,内存大就可以建立较多、较大的程序工作区或数据缓冲区,以管理更多的数据文件和控制更多的程序过程,进行比较复杂的数据管理和更快地进行数据操作。每种数据库系统对计算机内存都有最低要求,如果计算机内存达不到其最低要求,系统将不能正常工作。

(2)计算机外存也要尽量大。即要有足够大的磁盘或磁盘阵列等设备存放数据库,有足够的磁带或光盘作数据备份。

由于数据库中的数据量非常大并且软件种类繁多,它必然需要较大的外存空间来存储其数据文件和程序文件。计算机外存主要有软磁盘、磁带和硬盘,其中硬盘是最主要的外存设备。数据库系统要求硬盘的数据容量尽量大些。硬盘大可以为数据文件和数据库软件提供足够的空间,满足数据和程序的存储需要,并可以为系统的临时文件提供存储空间,保证系统能正常运行数据,搜索时间较短,从而加快数据存取速度。

(3) 要求系统有较高的通道能力,以提高数据传送率。

由于数据库的数据量大而操作复杂度不大,数据库工作时需要经常进行内、外存的交换操作,这就要求计算机不仅要有较强的通道能力,而且数据存取和数据交换的速度要快。虽然计算机的运行速度由 CPU 计算速度和数据 I/O 的传输速度两者决定,但是对于数据库系统来说,加快数据 I/O 的传输速度是提高运行速度的关键,提高数据传输速度是提高数据库系统效率的重要指标。对于网络上运行的数据库系统,还需要考虑网络上的传输效率。

2. 数据库系统的软件组成

数据库系统的软件主要包括以下几部分。

(1) 数据库管理系统和主语言编译系统。数据库管理系统(DBMS)是为数据库定义、建立、维护、使用、控制和维护配置而提供数据管理的系统软件。主语言编译系统是为应用程序提供的诸如程序控制、数据输入输出、功能函数、图形处理、计算方法等数据处理功能的系统软件。由于数据库的应用很广泛,涉及的领域很多,其全部功能 DBMS 不可能全部提供。因而,应用系统的设计与实现,需要数据库和主语言配合,这样便于应用系统的开发。

这样做有三个好处:一是它使得 DBMS 只需要考虑如何把有关数据管理和控制的功能做好而不需考虑其他功能,可使其操作便利、功能更好。二是可使应用系统根据使用要求自由地选择主语言(常用的主语言有 C♯、.NET,COBOL、PL/1 等),给用户带来了极大的灵活性。三是由于 DBMS 可以与多种语言配合使用,这等于使这些主语言都具有了数据库管理功能,从而能够发挥更大的作用。

还有一些高级 DBMS 自带集成开发环境。如 Microsoft 公司的 VFP、Oracle 公司的 Oracle 等。

(2) 支持 DBMS 运行的操作系统。操作系统是所有计算机软件的基础,它是整个数据库系统的重要软件平台,提供基础功能与支撑环境。在数据库系统中起着支持 DBMS 及主语言系统工作的作用。目前常用的操作系统有 Windows、UNIX、Linux 与 OS2 等。

(3) 以 DBMS 为核心的应用开发工具。数据库应用开发工具是 DBMS 系统为应用开发人员和最终用户提供的高效率、多功能的应用生成器、第 4 代计算机语言等各种软件工具,如报表生成器、表单生成器、查询和视图设计器等,它们为数据库系统的开发和使用提供了良好的环境和帮助。

(4) 为特定应用环境开发的数据库应用系统。在数据库系统中,应用软件和界面是利用数据库管理系统及其相关的开发工具为特定应用而开发的软件。

数据库应用系统包括为特定应用环境建立的数据库、开发的各类应用程序及编写的文档资料,它们是一个有机整体。数据库应用系统涉及各个方面,例如信息管理系统、人工智能、计算机控制和计算机图形处理等。通过运行数据库应用系统,可以实现对数据库中数据的维护、查询、管理和处理操作。

(5) 数据库。它是反映企业或组织当前状态的数据集合。这里当前状态是指企业或组织的经营情况,如当前财务情况、人员构成情况。为应用方便,用数据库中的数据含义来标识数据库。如人事数据库、学生学籍成绩数据库等。

3. 人员

数据库系统的建设、使用与维护可以看作一个系统工程,需要各种人员配合来完成。

数据库系统中的人员包括以下几部分。

(1) 数据库管理员(DataBase Administrator,DBA)

DBA 在数据库系统中是一个非常重要角色。为了保证 DBMS 服务及数据库的可用性、可靠性、安全性、稳定性和高性能,需要有专门的人员对 DBMS 及其管理的数据库进行监管和维护。DBA 不一定只是一个人,它往往可能是一个工作小组。其主要职责有设计、建立、管理和维护数据库,协调各用户对数据库的要求等。因此,DBA 不仅要熟悉、掌握 DBMS 和数据库的理论知识,更要熟悉数据库系统当前使用的具体 DBMS 产品(如 Oracle、SQL Server、DB2)的使用方法,充分了解各种用户的需求,了解各应用部门的业务工作,具有系统分析员和运筹学专家的知识。所以,DBA 通常是信息技术方面的专业人员,负责全局控制。

(2) 系统分析员和数据库设计人员

系统分析员是数据库系统设计中的高级人员。主要负责数据库系统建设的前期工作,包括应用系统的需求分析、规范说明和数据库系统的总体设计等。

数据库设计人员要在参与用户需求调查、应用系统的需求分析后,根据需求分析说明书,主要负责数据库的设计,设计数据库的概念模型和逻辑模型。包括各级模式的设计、确定数据库中的数据等。

(3) 应用程序开发人员

应用程序开发人员负责应用程序的详细设计和代码编写,使用某些高级语言或利用多种数据库开发工具实现需求分析说明书中要求的各项功能,用以完成对数据库的操作,并负责完成应用程序各模块的单元测试和多模块的集成测试,编写各种开发文档和用户使用手册。

(4) 用户

这里用户是指最终用户(End User)。是整个数据库系统面向的服务人群。最终用户通过应用系统的用户接口使用数据库。如公司、银行的职员、操作员等,他们通过用户界面,如浏览器网页、图形表格、功能菜单等使用数据库。

1.5 小 结

本章概述了数据、数据库、数据库管理系统和数据库系统的基本概念,并通过对数据管理情况的简单介绍,阐述了数据库技术产生和发展的背景,并进一步说明了数据库系统的特点。

数据模型是数据库系统的核心和基础。本章介绍了数据描述的三个世界、概念模型和三种主要的数据库模型。

概念模型也称信息模型,用于信息世界的建模,E-R 模型是这类模型的典型代表,E-R 方法简单、清晰,应用十分广泛。

数据模型的发展经历了格式化数据模型(包括层次模型和网状模型)、关系模型、面向对象模型、对象关系模型等非传统数据模型阶段。本章较为详细地讲解了层次模型和网状模型,对关系模型只是简单介绍,因为后续章节会进行详细讲解。

接下来介绍数据库系统三级模式和两层映像的系统结构,这些保证了数据库系统中能够具有较高的数据的逻辑独立性和物理独立性。

最后介绍了数据库系统的组成,使读者了解到数据库系统不仅是一个计算机系统,而是一个人-机系统,人的作用特别是 DBA 的作用尤为重要。

学习这一章应把注意力放在掌握基本概念和基本知识方面,为进一步学习后续章节打好基础。本章新概念较多,如果是刚开始学习数据库,可在学习后续章节后再返回进一步理解和掌握这些概念。

习　　题

一、名词解释与理解

1. 数据、数据库(DB)、数据库系统(DBS)、数据库管理系统(DBMS)、模式、外模式、内模式、数据的逻辑独立性、数据的物理独立性、E-R 模型、层次模型、网状模型、关系模型、面向对象模型。

2. 实体、实体型、实体集、属性、码、实体联系图(E-R 图)。

二、简答题

1. 试述数据模型的概念、数据模型的作用和数据模型的 3 个要素。

2. 人工管理、文件系统和数据库系统阶段的数据管理各有哪些特点?

3. 什么是数据冗余? 数据库系统与文件系统相比怎样减少冗余?

4. 试述概念模型的作用。

5. 层次模型、网状模型和关系模型是根据什么来划分的? 这三种基本模型各有哪些优缺点?

6. 数据库系统的基本特点是什么?

7. 数据库的三级模式结构描述了什么? 为什么在三级模式结构之间提供两级映像?

8. 试举出三个实例,要求两个实体集之间具有一对一、一对多、多对多的不同的联系。

9. 试述层次模型的概念,举出一个层次模型的实例。

10. 试述网状模型的概念,举出一个网状模型的实例。

11. 为什么我们目前所使用的数据库管理系统大都是关系数据库管理系统?

12. 试叙述概念模型与逻辑模型的主要区别?

三、操作题

1. 某公司承担多个工程项目,公司的一名员工可以参与多个项目,一个项目团队由多名员工组成,员工具有编号、姓名、性别、职务等属性,项目具有编号、名称、描述、工期等属性。该公司要根据上述情况设计"项目-员工"数据库。画出表示该数据库 E-R 模型的 E-R 图。

2. 一个百货公司有若干连锁店,每家连锁店经营若干商品,同一种商品可以在任何一家连锁店中销售,每家连锁店有若干职工,但每个职工只能服务于一家商店。现该百货公司准备建一个计算机管理系统,请你帮助设计一个数据库模式,基于该数据库模式,百货公司经理可以掌握职工信息、连锁店商品信息和销售信息。已知基本信息有：

　　＊连锁店：连锁店名、地址、经理职工号。

　　＊职工：职工号、职工名、年龄、性别。

　　＊商品：商品号、商品名、价格、生产厂家。

画出表示该数据库的 E-R 图。

　　3. 学校中有若干系，每个系有若干班级和教研室，每个教研室有若干教员，其中有的教授和副教授每人各带若干研究生，每个班若干学生，每个学生选修若干课程，每门课可由若干学生选修。自行设计各实体的若干属性，用 E-R 图画出表示此学校的概念模型。

　　4. 有一个数据库记录球队、队员和球迷的信息，包括：

　　(1) 对于每个球队，有球队的名字、队员、队长（队员之一）以及队服的颜色。

　　(2) 对于每个队员，有其姓名和所属球队。

　　(3) 对于每个球迷，有其姓名、最喜爱的球队、最喜爱的队员以及最喜爱的颜色。用 E-R 图画出该数据库的概念模型。

第 2 章　关系数据库

【本章主要内容】

1. 详细阐述了关系数据库的基础知识、基本概念。包括关系的数据结构，关系的基本操作及关系模式的定义。

2. 简要介绍完整性约束的具体内容。

3. 重点介绍关系代数的理论及相关知识。

4. 简单讨论了关系演算语言的相关理论。

我们知道，关系数据库建立在关系模型的基础上，首次系统化提出关系模型理论的是美国 IBM 公司的研究员 E. F. Codd。他于 1970 年在美国计算机学会会刊 *Communications of the ACM* 上发表了题为 *A Relational Model of Data for Shared Data Banks* 的论文，该论文开创了数据库领域的新纪元。此后，Codd 博士连续发表了多篇论文，奠定了关系数据库的理论基础。

从关系数据库诞生至今已接近半个世纪的时间，关系数据库早已由实验室走向社会生产，深入到人们生活的方方面面，成为最重要、应用最广泛的数据库系统，大大促进了数据库应用领域的扩大，其优势也得到了各行各业的肯定。随着其性能不断提高，最终在数据库产品市场上占据了统治地位。关系数据库之所以发展迅速并得到数据库业界的充分肯定，是由于它是建立在关系模型基础上的数据库。关系模型具有严格的数学形式化定义，涉及集合论和数理逻辑的相关知识，并形成了一整套完备的数据存储、数据访问和数据控制的解决方案，理解关系数据模型的原理、技术和应用十分重要，这些都是本书的关键。

关系数据模型是关系数据库系统的基础，本章分 6 节介绍相关内容。2.1 节主要介绍关系模型的基本概念，即关系模型的数据结构并详细介绍关系模型的理论基础；2.2 节介绍关系操作；2.3 节讨论关系的完整性；2.4 节讨论关系代数，这是关系数据库系统中实现关系操作的一种语言；2.5 简要介绍关系演算；最后介绍常用的关系数据库产品。

2.1　关系的数据结构及相关定义

关系数据库系统是支持关系模型的数据库系统。第 1 章我们已对关系模型有了初步认识，了解了关系模型的一些基本术语。这一章将深入地讲解关系模型的相关理论。

2.1.1 关系的数据结构

关系数据模型是数据库的最常用模型,它用"关系"来描述数据。即关系是一张扁平的二维表。因此可以认为,关系数据模型是以二维表为基础的数据组织方法。

关系模型的数据结构虽然简单却能够表达丰富的语义,能够描述现实世界的实体以及实体之间的各种联系。也就是说,在关系模型中,现实世界的实体以及实体之间各种联系均用单一的结构类型即关系来表示。

当人们把关系的概念引入到数据库系统作为数据模型的数据结构时,这一概念既有所限定也有所扩充。下面先给出关系的数学定义,然后深入讨论它作为关系数据模型的数据结构时的限定和扩充。

1. 关系的数学定义

1) 域

定义 2.1 域(Domain)是一组具有相同数据类型的值的集合。

例如,整数、实数、自然数、{0,1}、{男,女}、{信息学院,基础学院,外语学院}、信息学院所有学生的姓名、小于 100 的正整数等都可以是域。域用来表明所定义属性(变量)的取值范围。

2) 笛卡儿积

定义 2.2 给定一组域 $D_1, D_2, \cdots, D_n$,这些域中可以有相同的部分,则 $D_1, D_2, \cdots, D_n$ 的笛卡儿积(Cartesian Product)为:

$$D_1 \times D_2 \times \cdots \times D_n = \{(d_1, d_2, \cdots, d_n) | d_i \in D_i, \quad i = 1, 2, \cdots, n\}$$

其中每一个元素 $(d_1, d_2, \cdots, d_n)$ 叫作一个 n 元组(n-tuple)或简称元组(Tuple)。n 元组中的每一个值 d_i 叫作一个分量(Component)。

这些域中可以存在相同的域,例如 D_1 和 D_n 可以是相同的域。

若 $D_i(i = 1, 2, \cdots, n)$ 为有限集,其基数(Cardinal number)为 $m_i(i = 1, 2, \cdots, n)$,则 $D_1 \times D_2 \times \cdots \times D_n$ 的基数为: $M = \prod_{i=1}^{n} m_i$。

笛卡儿积可以表示成一个二维表。表中的每行对应一个元组,表中的每列对应一个域。例如给出 3 个域:

D_1 = 学号 = {1703070101, 1703070211}
D_2 = 姓名 = {李艺, 王一}
D_3 = 性别 = {男, 女}

则 D_1, D_2, D_3 的笛卡儿积为:

$D_1 \times D_2 \times D_3 = \{$
   (1703070101, 李艺, 男), (1703070101, 李艺, 女)
   (1703070101, 王一, 男), (1703070101, 王一, 女),
   (1703070211, 李艺, 男), (1703070211, 李艺, 女),
   (1703070211, 王一, 男), (1703070211, 王一, 女)

其中,(1703070101, 李艺, 男),(1703070211, 王一, 男)等是元组;"1703070101""李艺""男"等是分量。该笛卡儿积的基数为 $2 \times 2 \times 2 = 8$,即 $D_1 \times D_2 \times D_3$ 一共有 $2 \times 2 \times 2 = 8$ 个元组,

这 8 个元组可以列成一张二维表,如表 2-1 所示。

表 2-1 D₁、D₂、D₃ 的笛卡儿积

学　　号	姓名	性别
1703070101	李艺	男
1703070101	李艺	女
1703070101	王一	男
1703070101	王一	女
1703070211	李艺	男
1703070211	李艺	女
1703070211	王一	男
1703070211	王一	女

3）关系(Relation)

定义 2.3　$D_1 \times D_2 \times \cdots \times D_n$ 的子集称作在域 $D_1, D_2, \cdots, D_n$ 上的关系,表示为:

$$R(D_1, D_2, \cdots, D_n)$$

这里 R 表示关系的名字,n 是关系的目或度(Degree)。

从表 2-1 可以看出,$D_1, D_2, \cdots, D_3$ 的笛卡儿积是没有实际语义的,只有它的真子集才有实际含义。因此实际上关系是笛卡儿积的有限子集。所以从结构上来看,关系就是一张"二维表",二维表由垂直方向的列和水平方向的行交叉而成,行与列的交叉点是存放数据的单元格,如图 2-1 所示。表的每行对应一个元组,表的每列对应一个域。由于域可以相同,为了区分不同的域,必须给每个列起一个名字,称为属性(Attribute)。n 目关系必须有 n 个属性。

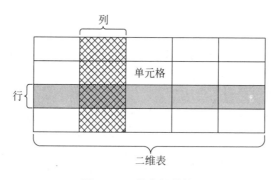

图 2-1　二维表的结构

一个二维表的行数可以是任意多,而列数是有限的,要访问某单元格必须指明相应的行和列。二维表可以作为关系的一种表现方式,但它并不严格地等同于关系,二维表中允许有重复的行,而关系中不允许;二维表在显示时给出了行的一种特定顺序,而关系中的元组是无序的。实际上,内存中创建的二维数组就是一张二维表,关系数据库的查询结果在内存中也是一张二维表,通常将其称为记录集(RecordSet)。

关系中的每个元素是关系中的元组,通常用 t 表示。当 $n=1$ 时,称该关系为单元关系(Unary Relation),或一元关系。当 $n=2$ 时,称该关系为二元关系(Binary Relation)。

在关系数据模型中,实体和联系统一用"关系"这种结构表示。

按照定义 2.2,关系可以是一个无限集合。由于笛卡儿积不满足交换律,因此按照数学定义,$(d_1, d_2, \cdots, d_n) \neq (d_2, d_1, \cdots, d_n)$。当关系作为关系数据模型的数据结构时,需要给予如下的限定和扩充。

(1) 限定关系数据模型中的关系必须是有限集合。因为无限关系在数据库系统中是无意义的。

(2) 通过为关系的每个列附加一个属性名的方法取消关系属性的有序性,即 $(d_1, d_2, \cdots, d_i, d_j, \cdots, d_n) = (d_1, d_2, \cdots, d_j, d_i, \cdots, d_n)$ $(i, j = 1, 2, \cdots, n)$。

从表 2-1 我们可以看出,由于一个学生只能有一个学号、姓名和性别,笛卡儿积中包括许多无意义的元组。因此可以从 $D_1 \times D_2 \times \cdots \times D_n$ 中取出一个子集构造一个有意义的学生关系。该关系的元组是实际的姓名与性别值。表 2-2 所示为我们认为有意义的元组。

表 2-2　学生关系

学　　号	姓名	性别
1703070101	李艺	女
1703070211	王一	男

了解了关系的基本概念,下面介绍与关系相关的几个名词。

4) 元组

在介绍笛卡儿积的概念时我们了解到,关系表中的每一横行称作一个元组(Tuple),组成元组的元素为分量。数据库中的一个实体或实体之间的一个联系均可以用一个关系表示。例如表 2-2 中有 2 个元组,它们分别对应 2 个学生。"1703070101,李艺,女,"是一个元组,它由三个分量(学号,姓名,性别)构成。

5) 属性

表的每列对应一个域,由于域可以相同,为了加以区分,必须对每列起一个名字,称为属性(Attribute)。n 目关系必有 n 个属性。每个属性所对应的值变化的范围叫属性的值域(简称域),它是一个值的集合,关系中所有属性的实际值均来自于它所对应的域。属性具有型和值两层含义,属性的型指属性名和属性取值域,属性的值指属性具体的取值。由于关系中的属性名具有标识列的作用,因而同一关系中的属性名(即列名)不能相同。关系中一般含有多个属性,用来表示实体的特征。例如表 2-2 中有 3 个属性,它们分别为(学号,姓名,性别)。

6) 候选码和主码

若关系中的某个属性组(或单个属性)的值能唯一地标识一个元组,而其子集不能,则称该属性组为候选码(Candidate Key)。为数据管理方便,当一个关系有多个候选码时,应选定其中的一个候选码为主码(Primary Key)。当然,如果关系中只有一个候选码,这个唯一的候选码就是主码。例如,假设表 2-2 中学生的"学号"是该学生关系的候选码;如果没有重名的学生,则学生的"姓名"也是该学生关系的候选码。这时学生关系的候选码为"学号"和"姓名"两个,应当选择"学号"属性作为主码。

7) 全码

最简单的情况是一个关系的候选码中只包含一个属性,则称它为单属性码;若候选码是由多个属性构成的,则称它为多属性码。最极端的情况是关系模式的所有属性是这个关系模式候选码,则这种候选码为全码(All-key)。全码是候选码的特例,它说明该关系中不存在属性之间相互决定的情况。也就是说,每个关系必定有码(指主码),当关系中没有属性之间相互决定的情况时,它的码就是全码。例如,设有以下关系:

> 学生(学号,姓名,性别,年龄)
> 借书(学号,书号,日期)
> 学生选课(学号,课程号)

其中,学生关系的码为"学号",它为单属性码;借书关系中"学号"和"书号"合在一起是码,它是多属性码;学生选课表中的学号和课程相互独立,属性间不存在依赖关系,它的码为全码。

8) 主属性和非主属性

候选码的诸属性称为主属性(Prime Attribute)。不包含在任何候选码中的属性称为非主属性(Non-Prime Attribute)或非码属性(Non-Key Attribute)。

由上可知,关系是元组的集合。关系基本的数据结构是二维表。每一张表称为一个具体关系或简称为关系。

二维表的行称为关系的元组,在实际使用中,关系是属性值域的笛卡儿积中有意义的元组的集合。可从表 2-1 的笛卡儿积中取出一个有意义的子集来构造一个关系,如表 2-2 所示,该关系的元组是实际的"学号,姓名,性别"的具体值。

二维表中的每一列称为关系的属性(有型和值之分),列中的元素为该属性的值,称作分量。每个属性所对应的值变化的范围叫作属性的值域(简称域),它是一个值的集合,关系中所有属性的实际值均来自于它所对应的域。设一个管理数据库中有学生关系,其关系、元组、属性和域及其联系如图 2-2 所示。

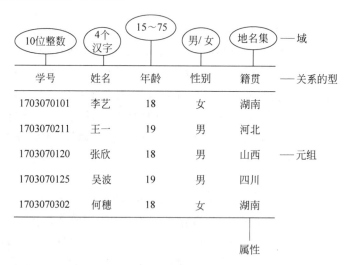

图 2-2 关系、元组、属性和域

2. 数据库中关系的类型

关系数据库中的关系可以分为 3 种类型:基本关系(通常称为基本表或基表)、视图表和查询表。这 3 种类型的关系以不同的身份保存在数据库中,其作用和处理方法也各不相同。

1) 基本表

基本表是关系数据库中实际存在的表,是实际存储数据的逻辑表示。

2) 视图表

视图表是由基本表或其他视图表导出的表。视图表是为了方便数据查询、数据处理及数据安全要求而设计的,是虚表,它不对应实际存储的数据。由于视图表依附于基本表,可以利用视图表进行数据查询,或利用视图表对基本表进行数据维护,但视图本身不需要进行数据维护(相关定义在 3.5 节中有详细论述)。

3) 查询表

查询表是指查询结果对应的表,或查询中生成的临时表。由于关系运算是集合运算,在关系操作过程中会产生一些临时表,称为查询表。尽管这些查询表是实际存在的表,但其数据可以从基本表中再抽取,且一般不再重复使用,所以查询表具有冗余性和一次性,可以认为它们是关系数据库的派生表。

3. 关系的性质

关系数据库中的基本表具有以下 6 个性质。

(1) 同一属性的数据具有同质性(Homogeneous),即每一列中的分量是同一类型的数据,它们来自同一个域。

例如,学生选课表的结构为:选课(学号,课程号,成绩),其"成绩"的属性值不能有百分制、5 分制"及格"和"不及格"等多种取值法,同一关系中的成绩必须统一语义(例如都用百分制),否则会出现存储和数据操作错误。

(2) 同一关系的属性名具有不可重复性。不同的列可出自同一个域,称其中的每一列为一个属性,不同的属性要给予不同的属性名。这是由于关系中的属性名是标识列的,如果在关系中有属性名重复的情况,则会产生列标识混乱问题。在关系数据库中由于关系名也具有标识作用,所以允许不同关系中有相同属性名的情况。例如,之前在第 1 章中图 1-24 所示的例子中,收入和扣除都取自"货币域",为了避免混淆,必须给这两个属性取不同的属性名,而不能直接使用域名。例如,定义收入属性名为"工资",扣除属性名为"扣除"。

(3) 列的顺序无所谓,即列的次序可以互换。

关系中的列的次序可以任意交换、重新组织,属性顺序对于使用来说是无关紧要的。因此在许多实际关系数据库产品中,增加新属性时,永远是插至最后一列。

另外,对于两个关系,如果属性个数和性质一样,只有属性排列顺序不同,则这两个关系的结构应该是等效的,关系的内容应该是相同的。

(4) 任意两个元组的候选码不能相同。

关系中的任意两个元组不能完全相同,即关系中不能有重复的元组。

由于关系中的一个元组表示现实世界中的一个实体或一个具体联系,元组重复则说明一个实体重复存储。实体重复不仅会增加数据库的冗余,还可能使数据查询和统计的结果出现错误,也可能造成数据不一致的问题。所以数据库中应当绝对避免元组重复现象,确保实体的唯一性和完整性。

(5) 关系中的元组位置具有顺序无关性,即行的次序可以互换。

关系中元组的顺序可以任意交换。在使用中可以按各种排序要求对元组的次序重新排列,例如,对选课表中数据可以按成绩的升序或降序来重新组织数据,由一个关系可以派生出多种排序表形式。由于关系数据库技术可以使这些排序表在关系操作时完全等效,而且数据排序操作比较容易实现,所以我们不必担心关系中元组排列的顺序会影响数据操作或影响数据输出形式,基本表的元组顺序无关性减少了不必要的重复关系。

（6）分量原子性,即每一个分量都必须是不可分的数据项。

关系模型要求关系必须是规范化(Normalization)的,即要求关系必须满足一定的规范条件。这些规范条件中最基本的一条就是,关系的每一个分量必须是一个不可分的数据项。

规范化的关系简称为范式(Normal Form)。范式的概念将在第 4 章中做详细的阐述。

【例 1】 如表 2-3,虽然很好地表达了学生与成绩之间的一对多关系,但由于属性"成绩"中分为 C 语言和 Pascal 语言两门课的成绩,这种组合数据项不符合关系规范化的要求,这样的关系在数据库中是不允许存在的。通俗地讲,不允许"表中有表"。直观地描述,表 2-3 中还有一个小表。该表正确的设计格式如表 2-4 所示。

表 2-3　非规范化的关系结构

姓名	所在学院	成　　绩	
		C 语言	Pascal 语言
李艺	信息学院	63	80
王一	信息学院	72	65

表 2-4　修改后规范化的关系结构

姓名	所在学院	C 语言成绩	Pascal 语言成绩
李艺	信息学院	63	80
王一	信息学院	72	65

注意：在许多实际关系数据库产品中,基本表并不完全具有这 6 条性质。例如,有的数据库产品仍然区分了属性顺序和元组的顺序;有的关系数据库产品中允许关系表中存在两个完全相同的元组,除非用户特别定义了相应的约束条件。

2.1.2　关系模式

通过之前对关系的定义我们了解到,关系实质上是一张二维表,表的每一行为一个元组,每一列为一个属性,关系是元组的集合。因此关系模式(Relational Scheme)必须指出这个元组集合的结构,即它由哪些属性构成,这些属性来自哪些域,以及属性与域之间的映像关系。

关系模式是关系结构的描述和定义,是对二维表的表结构的定义。

在数据库中要区分型和值概念。在关系数据库中,关系模式是型,关系是值。关系模型是对关系的描述,那么一个关系需要描述哪些方面呢?

定义 2.4 关系的描述称为关系模式。它可以形式化地表示为：

$$R(U, D, DOM, F)$$

其中：R 为关系名,它是关系的形式化表示；U 为组成该关系的属性集合；D 为属性组 U 中属性所来自的域；DOM 为属性向域的映像集合；F 为属性间数据的依赖关系集合。

【例 2】　在上面学生选课关系中,如表 2-4,由于 C 语言成绩与 Pascal 语言成绩出自同一个域——成绩域,一般取正整数集合,所以要取不同的属性名,并在模式中定义属性向域的映像,即说明它们分别出自哪个域,如:

$$DOM(C 语言-正整数)=DOM(Pascal 语言-正整数)=正整数$$

例如:如图 1-4 所示的学生基本情况表关系模型可以表示为:R(U,D,DOM,F)

R 为学生基本情况表;

U 为(学号,姓名,性别,年龄,所属学院,入学时间,家庭地址,联系电话);

D 为学号来自于正整数域;姓名来自于姓氏及名字的集合;年龄的域是(10~50);性别域是(男,女);所属学院的域是学校内所有的院系集合;入学时间是从现在算起四年内的时间;家庭地址的域是所有地名的集合,联系电话是电话号码的集合;

DOM 为(学号:INT 10;姓名:CHAR 8;年龄:INT 2 (10~50);性别:CHAR 2 (男,女);所属院系:CHAR 20;家庭地址:CHAR 40;联系电话:INT12)。

说明:一个汉字用两位字符表示。

F 为{主码学号决定其他各属性等},属性间的数据依赖将在第 4 章讨论。本章中关系模式仅涉及关系名、各属性名、域名、属性向域的映像四部分,即 R(U,D,DOM)。

关系模式通常可以简单记为 R(U) 或 R(A_1,A_2,…,A_n)。

其中 R 为关系名,U 代表属性全集,A_1,A_2,…,A_n 为属性名,域名及属性向域的映像常常直接说明为属性的类型、长度。

如学生关系模式可简记为学生(学号,姓名,性别,年龄,所属院系,入学时间,家庭地址)。

关系模型是用表结构表示实体集与实体集之间联系的一种模型。

关系模式描述的是关系的框架或结构。关系是按关系模式组织的表格,关系既包括结构也包括其数据。一般讲,关系模式是静态的、稳定的,关系数据库一旦定义后,其结构不能随意改动。而关系是动态的,关系是关系模式在某一时刻的状态或内容,因为关系操作在不断地更新着数据库中的数据,随时间的变化,关系数据库中的数据需要不断增加、修改或删除。

现实世界随着时间在不断地变化,因而在不同的时刻,关系模式的关系也会有所变化。但是,现实世界的许多已有事实限定了关系模式所有可能的关系必须满足一定的完整性约束条件,这些约束或者通过对属性取值范围的限定,例如职工年龄小于 60 岁(60 岁以后退休),或者通过属性间的相互关联(主要体现于值的相等与否)反映出来。关系模式应当刻画出这些完整性约束条件。

2.1.3　关系数据库

关系数据库(Relation Database)是对应于一个关系模型的某应用领域全部关系的集合,它是基于关系模型的数据库。在关系数据库中,实体集以及实体之间的联系都是用关系来表示的。关系数据库也分型和值的区别。关系数据库模式是关系数据库的型,是关系模式的集合,是对关系数据库结构等的描述,关系数据库模式包括:

① 若干域的定义；

② 在这些域上定义的若干关系模式。

关系数据库的值是这些关系模式在某一时刻对应关系的集合,也就是所说的关系数据库的数据。

术语之间的联系:

- 一个关系只能对应一个关系模式。
- 一个关系模式可对应多个关系。
- 关系模式是关系的型,按其型装入数据值后即形成关系。
- 关系模式是相对静态的、稳定的,而关系是动态的、随时间变化的。
- 一个具体的关系数据库是若干相关关系的集合。
- 关系数据库模型的结构是若干相关关系模式的集合。

2.2　关　系　操　作

关系模型由关系数据结构、关系操作集合和关系完整性约束三部分组成。上一节我们讨论了关系数据结构,这一节将着重讲解关系操作的一般概念和分类。

关系模型与其他数据模型相比,最大的特点是关系数据操作语言。关系操作语言灵活方便,表达能力和功能都非常强大。

关系模型给出了关系操作能力的说明,即让我们了解关系操作都能完成哪些功能,但由于不同的 RDBMS 可以定义和开发不同的语言来实现这些操作,因此我们不对 RDBMS 语言给出具体的语法要求。

2.2.1　基本的关系操作

关系操作采用集合操作方式,即操作的对象和结果都是集合,这种操作方式也称为一次一个集合的方式。相应地,非关系数据模型的数据操作则为一次一记录的方式。

关系模型中常用的关系操作包括查询操作和数据更新两大类。

数据查询(query):该操作主要涉及关系属性的指定、元组的选择、两个关系的合并与连接等。关系的查询表达能力很强,是关系操作中最主要的部分。查询操作又可以分为选择(Select)、投影(Project)、连接(Join)、除(Divide)、并(Union)、差(Except)、交(Intersection)、笛卡儿积(Cartesian Product)等。

数据更新:主要操作包括在关系中插入(Insert)、删除(Delete)及修改(Update)元组等内容。

其中选择、投影、并、差、笛卡儿积是 5 种基本操作。复杂的关系数据操作可通过五种基本运算来定义和获得,就像乘法可以用加法来定义和导出一样。

此外,还需要有关系的操作规则及具体的关系数据语言来实现这些操作。

2.2.2　关系操作的特点

关系操作的特点有以下 3 点。

1) 关系操作语言-操作一体化

关系语言具有数据定义、数据查询、数据更新和数据控制一体化的特点。关系操作语言可以作为独立语言交互使用,也可以作为宿主语言嵌入到主语言中。关系操作的这一特点使得关系数据库语言容易学习,使用方便。

2) 关系操作的方式是一次一集合方式

非关系模型的操作是一次一记录(Record-at-a-Time)方式,而关系操作的方式则是一次一集合(set-at-a-time)方式,即关系操作的对象和结果数据都是集合。关系的数据结构单一的特点,虽然能够使其利用集合运算和关系规范化等数学理论优化和处理关系操作,但同时又使得关系操作与其他系统配合时产生了方式不一致的问题,即需要解决关系操作的一次一集合与主语言一次一记录处理方式的矛盾。

3) 关系操作语言是高度非过程化的语言

关系操作语言表达能力和功能都非常强大。例如,关系查询语言集检索、统计、排序等多项功能为一条语句,它等效于其他语言的三大段程序。用户使用关系语言时,只需要指出"做什么",而不需要指出"怎么做"。数据存取路径的选择、数据操作方法的选择和优化都由DBMS自动完成。关系语言的这种高度非过程化的特点使得关系数据库的使用非常简单,关系系统的设计也比较容易,这种优势是关系数据库能够被用户广泛接受和使用的主要原因。

关系操作能够具有高度非过程化特点的原因有以下两点。

① 关系模型采用了最简单的、规范的数据结构,即二维表。

② 它运用了先进的数学工具——集合运算和谓词运算,同时又创造了几种特殊关系运算——投影、选择和连接运算。

关系运算可以对二维表进行任意的分割和组装,并且可以随机地构造出各式各样用户所需要的表格。当然,用户并不需要知道系统在里面是怎样分割和组装的,他只需要指出他所用到的数据及限制条件。然而,对于一个系统设计者和系统分析员来说,只知道这些表面上的东西是不够的,还必须了解系统内部的情况。

2.2.3 关系操作语言的种类

关系操作语言可以分为以下 3 类。

(1) 关系代数语言。

关系代数语言是用对关系的运算来表达查询要求的语言,ISBL(Information System Base Language)为关系代数语言的代表。

(2) 关系演算语言。

关系演算语言是用查询得到的元组应满足的谓词条件来表达查询要求的语言。关系演算语言包括:

- 元组关系演算语言,例如 ALPHA 和 QUEL;
- 域关系演算语言,例如 QBE。

元组演算语言的谓词变元的基本对象是元组变量;域演算语言的谓词变元的基本对象是域变量。

关系代数、元组关系演算和域关系演算均是抽象的查询语言,这些抽象的语言与具体的

DBMS 中实现的语言并不完全一样,但它们能用作评估实际系统中查询语言能力的标准或基础。实际的查询语言除了提供关系代数或关系演算的功能外,还提供了许多附加功能,例如,关系赋值、算术运算等。关系语言是一种高度非过程化的语言,用户不必请求 DBA 为其建立特殊的存取路径,存取路径的选择由 DBMS 的优化机制来完成。另外,还有一种介于关系代数和关系演算之间的语言称为结构化查询语言。

（3）具有关系代数和关系演算双重特点的语言——结构化查询语言（Structure Query Language，SQL）。

这是一种基于映像的语言,它是一种具有关系代数和关系演算双重特点的语言。SQL 包括数据定义、数据操作和数据控制三种功能,具有语言简洁、易学易用的特点,它充分体现了关系数据库语言的特点和优点,是关系数据库的标准语言。

这些关系数据库语言的共同特点是,语言具有完备的表达能力,是非过程化的集合操作语言,功能强,能够嵌入到高级语言中使用。

2.3　关系的完整性约束

为了维护关系数据库的完整性和一致性,数据与数据的更新操作必须遵守关系模型的完整性规则,即对关系的某种约束条件。关系模型中有三类完整性约束：实体完整性、参照完整性和用户定义的完整性。其中实体完整性和参照完整性是关系模型必须满足的完整性约束条件,应该由 RDBMS 自动支持,被称作是关系的两个不变性。用户定义的完整性是应用领域需要遵循的约束条件,体现了具体领域中的语义约束。

2.3.1　实体完整性

规则 2.1　实体完整性（Entity Integrity）规则,若属性（指一个或一组属性）A 是基本关系 R 的主属性,则 A 不能取空值。

所谓空值（Null Value）就是"不知道"或"不存在"的值。

按照实体完整性规则的规定,基本关系的主码都不能取空值。如果主码由若干属性组成,则所有这些主属性都不能取空值。

说明：

（1）实体完整性规则是针对基本关系而言的。一个基本表通常对应现实世界的一个实体集。例如学生关系对应于学生的集合。

（2）实体具有唯一性标识——主码。这是因为现实世界中的实体是可区分的,因此它们一定具有某种唯一性标识。组成主码的各属性都不能取空值。相应地,关系模型中以主码作为唯一性标识。

（3）当有多个候选码时,主码中的所有属性即主属性都不能取空值。如果主属性取空值,就说明存在某个不可标识的实体,即存在不可区分的实体,这与第 2 点相矛盾；而主码以外的候选码上可取空值。

例如学生选课关系——选课（学号,课程号,成绩）中,"学号和课程号"为主码,则"学号"和"课程号"两个属性都不能取空值。

【例3】 在学生关系数据库中,关系模式分别为:

学生关系 S(学号,姓名,借书卡号,性别,年龄,专业号,入学时间,家庭地址)
课程关系 C(课程号、课程名、学分、选修课)
选课关系 SC(学号、课程号、成绩)

说明:带下画线的属性为对应关系的主码。

在学生关系 S 中,"学号"为主码,则它不能取空值。若为空值,说明存在不可区分的实体,则实体不完整。而候选码"借书卡号"在未发借书卡时,则可为空。

实体完整性规则规定基本关系主码上的每一个属性都不能取空值,而不仅是主码整体不能为空值。如选课关系 SC 中"学号"与"课程号"为主码,则两个属性都不能取空值。

2.3.2 参照完整性

现实世界中的实体都不是孤立存在的,它们之间往往存在某种联系,并且在关系模型中实体及实体间的联系都是用关系来描述的,这样就自然存在着关系与关系间的引用。在介绍关系模型的参照完整性(Referential Integrity)规则之前,先来了解以下两个概念。

1. 外码和参照关系

定义 2.5 设 F 是基本关系 R 的一个或一组属性,但不是关系 R 的码。K_s 是基本关系 S 的主码。如果 F 与 K_s 相对应,则称 F 是 R 的外码(Foreign Key)。并称基本关系 R 为参照关系(Referencing Relation),基本关系 S 为被参照关系(Referenced Relation)或目标关系(Target Relation)。如图 2-3 所示为外码与参照关系的示意图。

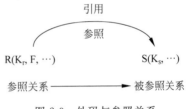

图 2-3 外码与参照关系

下面通过几个例子来进一步说明外码与参照关系的概念。

【例4】 学生实体和专业实体可以用下面的关系来表示,其中主码用下画线标出。

学生关系 S(学号,姓名,借书卡号,性别,年龄,专业号,入学时间,家庭地址)
专业(专业号,专业名)

在学生关系里,专业号不是主码,但在专业关系里专业号是主码。这两个关系存在着属性的引用,即学生关系引用了专业关系的主码"专业号"。则学生关系中的属性"专业号"为学生关系的外码,学生关系为参照关系,专业关系为被参照关系。显然,学生关系中的"专业号"值必须是实际存在的专业的专业号。也就是说,学生关系中的专业号的取值需要参照专业关系的专业号属性取值。专业关系不存在的值学生关系不能引用,如图 2-4(a)所示。

以上例子是两个关系间的引用关系,下面看一个三个关系之间的引用例子。

【例5】 学生、课程、学生与课程之间的多对多联系可以如下 3 个关系表示,其中主码用下画线标出。

学生关系 S(学号,姓名,借书卡号,性别,年龄,专业号,入学时间,家庭地址)
课程关系 C(课程号,课程名,学分,选修课)
选课关系 SC(学号,课程号,成绩)

在选课关系 SC 中,"学号"和"课程号"合在一起为该关系的主码。单独的学号或课程号仅为选课关系的主属性,而不是关系的主码。由于在学生表中"学号"是主码,在课程表中"课程号"也是主码,选课关系的"学号"引用了学生关系的主码"学号",并且选课关系的"课程号"引用了课程关系的主码"课程号"。因此,"学号"和"课程号"为选课关系中的外码。选课关系为参照关系,而学生关系和课程关系为被参照关系。选课关系中的"学号"值必须是确实存在的学生的学号,即学生关系中有该学生的记录;同样选课关系中的"课程号"值同样也必须是确实存在的课程关系的课程号,即课程关系中有该课程的记录。换句话说,选课关系中某些属性的取值需要参照学生关系和课程关系的属性取值,如图 2-4(b)所示。

不仅两个或两个以上的关系间可以存在引用关系,同一关系内部属性间也可能存在引用关系。

【例 6】 在之前的学生关系中,增加一个属性"班长学号",即:

学生关系 S(学号,姓名,借书卡号,性别,年龄,专业号,入学时间,家庭地址,班长学号)。在该学生关系中"学号"属性仍然是主码,"班长学号"属性表示该班级的班长的学号,它引用了本关系"学号"属性,即"班长学号"必须是确实存在的学生的学号。"班长学号"属性与本身的主码"学号"属性相对应,因此"班长学号"是该关系外码。这里,学生关系既是参照关系也是被参照关系。如图 2-4(c)所示。

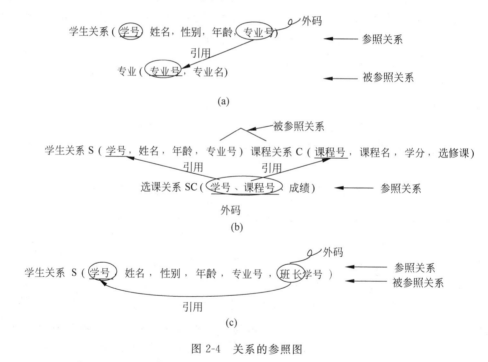

图 2-4　关系的参照图

需要注意的是:

(1)关系 R 和 S 不一定是不同的关系,参照关系和被参照关系可能是同一个关系,如例 6。

(2)外码并不一定要与相应的主码同名。同样如例 6 中,学生关系的主码名为"学号",外码为"班长学号"。不过,在实际应用中,为了便于识别,当外码与相应的主码不属于同一关系时,往往它们使用相同的名字。

说明:主码 K 和外码 F 必须定义在相同域上,它们相对应即有引用关系。参照完整性规则就是定义外码与主码之间的引用规则。

这三个例子说明关系与关系之间存在着相互引用、相互约束的情况。下面给出表达关系之间相互引用约束的参照完整性的规则。

规则 2.2 参照完整性规则:若属性(或属性组)F 是基本关系 R 的外码,它与基本关系 S 的主码 K_s 相对应(基本关系 R 和 S 不一定是不同的关系),则对于 R 中每个元组在 F 上的值必须为:

- 或者取空值(F 的每个属性值均为空值)
- 或者非空值,该值等于 S 中某个元组的主码值。

下面针对例 4~例 6,我们做进一步的分析来充分理解参照完整性规则。

对于例 4,学生关系中每个元组的"专业号"属性只能取以下两类值:

(1) 空值,表示尚未给该学生分配专业;

(2) 非空值,该值必须是专业关系中某个元组的"专业号"值。一个学生不可能分配到一个不存在的专业中,即被参照关系"专业"中一定存在一个元组,它的主码值等于该参照关系"学生"中的外码值。

对于例 5,选课关系中的"学号"与学生关系中的主码"学号"相对应,选课关系中的"课程号"与课程关系中的主码"课程号"相对应,因此它们均是外码。根据参照完整性规则,它们要么是空值,要么引用对应关系中实际存在的主码值。但由于选课关系自身的主码为"学号"与"课程号",又根据实体完整性规则,它们均不能为空。所以选修关系中的"学号"和"课程号"属性实际上只能取对应目标关系中的实际值,而不能取空值。

对于例 6,参照关系与被参照关系可以是同一个关系,按照参照完整性规则,"班长学号"属性值可以取两类值。

(1) 空值,表示该学生所在班级尚未选出班长。

(2) 非空值,这时该值必须是本关系中某个元组的学号值。

参照完整性又称为引用完整性,它定义了外码与主码之间的引用规则。

外码与主码提供了一种表示元组之间联系的手段。外码要么取空值,要么引用一个实际存在的主码值。

实体完整性约束是对关系的内部制约,参照完整性约束是不同关系之间或一个关系的不同属性之间的制约。

2.3.3 用户定义的完整性

任何关系数据库系统都应当具备实体完整性和参照完整性。这是关系模型必须支持的完整性要求。

除外,由于不同的关系数据库系统有着不同的应用环境,所以它们要有不同的约束条件。用户定义的完整性就是针对某一具体关系数据库的约束条件所涉及的数据必须满足的语义要求条件。例如某个属性必须取唯一值(例如专业关系中的专业名);某个非主属性也不能取空值。例 3 的学生关系中必须给出学生姓名,就可以要求学生姓名不能取空值;"性别"的取值只能为"男"和"女";选课关系中的成绩为 0~100;更新学生关系时,年龄属性值通常只增加,不能减少等等。

关系模型应提供定义和检验这类完整性的机制,以便用统一的方法处理它们,而不要由应用程序承担这一功能。

在早期的 RDBMS 中没有提供定义和检验这些完整性的机制,因此需要应用开发人员在应用系统的程序中进行检查。例如例 3 的选修关系中,每插入一条记录,必须在应用程序中写一段程序来检查其中的学号是否等于学生关系中的某个学号,检查其中的课程号是否等于课程关系中的某个课程号。如果等于,则插入这一条选修记录,否则就拒绝插入,并给出错误信息。

关系数据库系统一般包括以下几种用户定义的完整性约束:

① 定义属性是否允许为空值;

② 定义属性值的唯一性;

③ 定义属性的取值范围;

④ 定义属性的缺省值;

⑤ 定义属性间的函数依赖关系。

总之,关系数据模型中存在完整性约束。为了保持数据库的一致性和正确性,必须使数据库中的数据满足完整性约束。

2.4 关 系 代 数

在 2.2.3 节介绍的数据语言种类中我们了解到关系数据语言(也称数据库操作语言)是数据库管理系统提供的用户接口,是用户用来操作数据库的工具。而关系代数作为关系数据模型最重要的数据操作语言,是一种抽象的查询语言,是关系数据操纵语言的一种传统表达方式,它是通过对关系的运算来表达查询的。

关系代数是一组施于关系上的高级运算,每个运算都以一个或多个关系作为它的运算对象,并生成另外一个关系作为该运算的结果。所以它是对关系的操作。因此运算对象、运算符、运算结果是关系代数的三大要素。

刚才提到,关系代数的运算对象和运算结果都是关系,那么关系代数用到的运算符又包括哪些呢?

关系代数用到的运算符包括四类:集合运算符、专门的关系运算符、算术比较符和逻辑运算符,如表 2-5 所示。

表 2-5　关系代数常用的运算符

运 算 符		含 义
集合运算符	∪	并
	−	差
	∩	交
	×	广义笛卡儿积
专门的关系运算符	σ	选择
	Π	投影
	⋈	连接
	÷	除

续表

运　算　符		含　义
比较运算符	>	大于
	≥	大于或等于
	<	小于
	≤	小于或等于
	=	等于
	<>	不等于
逻辑运算符	¬	非
	∧	与
	∨	或

关系代数的运算按运算符的不同可分为传统的集合运算和专门的关系运算两类操作。

其中传统的集合运算将关系看成元组的集合,其运算是从关系的"水平"方向(即行的角度)来进行的;而专门的关系运算不仅涉及行而且还涉及列。比较运算符和逻辑运算符用于辅助专门的关系运算。任何一种运算都是将一定的运算符作用于指定的运算对象上,从而得到预期的运算效果。所以,运算对象、运算符和运算结果是关系运算的3大要素。

关系代数的运算可以分为基本运算、附加运算和扩展运算。关系代数的基本运算包括选择、投影、并、差、广义笛卡儿积和更名,可以表达任何关系代数查询;关系代数的附加运算包括交、自然连接、除和赋值,用来对复杂的关系代数表达式进行简化并实现查询。关系代数运算对象是关系,运算结果是新的关系。因此一个运算的运算结果又可作为另一运算的操作数,由此组成复杂的关系代数表达式。

2.4.1　传统的集合运算

集合运算包括并、交、差、广义笛卡儿积四种运算,它是二目运算。其中,除广义笛卡儿积外,其他运算中参与运算的两个关系必须是相容的同类关系。所谓同类关系是这两个关系必须有相同的目 n(即两个关系有相同的属性),且相应的属性值取自同一个域(但属性的名字可以不相同)。

现在我们设 t 为元组变量,R、S 为同类的 n 元关系,可以定义并、差、交、笛卡儿积运算如下

1. 并

关系 R 与关系 S 的并(Union)运算表示为:
$$RUS = \{ t | t \in R \lor t \in S \}$$
上式说明,其结果仍为 n 目关系,是由属于 R 或属于 S 的元组组成。

2. 差

关系 R 与关系 S 的差(Except)运算表示为:
$$R-S = \{ t | t \in R \land t \notin S \}$$
上式说明,其结果关系仍为 n 目关系,是由属于 R 而不属于 S 的所有元组组成。

3. 交

关系 R 与关系 S 的交(Intersection)运算表示为:
$$R \cap S = \{ t | t \in R \land t \in S \}$$

上式说明，其结果关系仍为 n 目关系，是由既属于 R 又属于 S 的元组组成。关系的交可以用差来表示，即 R∩S = R−(R−S)。

4. 笛卡儿积

在这里的笛卡儿积(Cartesian Product)严格地讲，应该是广义的笛卡儿积(Extended Cartesian Product)。因为这里笛卡儿积的元素是元组。

关系 R 与关系 S 的广义笛卡儿积运算表示为：

$$R×S=\{t_rt_s | t_r∈R∧t_s∈S\}$$

上式说明，设 R 为 m 目的关系、有 k_1 个元组，S 为 n 目关系、有 k_2 个元组。它们的广义笛卡儿积的结果关系为一个 $m+n$ 目的元组的集合，元组的前 m 列是关系 R 的一个元组，后 n 列是关系 S 的一个元组，共有 $k_1×k_2$ 个元组。每个元组由前 m 列关系 R 的一个元组，与后 n 列关系 S 的一个元组拼接而成。

注意：R、S 可为不同类关系，结果为不同类关系。当需要得到一个关系 R 和其自身的广义笛卡儿积时，必须引入 R 的别名，比如说 R'，把表达式写为 R×R' 或 R'×R。

并运算、交运算和积运算均满足结合律，但求差运算不满足结合律。

【例 7】 给出关系 R 和 S 的原始数据，它们之间的并、交、差和广义笛卡儿积运算结果如表 2-6 所示。

表 2-6　传统的集合运算举例

R			S		
A	B	C	A	B	C
a_1	b_1	c_1	a_1	b_2	c_2
a_1	b_2	c_2	a_1	b_3	c_2
a_2	b_2	c_1			

R∪S			R−S		
A	B	C	A	B	C
a_1	b_1	c_1	a_1	b_1	c_1
a_1	b_2	c_2			
a_2	b_2	c_1	a_2	b_2	c_1
a_1	b_3	c_2			

R∩S		
A	B	C
a_1	b_2	c_2

R×S					
R. A	R. B	R. C	S. A	S. B	S. C
a_1	b_1	c_1	a_1	b_2	c_2
a_1	b_1	c_1	a_1	b_3	c_2
a_1	b_2	c_2	a_1	b_2	c_2
a_1	b_2	c_2	a_1	b_3	c_2
a_2	b_2	c_1	a_1	b_2	c_2
a_2	b_2	c_1	a_1	b_3	c_2

2.4.2 专门的关系运算

专门的关系运算包括选择、投影、连接、除运算等。为了叙述上的方便,先引入几个记号。

1. 记号说明

1）关系模式、关系、元组和分量

设关系模式为 $R(A_1, A_2, \cdots, A_n)$。它的一个关系设为 R, $t \in R$ 表示 t 是 R 的一个元组。$t[A_i]$ 则表示元组 t 中相应于属性 A_i 的一个分量($i = 1, 2, \cdots, n$)。

2）属性列和非属性列

若 $A = \{A_{i1}, A_{i2}, \cdots, A_{ik}\}$,其中 $A_{i1}, A_{i2}, \cdots, A_{ik}$ 是 $A_1, A_2, \cdots, A_n$ 中的一部分,则 A 称为属性列或属性组。$t[A] = (t[A_{i1}], t[A_{i2}], \cdots, t[A_{ik}])$ 表示元组 t 在属性列 A 上诸分量的集合,$\overline{A}$ 则表示 $\{A_1, A_2, \cdots, A_n\}$ 中去掉 $\{A_{i1}, A_{i2}, \cdots, A_{ik}\}$ 后剩余的属性组,称非属性列。

3）元组连接

R 为 m 目关系,S 为 n 目关系,$t_r \in R$, $t_s \in S$, $(\widehat{t_r t_s})$ 称为元组(Concatenation)的连接或元组的串接。它是一个 $m+n$ 列的元组,前 m 个分量为 R 中的一个 m 元组,后 n 个分量为 S 中的一个 n 元组。

4）象集

给定一个关系 $R(X, Z)$, X 和 Z 为属性组。当 $t[X] = x$ 时,x 在 R 中的象集(Images Set)定义为:

$$Z_x = \{t[Z] \mid t \in R, t[X] = x\}$$

它表示 R 中属性组 X 上值为 x 的诸元组在 Z 上分量的集合。

【例8】 图 2-5 中,x_1 在 R 中的象集 $Z_{x_1}, = \{Z_1, Z_2, Z_3\}$,

x_2 在 R 中的象集 $Z_{x_2}, = \{Z_2, Z_3\}$

x_3 在 R 中的象集 $Z_{x_3}, = \{Z_1, Z_3\}$

R	
x_1	Z_1
x_1	Z_2
x_1	Z_3
x_2	Z_2
x_2	Z_3
x_3	Z_1
x_3	Z_3

图 2-5　象集举例

2. 专门关系运算的定义

1）选择运算

选择运算(Selection)又称为限制运算(Restriction),是一个一元运算。它在关系 R 中选择满足给定条件的元组,记作:

$$\sigma_F(R) = \{t \mid t \in R \land F(t) = '真'\}$$

选择运算从关系 R 中选取使逻辑表达式 F 为真的元组,是从行的角度进行的运算。

其中：σ 表示选择运算；

F 是选择条件,它是一个逻辑表达式,取逻辑值"真"或"假";

构成逻辑表达式 F 的基本形式为 $X_1 \theta Y_1$。

其中:θ 是比较运算符,它可以是 $>$、$\geqslant$、$<$、$\leqslant$、$=$ 或 $<>$ 中的一个,X_1 和 Y_1 或为属性名(属性名也可以用它的序号来替代),或为常量,或为简单函数。F 由逻辑运算符 ¬(非)、∧(与)和 ∨(或)以及圆括号将原子公式连接在一起,形成了复合的逻辑表达式 F。

下面通过具体事例说明投影运算。

设有一学生-课程数据库,它包括学生关系、课程关系和选课关系,其关系模式为:

学生(Sno,Sname,Sage,Ssex,Sdept);
课程(Cno,Cname,Cpno,Ccredit);
选课(Sno,Cno,Grade)。

如表 2-7~表 2-9 所示,为以上关系模式的具体数值。

表 2-7 学生

Sno	Sname	Sage	Ssex	Sdept
1703070101	李艺	18	女	信息学院
1703070211	王一	19	男	信息学院
1703070120	张欣	18	男	信息学院
1703070125	吴波	19	男	信息学院
1703070302	何穗	18	女	信息学院
1701030302	张恒	17	女	机械学院
1701030322	赵冬	20	男	机械学院
1702030315	张旭	19	男	汽车学院
1704030302	吴桐	18	女	经贸学院

表 2-8 课程

Cno	Cname	Cpno	Ccredit
03001	数据库原理	03005	7
03002	计算机网络	03004	7
03003	C 语言程序设计	03006	8
03004	通信原理	03006	8
03005	数据结构	03003	6
03006	数学		12
03007	信息系统	03001	4

表 2-9 选课

Sno	Cno	Grade
1703070101	03001	76
1703070101	03002	80
1703070101	03003	90
1703070211	03001	90
1703070211	03002	85
1703070211	03003	80

Sno	Cno	Grade
1703070125	03002	60
1703070125	03004	80
1701030302	03003	84
1701030302	03006	54
1701030322	03006	33
1701030322	03001	57

用关系代数表示下列操作。

【例9】 用关系代数表示在学生-课程数据库中查询信息学院全体学生的操作。

$$\sigma_{Sdept="信息学院"}(学生)或$$

$$\sigma_{5="信息学院"}(学生)$$

解题说明：

其中下角标"5"为所属学院属性的序号。

运算结果如表 2-10 所示。

表 2-10　例 9 选择举例

Sno	Sname	Sage	Ssex	Sdept
1703070101	李艺	18	女	信息学院
1703070211	王一	19	男	信息学院
1703070120	张欣	18	男	信息学院
1703070125	吴波	19	男	信息学院
1703070302	何穗	18	女	信息学院

【例10】 用关系代数表示在学生课程数据库中查询成绩小于 60 分的记录。

$$\sigma_{Grade<60}(选课)　或　\sigma_{3<60}(选课)$$

解题说明：

其中下角标"3"为成绩属性的序号。

运算结果如表 2-11 所示。

表 2-11　例 10 选择举例

Sno	Cno	Grade
1701030302	03006	54
1701030322	03006	33
1701030322	03001	57

2）投影运算

关系 R 上的投影（Projection）是从 R 中选择出若干属性列组成新的关系，记作：

$$\Pi_A(R)=\{t[A]|t\in R\}$$

其中：A 为 R 中的属性列，且 A∈U。

在关系二维表中，选择是一种水平操作，它针对二维表中的行；而投影则是一种垂直操作,它针对的是二维表中的属性列。投影操作是从列的角度进行运算。

【例11】 在学生-课程数据库中,查询学生的姓名和所在学院,即求学生关系在学生姓名和所属学院两个属性上的投影操作,表示为:

$$\Pi_{Sname,Sdept}(\text{学生}) \quad 或 \quad \Pi_{2,5}(\text{学生})$$

运算结果如表 2-12 所示。

表 2-12 例 11 投影举例

Sname	Sdept	Sname	Sdept
李艺	信息学院	张恒	机械学院
王一	信息学院	赵冬	机械学院
张欣	信息学院	张旭	汽车学院
吴波	信息学院	吴桐	经贸学院
何穗	信息学院		

投影操作之后不仅取消了关系中的某些列,而且还可能取消某些元组,因为当取消了某些属性之后,就可能出现重复元组,关系操作将自动取消这些相同的元组。

【例12】 查询学生关系中都有哪些学院,即查询学生关系上所在学院属性上的投影。

$$\Pi_{Sdept}(\text{学生})$$

运算结果如表 2-13 所示。

表 2-13 例 12 投影举例

Sdept	Sdept
信息学院	汽车学院
机械学院	经贸学院

3) 连接

连接(Join)又称为 θ 连接,是一个二元运算,它从两个关系的笛卡儿积中选取属性间满足一定条件的元组,因此可以认为,连接运算是关系代数基本运算——笛卡儿积和选择运算的附加运算。

两个关系 R 和 S 进行连接运算记为:

$$R \underset{A\theta B}{\bowtie} S = \{\widehat{t_r t_s} \mid t_r \in R \land t_s \in S \land t_r[A]\theta t_s[B]\}$$

其中:A 和 B 分别为 R 和 S 上目数相等且可比的属性组,θ 是比较运算符。连接运算从笛卡儿积 R×S 中,选取符合 AθB 条件的元组,即选取在 R 关系中 A 属性组上的值与在 S 关系中 B 属性组上的值满足比较关系 θ 的元组。

连接运算中有两种最为重要也最为常用的连接。一种是等值连接(Equijion),另一种是自然连接(Natural join)。

θ 为"="的连接运算称为等值连接。等值连接从笛卡儿积 R×S 中选取 A 和 B 属性值相等的那些元组,记作:

$$R \underset{A\theta B}{\bowtie} S = \{\widehat{t_r t_s} \mid t_r \in R \land t_s \in S \land t_r[A] = t_s[B]\}$$

自然连接是一种特殊的等值连接,它要求 A 和 B 必须是同名的属性组,并且在结果关系中要去掉重复的连接属性列。若 R 和 S 具有相同的属性组 B,U 为 R 和 S 的全体属性集合,则自然连接可记作:

$$R \bowtie S = \{\widehat{t_r t_s}[U-B] \mid t_r \in R \land t_s \in S \land t_r[B] = t_s[B]\}$$

一般的连接运算是从行的角度进行的,而自然连接还需要取消重复的属性列,所以自然连接同时从行和列两个角度进行运算。

【例 13】 设学生和选课关系中的数据如下(只是为了说明问题,减少之前关系表中的元组数量),学生关系与选课关系(见表 2-14(a)、(b))之间的笛卡儿积、等值连接和自然连接的结果如表 2-14(c)、(d)、(e)所示。

表 2-14 关系间的笛卡儿积、等值连接和自然连接运算的结果比较

(a) 学生关系

Sno	Sname	Sage	Ssex	Sdept
1703070101	李艺	18	女	信息学院
1703070211	王一	19	男	信息学院
1703070302	何穗	18	女	信息学院

(b) 选课关系

Sno	Cno	Grade
1703070101	03001	76
1703070101	03002	80
1703070211	03001	90

(c) 学生×选课

Sno	Sname	Sage	Ssex	Sdept	SC. Sno	Cno	Grade
1703070101	李艺	18	女	信息学院	1703070101	03001	76
1703070101	李艺	18	女	信息学院	1703070101	03002	80
1703070101	李艺	18	女	信息学院	1703070211	03001	90
1703070211	王一	19	男	信息学院	1703070101	03001	76
1703070211	王一	19	男	信息学院	1703070101	03002	80
1703070211	王一	19	男	信息学院	1703070211	03001	90
1703070302	何穗	18	女	信息学院	1703070101	03001	76
1703070302	何穗	18	女	信息学院	1703070101	03001	80
1703070302	何穗	18	女	信息学院	1703070211	03001	90

(d) 学生⋈选课

学生.学号=选课.学号

Sno	Sname	Sage	Ssex	Sdept	SC. Sno	Cno	Grade
1703070101	李艺	18	女	信息学院	1703070101	03001	76
1703070101	李艺	18	女	信息学院	1703070101	03002	80
1703070211	王一	19	男	信息学院	1703070211	03001	90

(e) 学生⋈选课

Sno	Sname	Sage	Ssex	Sdept	Cno	Grade
1703070101	李艺	18	女	信息学院	03001	76
1703070101	李艺	18	女	信息学院	03002	80
1703070211	王一	19	男	信息学院	03001	90

学生关系和选课关系在做自然连接时,选择两个关系在公共属性上值相等的元组构成新的关系。此时,学生关系中某些元组有可能在选课关系中不存在公共属性上值相等的元组,从而造成选课中这些元组在操作时被舍弃了,同样,学生中某些元组也可能被舍弃。例如,在表 2-14 的自然连接中学生关系中的第 3 个元组被舍弃掉了。

如果把舍弃的元组也保存在结果关系中,而在其他属性上填空值(Null),那么这种连接就叫外连接(Outer join)。如果只把左边学生关系中要舍弃的元组保留就叫作左外连接(LEFT OUTER JOIN 或 LEFT JOIN),如果只把右边课程关系中要舍弃的元组保留就叫作右外连接(RIGHT OUTER JOIN 或 RIGHT JOIN)。在表 2-15 中,是对学生关系(见表 2-14(a))和选课关系(见表 2-14(b))的外连接,该表显示的是左外连接的结果。

表 2-15　左外连接的运算举例

Sno	Sname	Sage	Ssex	Sdept	Cno	Grade
1703070101	李艺	18	女	信息学院	03001	76
1703070101	李艺	18	女	信息学院	03002	80
1703070211	王一	19	男	信息学院	03001	90
1703070302	何穗	18	女	信息学院	NULL	NULL

4) 除运算

除运算(Division)适合于包含了"对所有的"此类短语的查询。给定关系 $R(X,Y)$ 和 $S(Y,Z)$,其中 X、Y、Z 为属性组。R 中的 Y 与 S 中的 Y 可以有不同的属性名,但必须出自相同的域集。关系 R 和 S 的除法运算是一个二元运算,记作:

$$R \div S$$

其结果是一个新的关系 $P(X)$,P 中只包含关系 R 的属性组 X,是关系 R 在其属性组 X 上的投影的元组,该投影的元组满足下列条件:该属性组中的任何属性都不包含在关系 S 中;同时,元组在 X 上分量值 x 的象集 Y,包含 S 在 Y 上投影的集合。记作:

$$R \div S = \{ t_r[X] \mid t_r \in R \wedge \prod_Y(S) \subseteq Y_x \}$$

其中 Y_x 为 x 在 R 中的象集,$x = t_r[X]$。

除操作是同时从行和列角度进行运算。下面通过几个例子进一步加深对除操作的理解。

【例 14】　设关系 R、S 分别为图 2-6 中的(a)和(b),$R \div S$ 的结果为表 2-16。

在关系 R 中,A 可以取 4 个值 $\{a_1, a_2, a_3, a_4\}$。其中

a_1 的象集为 $\{(b_1,c_2),(b_2,c_1),(b_2,c_3)\}$

a_2 的象集为 $\{(b_3,c_7),(b_2,c_3)\}$

a_3 的象集为 $\{(b_4,c_6)\}$

a_4 的象集为 $\{(b_6,c_6)\}$

S 在 (B,C) 上的投影为 $\{(b_1,c_2),(b_2,c_1),(b_2,c_3)\}$。

显然只有 a_1 的象集(B,C)包含了 S 在(B,C)属性组上的投影,所以:$R \div S = \{a_1\}$。

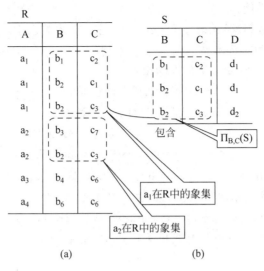

图 2-6 除运算举例

表 2-16 除运算举例结果

R÷S
A
a_1

【**例 15**】 设表 2-17(a)为教师承担的聘课情况表,表 2-17(b)为课程关系表,查询承担了所有课程的教师号。运算结果如表 2-17(c)所示。

表 2-17

(a)教师聘课情况表 T

教师号	课程号	教师号	课程号
1196	03001	0595	03002
1196	03002	1197	03003
1196	03003	1197	03002
1196	03004	1197	03001
0595	03001		

(b)课程关系表 C

课程号	课程名	学分
03001	数据库原理及应用	7
03002	计算机网络	7
03003	C 语言程序设计	8
03004	微机原理及应用	8

(c)T÷Π课程号(C)

教师号
1196

5）关系代数应用举例

设学生-选课关系数据库，见表 2-7～表 2-9。注：上述关系中，除年龄、学分、成绩属性的值为整型外，其余均为字符串型。

【例 16】 求年龄在 20 岁以下的女学生。

$$\sigma_{Ssex = '女' \land Sage < 20}(Student)$$

【例 17】 查询成绩在 90 分以上的学生的学号和姓名。

$$\Pi_{Sno, Sname}(\sigma_{Grade \geqslant 90}(Student \bowtie SC))$$

【例 18】 查询至少选修了一门其直接先修课为'03005'号课程的学生名。

$$\Pi_{Sname}(\sigma_{pcno = '03005'}(Course \bowtie SC \bowtie Student))$$

【例 19】 求选修数据库课程的学生的姓名和成绩。

$$\Pi_{Sname, Grade}(\Pi_{cno}(\sigma_{Cname = '数据库'}(Course)) \bowtie SC \bowtie \Pi_{Sno, Sname}(Student))$$

运算的表达式不是唯一的。上式也可以用 $\Pi_{Sname, Grade}(\sigma_{Cname = '数据库'}(Course \bowtie SC \bowtie Student))$ 表示。

【例 20】 查询没有选修'03005'号课程的学生姓名与年龄。

$$\Pi_{Sname, Sage}(Student) - \Pi_{Sname, Sage}(\sigma_{cno = '03005'}(Student \bowtie SC))$$

那么能否用 $\Pi_{Sname, Sage}(\sigma_{cno \neq '03005'}(Student \bowtie SC))$ 呢？请读者自己思考。

【例 21】 求选修全部课程的学生的姓名和学号。

$$\Pi_{Sno, Cno}(SC) \div \Pi_{Cno}(Course) \bowtie \Pi_{sno, sname}(Student)$$

【例 22】 查询所选课程包含了学号'1703070101'所选全部课程的学生号和姓名。

$$\Pi_{sno, sname}(Student) \bowtie (\Pi_{sno, cno}(SC) \div \Pi_{cno}(\sigma_{sno = '1703070101'}(SC)))$$

2.5 关 系 演 算

用关系代数表示查询等操作时，需提供一定的查询过程描述，而元组关系演算是完全非过程化的，它只需提供所需信息的描述，而不需给出获得该信息的具体过程。目前，面向用户的关系数据语言基本上是以关系演算为基础的。

关系演算是以数理逻辑中的谓词演算为基础的。按谓词变元的不同，关系演算可分为元组关系演算和域关系演算。以谓词演算为基础的查询语言称为关系演算语言。用谓词演算作为数据库查询语言的思想最早见于 Kuhns 的论文。把谓词演算用于关系数据库语言（即关系演算的概念）是由 E. F. Codd 提出来的。

可以证明，关系代数、元组关系演算和域关系演算对关系运算的表达能力是等价的，它们可以相互转换。

2.5.1 元组关系演算

关系 R 可用谓词 R(t) 表示，其中 t 为变元。关系 R 与谓词间的关系如下：

$$R = \{t | \phi(t)\}$$

上式的含义为：R 是所有使 $\phi(t)$ 为真的元组 t 的集合。当谓词以元组为变量时，称为元组关系演算（Tuple Relational Calculus）；当谓词以域为变量时，称为域关系演算（Domain Relational Calculus）。

在元组关系演算中,把{ t|φ(t)}称为一个演算表达式,把φ(t)称为一个公式,t 为 φ 中唯一的自由元组变量。可递归地定义元组关系演算公式如下:

1. 原子公式

(1) 3 类原子公式。

① R(t):R 是关系名,t 是元组变量;R(t)表示 t 是 R 中的元组。

② t[i]θC 或 Cθt[i]。t[i]表示元组变量的第 i 个分量,C 是常量,θ 为算术比较运算符。表示元组 t 的分量 i 与常量 C 满足 θ 关系。

③ t[i]θu[j]。t、u 是两个元组变量。t[i]θu[j]表示元组 t 的分量 i 与元组 u 的分量 j 满足 θ 关系。

(2) 约束元组变量和自由元组变量。

设 φ 是元组关系演算公式,t 是 φ 中的某个元组变量,那么(∀t)(φ)、(∃t)(φ)都是元组关系演算公式。

其中:∀ 为全称量词,含义是"对所有的…";∃ 为存在量词符号,含义是"至少有一个…"。若在元组关系演算公式中元组变量前有全称量词 ∀ 或存在量词 ∃,该变量为约束元组变量;否则为自由元组变量。即受量词约束的变量称为约束变量,不受量词约束的变量称为自由变量。

(∀t)(φ)表示:如果对所有的 t,φ 都是真的,则(∀t)(φ)为真,否则(∀t)(φ)为假。

(∃t)(φ)表示:如果对一个 t 使 φ 为真的,则(∃t)(φ)为真,否则(∃t)(φ)为假。

(3) 元组关系演算公式的递归定义。

① 每个原子公式都是公式。

② 如果 φ1、φ2 是公式,则 ¬φ1、φ1∧φ2、φ1∨φ2、φ1→φ2 也都是公式。

③ 设 φ 是公式,t 是 φ 中的某个元组变量,那么(∀t)(φ)和(∃t)(φ)也是公式。

(4) 在元组关系演算公式中,运算符的优先次序为:括号→算术→比较→存在量词、全称量词→逻辑非、与、或。

在元组演算的公式中,各种运算符的运算优先次序为:

① 括号中的运算优先;

② 算术比较运算符最高;

③ 量词次之,且按 ∃、∀ 的先后次序进行;且 ∃ 的优先级高于 ∀ 的优先级,多个相同量词的优先级由左到右递增;

④ 逻辑运算符优先级最低,且按 ¬、∧、∨、→(蕴含)的先后次序进行,多个相同逻辑运算符的优先级由左到右递增;

(5) 元组演算的所有公式按①、②、③、④所确定的规则经有限次复合求得,其他公式不是元组关系演算公式。

2. 关系代数用元组关系演算公式表示

为了表明元组关系演算的完备性,只要说明关系代数的 5 种基本运算均可等价地用元组演算式表示(反之亦然)即可,所谓等价是指双方运算表达式的结果关系相同。

设 R、S 为两个关系,它们的谓词分别为 R(t)、S(t),则:

(1) 并运算：即 RUS 可等价地表示为：

$$RUS = \{t \mid R(t) \lor S(t)\}$$

(2) 差运算：即 R−S 可等价地表示为：

$$R - S = \{t \mid R(t) \land \neg S(t)\}$$

(3) 笛卡儿积：即 R×S 可等价地表示为：

$$R \times S = \{t^{(n+m)} \mid (\exists u^{(n)})(\exists v^{(m)})(R(u) \land s(v) \land t[1] = u[1] \land \cdots t[n]$$
$$= u[n] \land t[n+1] = v[1] \land \cdots \land t[n+m] = v[m])\}$$

式中，R、S 依次为 n、m 元关系，u、v 表示 R、S 的元组变量，$\{t^{(n+m)}$ 表示 t 的目数是 $(n+m)$。

(4) 投影运算：即 $\Pi_{i1,i2,\cdots,in}(R)$ 可等价地表示为：

$$\Pi_{i1,i2,\cdots,in}(R) = \{t^{(n)} \mid (\exists u) R(u) \land t[1] = u[i_1] \land \cdots t[n] = u[i_n]$$

(5) 选择运算：即 $\sigma_F(R)$ 可等价地表示为：

$$\sigma_F(R) = \{t \mid R(t) \land F'\}$$

其中 F′ 为 F 在谓词演算中的表示形式，即用 $t[i]$ 代替 F 中 t 的第 i 个分量即为 F′。

关系代数的 5 种基本运算可等价地用元组关系演算表达式表示。因此，元组关系演算体系是完备的，是能够表示关系数据模型的基本操作的。

可以证明，关系代数、元组关系演算和域关系演算对关系运算的表达能力是等价的，它们可以相互转换。

【例 23】 设学生-选课关系数据库，见表 2-7～表 2-9。

(1) 查询全体男学生的情况。

$$R1 = \{t \mid Student(t) \land t[4] = '男'\}$$

(2) 查询学号为"1703070101"的学生选修课程中成绩为 90 分以上的所有课程号。

$$R2 = \{t^{(1)} \mid (\exists u) \mid SC(u) \land t[1] = u[2] \land u[1] = "1703070101" \land u[3] \geqslant 90\}$$

(3) 查询选修课程号为"03001"的所有学生的学号和姓名。

$$R3 = \{t^{(2)} \mid (\exists u)(\exists v) \mid Student(u) \land SC(v) \land t[1] = u[1] \land t[2]$$
$$= u[2] \land u[1] = v[1] \land v[2] = "03001"\}$$

元组关系演算是一种抽象的语言。一种典型的具体元组关系演算语言是 E. F. Codd 提出的 AILPHA 语言。关系数据库管理系统 Ingres 所用的 QUEL 语言是参照 ALPHA 语言研制的，与 ALPHA 十分类似。

2.5.2 域关系演算

域关系演算类似于元组演算，只是域关系演算以元组变量的分量（即域变量）作为谓间变元的基本对象。在关系数据库中，关系的属性名可以视为域变量。域演算表达式的一般形式为：

$$\{t_1 t_2 \cdots t_K \mid \phi(t_1, t_2, \cdots, t_K)\}$$

其中 $t_1, t_2, \cdots, t_K$ 分别为元组变量 t 的各个分量，统称域变量，ϕ 为域演算公式。域演算公式由原子公式和运算符组成。

1. 原子公式

(1) 3 类原子公式。

① $R(t_1, t_2, \cdots, t_K)$：R 是 k 元关系，t_i 是域变量或常量，$R(t_1, t_2, \cdots, t_K)$ 表示由分量

$R(t_1,t_2,\cdots,t_K)$ 组成的元组属于关系 R。

② $t_i\theta u_j$：t_i、u_j 为域变量，θ 为算术比较符，$t_i\theta u_j$ 表示 t_i、u_j 满足比较条件 θ。

③ $t_i\theta C$ 或 $C\theta t_i\theta$：t、t_i 是域变量，C 为常量，公式表示 t_i 和 C 满足比较条件 θ。

（2）约束域变量和自由域变量。

若在域关系演算公式中域变量前有全称量词 ∀ 或存在量词 ∃，该变量为约束变量，否则为自由域变量。

2. 域关系演算公式的递归定义

（1）每个原子公式都是公式。

（2）如果 ϕ_1 和 ϕ_2 是域关系演算公式，则 $\phi_1\wedge\phi_2$，$\phi_1\vee\phi_2$，$\phi_1\rightarrow\phi_2$ 也是域关系演算公式。

（3）如果 ϕ 是域关系演算公式，则 $\forall t_i(\phi)$ 和 $\exists t_i(\phi)$（$i=1,2,3,\cdots,k$）也是域关系演算公式。

（4）域关系演算公式的运算符的优先次序为括号→算术→比较→存在量词、全称量词→逻辑非、与、或，与元组关系演算公式中运算符优先级的规定相同。

（5）域关系演算公式是有限次应用上述规则的公式，其他公式不是域关系演算公式。

【例 24】 对于例 23 中的元组关系演算示例，用域演算可表示为：

（1）查询全体男学生的情况。
$$R=\{t_1t_2t_3t_4t_5\mid(student(t_1t_2t_3t_4t_5)\wedge t4='男')\}$$

（2）查询学号为"1703070101"的学生选修课程中成绩为 90 分以上的所有课程号。
$$R=\{t_2\mid(\exists t_1)(\exists t_3)(SC(t_1t_2t_3)\wedge t_1='1703070101'\wedge t_3\geqslant90)\}$$

（3）查询选修课程号为"03001"的所有学生的学号和姓名。
$$R=\{t_1t_2\mid(\exists t_3)(\exists t_4)(\exists t_5)(\exists u_1)(\exists u_2)(\exists u_3)(student(t_1t_2t_3t_4t_5)\wedge$$
$$SC(u_1u_2u_3)\wedge t_1=u_1\wedge t_2='03001')\}$$

关于关系的各类运算的安全限制及等价问题如下。

（1）在关系代数中，不用求补运算而采用求差运算，其原因就是有限集合的补集可能是无限集。关系是笛卡儿积的有限子集，其任何运算结果也为关系，因而关系代数是安全的。

（2）在关系演算中，表达式 $\{t\mid R(t)\}$ 等可能表示无限关系。

（3）在关系演算中，判断一个命题正确与否，有时会出现无穷验证的情况。如判定命题 $(\exists u)(W(u))$ 为假时，必须对变量 u 的所有可能值都进行验证，当没有一个值能使 $W(u)$ 取真值时，才能作出结论，当 u 的值可能有无限多个时，验证过程就是无穷的。又如判定命题 $(\forall u)(W(u))$ 为真也如此，会产生无穷验证。

若对关系演算表达式规定某些限制条件，对表达式中的变量取值规定一个范围，使之不产生无限关系和无穷运算的方法，称为关系运算的安全限制。施加了安全限制的关系演算称为安全的关系演算。

关系代数和关系演算所依据的基础理论是相同的，因此可以进行相互转换。人们已经证明，关系代数、安全的元组关系演算、安全的域关系演算在关系的表达能力上是等价的。

2.6 关系数据库产品

从 1970 年 Codd 发表论文提出关系模型算起，关系数据库产品已经历了将近 50 年的发展，无论是在理论上还是在实践上都形成了相对完整的体系。目前，关系数据库产品在数据管理市场中占有绝对优势地位。2006 年,来自国际市场调查公司 IDC 的数据表明,关系数据库市场中 Oracle、IBM DB2、Microsoft SQL Server 和 Sybase 的占有率分别为 53.5%、21.2%、18.6% 和 3.2%,剩余 3.5% 的份额被其他关系数据库产品所占有,其中包括两个知名的开源关系数据库产品 PostgreSQL 和 MySQL。图 2-7 给出了主要关系数据库产品的发展时间线及其渊源关系(实线箭头表示直接发展,虚线箭头表示间接影响)。

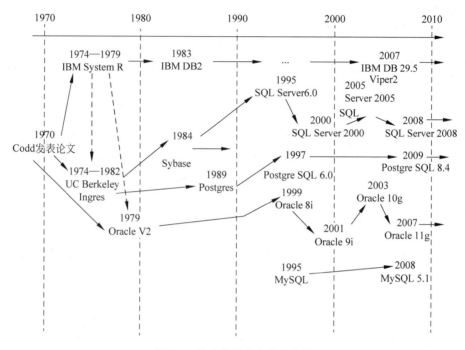

图 2-7　关系数据库产品的发展

1970 年 IBM 研究员 Codd 博士发表论文提出了关系数据库的基本理论,随后 IBM 公司成立研究小组研制名为 System R 的关系数据库实验室原型产品。几乎在同一时期,加州大学 Berkeley 分校的一个研究团队以 Codd 论文和 System R 发表的研究报告为基础,独立研制出关系数据库原型系统 Ingres。无论是 System R 还是 Ingres,当时它们的开发目的主要是为了学术研究而非商品化发布。

就在这个时期,L. Ellison 领导的 Oracle 开发团队抓住了时机,在 Codd 论文和 System R 公开发表文献的基础上,于 1979 年研制成功并发布了第一个商业关系数据库产品 Oracle V2。此后 Oracle 逐渐成为市场占有率最高的 RDBMS 产品。1980 年,IBM 开始意识到来自 Oracle 的竞争压力,转而重视关系数据库的商品化,1983 年 IBM 以 System R 的研制经验为指导,重新开发了关系数据库产品 DB2。

同时,曾经是 lngres 团队核心成员的一些学生,在毕业后成立了 Sybase 公司,他们于 1984 年推出的关系数据库产品 Sybase 继承了 Ingres 的核心代码。在 1990 年初,微软公司通过合作形式将 Sybase 数据库移植到 Windows 操作系统上,并命名为 SQL Server。1995 年微软与 Sybase 的合作终止,从那时起,微软开始独立开发 SQL Server。

Ingres 的另一个发展路径是在开源社区由 Posgres 演变为 PosgresSQL。1995 年出现的 MySql 也是一个知名的开源关系数据库产品。

下面分别介绍商业关系数据库产品 Oracle、IBM DB2、Microsoft SQL Server 和 Sybase,以及开源关系数据库产品 PosgresSQL 和 MySQL。

1. Oracle

Oracle 数据库是甲骨文(Oracle)公司开发的关系数据库管理系统,多年来它一直处于关系数据库市场的领先地位。目前 Oracle 数据库的最新版本是 2009 年 9 月发布的 Oracle 11g 第 2 版,其中 g 代表 grid,即表示其支持网格计算。Oracle 数据库存储数据的逻辑结构包括表空间(tablcepace)、表、数据段、区和数据块等,存储数据的物理结构包括数据文件、日志文件、参数文件和控制文件等。Oracle 数据库具有完善的内存管理、多进程管理、多用户并发控制及参数配置机制。

Oracle 数据库的发行版本包括企业版、标准版、标准版 1 和简化版等。Oracle 产品支持 Windows、Linux、Mac OS、HP-UX、AIX、Solaris 等多种操作系统以及 x86、x86-64、Itanium、PowerPC、Alpha 等多种硬件架构。

2. IBM DB2

IBM 公司研制的关系数据管理系统 DB2 主要应用于大型信息系统,多年来 DB2 一直被 IBM 大型机所专用,具有较好的可伸缩性。后来,IBM 将 DB2 引入其他平台,包括 0S/2、UNIX、Windows 和 Linux 等。目前 DB2 的最新版本是 2013 年 6 月发布的 DB2 V10.5,它的代码名是"Viper 2",IBM 宣传该版本的最大特点是实现了关系数据库与 XML 数据的无缝交互。DB2 的免费版本 DB2 Express-C 并不限制用户数量以及数据库的大小,可以在任何 Windows 和 Linux 机器上运行,只是数据库引擎最多只能使用 2 个 CPU 内核和 2GB 内存。

自 20 世纪 80 年代中期开始,数据库管理软件市场就被 Oracle 所占据。2004 年 5 月 3 日,IBM 数据库开发和销售的高层人员 Janet Perna 宣布他们的主要竞争对手在高级事务处理方面为 Oracle,在决策支持系统方面为 Teradata。当然,在中小规模数据管理市场中 DB2 也有其他的竞争者,包括 Microsoft SQL Server 以及开源产品 PostgreSQL 和 MySqL 等。

3. Microsoft SQL Server

Microsoft SQL Server 是由微软公司推出的关系数据库管理产品。Microsoft SQL Server 前期的几个版本主要适用于中小企业的数据库管理,但是近年来它的应用范围有所扩展,已经触及大型跨国企业的数据库管理。

SQL Server 一开始并不是微软自己研发的产品,而是当时为了要和 IBM 竞争,与 Sybase 合作研发的,其最早的开发者是 Sybase 公司。同时微软也和 Sybase 合作过 SQL Server 4.2 版本的研发,微软也将 SQL Server 4.2 移植到了 Windows NT(当时为 3.1 版)。在与 Sybase 终止合作关系后,独立开发出 SQL Server 6.0 版,此后的 SQL Server 均由微软自行研发。

SQL Server 2000 可以说是微软数据库服务器中"生命期最久"(自 2000 年 8 月 9 日发布开始到 2005 年 11 月 SQL Server 2005 上市为止,长达五年零三个月),而且后续添加的新功能也是最多的版本。与 SQL Server 2000 相比,SQL Server 2005 有了很大的改变,主要包括:以 SQL Server Management Studio 作为数据库集成管理工具取代原来的"企业管理器";强化 XML 的处理能力,新增了 XML 数据类型,支持 XML 查询数据库引擎的安全性功能得到强化。SQL Server 2008 是 SQL Server 2005 的功能增强版本，SQL Server 2016 是最新版本。

4. Sybase

Sybase 公司于 1987 年推出了 Sybase 数据库的第一个版本，最初的产品名称是 Sybase SQL Server。1988 年至 1993 年间，Sybase 与微软合作开发了 OS/2 和 Windows NT 平台下的 Sybase 数据库。此后，两家公司分道扬镳，各自开发独立的版本。为了区别于 Microsoft SQL Server，1996 年 Sybase 公司将其数据库产品更名为 Adaptive Server Enterprise，简称 ASE。目前 ASE 16 是 Sybase 数据库的最新版本。与 Microsoft SQL Server 不同，ASE 同时提供在多种 UNIX、Linux 和 Windows 操作系统下运行的版本。

5. PostgreSQL

PostgreSQL，是一个开放源代码的、功能完整的关系数据库管理系统，其开发基础是加州大学伯克利分校的研究项目 Postgres，许多商业数据库中后来才出现的特性最初均来自 Postgres。

1994 年，伯克利大学的两个研究生 Andrew Yu 和 Jolly Chen 为 Postgres 编写了新的 SQL 查询语言解释器来取代原有的 QUEL 查询语言，创建了 Postgres95，并将源代码发布到互联网上。1996 年，Postgres95 被更名为 PostgresSQL，以表明其支持新的 SQL 查询语言。此后，来自世界各地的一些数据库开发者和志愿者，通过 Internet 进行协作，共同维护 PostgreSQL 的开发，目前的最新版本是 2016 年 4 月发布的 PostgresqL 9.4.4。

6. MySQL

MySQL 也是一种开放源代码的关系数据库管理系统，其开发者为瑞典 MySQL AB 公司。2008 年 1 月 Sun 公司收购了 MySQL，而 2009 年 4 月 Sun 公司又被 Oracle 公司收购，目前 MySQL 被广泛地应用在 Internet 上的中小型网站中，由于其体积小、速度快、成本低，尤其是开放源码这一特点，许多中小型网站为了降低总体成本而选择 MySQL 作为后台数据库。MySQL 的最新版本是 2016 年发布的 MySQL 5.7.17。

与其他大型数据库相比，MySQL 有它的不足之处，如规模小、功能有限等，但是这并没有减少它的受欢迎程度。对于一般的个人用户和中小型企业来说，MySQL 提供的功能已经绰绰有余，而且由于 MySQL 是开放源码软件，因此可以大大降低总体成本。

2.7 小 结

关系数据库是目前应用最为广泛的数据管理工具。建立在关系模型基础上的关系数据库系统是本书的重点，这是因为 20 世纪 70 年代以后开发的数据库管理系统产品几乎都是基于关系的。关系模型及关系数据库管理系统是数据库发展史上最为重要的成就之一。

关系数据库系统与非关系数据库系统的区别是，关系系统只有"表"这一种数据结构；而非关系数据库系统还有其他数据结构，以及对这些数据结构的操作。在用户看来，关系数据结构就是一张二维表。

本章讨论了关系模型的 3 个组成部分，即关系数据结构、关系完整性约束和关系操作。

关系模型定义了 3 类完整性约束实体完整性、参照完整性和用户定义完整性。

关系代数是定义关系模型中数据操作的代数结构来表达的关系语言。关系代数的运算符作用在一个或多个关系上,产生的运算结果也是关系,可将关系代数看作一种形式化的关系模型查询语言。本章最后介绍了常用的关系数据库产品。

习　题

1. 论述关系模型的 3 个组成部分。
2. 解释关系数据结构中的下列术语:

域、笛卡儿积、关系、候选码、主码、主属性、非主属性、关系模式

3. 什么是实体完整性?什么是参照完整性?两者有何联系?
4. 列举常用的关系数据库产品。
5. 设"项目-员工"数据库包括如下关系模式

E(Empno, Empname, Esex, Epos)
P(Pno, Pname, Pdes, Period)
PE(Pno, Empno, Hpw)

- 员工关系 E 由编号(Empno)、姓名(Empname)、性别(Esex)和职务(Epos)属性组成。
- 项目关系 P 由编号(Pno)、名称(Pname)、描述(Pdes)和工期(Period)属性组成。
- 参与关系 PE 由项目编号(Pno)、员工编号(Empno)和周工作时间(Hpw)属性组成。周工作时间是指某员工在某项目上工作一周所花费的小时数。若上述关系模式的实例关系数据如下:

员工关系 E

Empno	Empname	ESex	EPos
E1	张奕	男	项目经理
E2	李思	女	程序员
E3	王武	男	项目经理
E4	赵柳	女	程序员

项目关系 P

Pno	Pname	Pdes	Period
P1	项目 1	…	12
P2	项目 2	…	24

参与关系 PE

Pno	Empno	Hpw
P1	E1	40
P1	E3	20
P1	E4	20
P2	E2	40
P2	E3	20
P2	E4	20

73

第 2 章

关系数据库

请使用关系代数完成如下查询：

（1）查询全体员工的姓名和性别。

（2）查询员工"张奕"的职务。

（3）查询工期大于 18 的项目编号和名称。

（4）查询参与了项目 P1 的员工编号。

（5）查询参与了全部项目的员工编号和姓名。

（6）查询每个员工的编号、姓名、性别、所参与项目的编号、名称及周工作时间。

（7）查询所参与项目包含工期为 24 的全部项目的员工姓名和职务。

（8）查询员工"李思"不参与的项目的编号、名称和工期。

第3章 关系数据库标准语言 SQL

【本章主要内容】

1. 简要介绍 SQL 语言的发展历史以及 SQL 语言的特点
2. 重点阐述数据定义语言,即对模式、表、视图及索引的定义与删除
3. 着重介绍数据查询方法(单表、多表、嵌套查询)及数据的更新方法
4. 简介视图的查询和更新方法

通过之前对关系数据模型和关系语言的介绍,我们了解到在关系模型的发展过程中出现了一种称为结构化的查询语言,通常称为 SQL。现在,SQL 已成为标准的关系数据库语言,它不仅用于查询和更新关系数据库中的数据,而且管理关系数据库中的元数据和各种数据库对象,是用户和数据库管理员建立、使用数据库的主要工具。SQL 虽然称为"结构化查询语言",但其功能不仅仅局限于数据查询,它还具有数据定义和更新的功能。对于关系数据库来说,SQL 是介于关系代数与关系演算之间的结构化查询语言,它是通用的、功能极强的且具有国际标准的关系数据库语言,早已成为一种通用的、功能强大的数据管理语言。几乎所有的主流关系数据库产品都支持 SQL 语言,此外许多厂商还在标准 SQL 的基础上进行了不同程度的扩展。

本章首先对 SQL 进行简单的概述,包括 SQL 产生与发展、SQL 的功能和特点,然后详细讲解 SQL 的常用语句的形式,即如何使用 SQL 进行数据定义、如何进行多种风格的查询及数据更新,接下来讨论视图的定义及其特点,最后简单介绍查询优化的相关问题。

3.1 SQL 概述

SQL 是 Structured Query Language 的缩写,即结构化查询语言。SQL 是一种声明式(Declarative)语言。它不同于传统的命令式(Imperative)编程语言,使用 SQL 只需要描述"做什么",而无须具体指明"怎么做"。

3.1.1 SQL 的产生与发展

关系模型起源于在 IBM San Jose 研究室工作的 E. F. Codd 于 1970 发表的一篇论文(*A Relational Model of Data for Large Shared Data Banks*)。为了将这篇论文中提出的关系数据库模型变为现实,该实验室的一个团队一直致力于关系数据库管理系统的研发工作。1974 年,该研究室的 D. Chamberlin 和 Boyce 定义了一种称为 SEQUEL(Structured

English Query Language)的结构化查询语言。1976年,其修改版本 SEQUEL/2 出现,然后正式改名为 SQL。如今,仍有很多人将 SQL 读为"See-Quel",尽管官方的读法为"S-Q-L"。

IBM 在 SEQUEL/2 的基础上推出了称为 System R 的 DBMS 原型,用于验证关系模型的可行性。除了其他方面的成果外,System R 最重要的成果是开发了 SQL。但是 SQL 的最初起源应当追溯到 System R 前期的 SQUARE(Specifying Queries As Relational Expression)语言,它是一种用英语句子表示关系代数的研究性语言。

20 世纪 70 年代末期,Relational Software(现称为 Oracle Corporation)的公司推出了第一个基于 SQL 语言开发的商品化 RDBMS-Oracle 数据库系统,并将这些产品内部版本销售给美国的一些政府部门。不久,又出现了基于 QUEL 查询语言的 INGRES 数据库系统,QUEL 语言和 SQL 语言相比,结构化特性更强,但与英语语句不大类似。当 SQL 成为关系数据库系统标准语言后,INGRES 也转向支持 SQL。

1979 年夏天,Relational Software 公司发布了第一个商业 SQL 实现产品 Oracle V2。正是由于 Relational Software 公司对关系模型和 SQL 的前瞻性把握,使得此后 Oracle 产品的市场占有率一直高于 IBM 的关系数据库产品。

1981 年和 1982 年,IBM 公司分别在 DOS/VSE 和 VM/CMS 环境下推出了第一个商品化 RDBMS-SQL/DS 数据库系统。随后又于 1983 年在 MVS 环境下推出 DB2 数据库系统。

1982 年,美国国家标准组织基于 IBM 公司提交的一份概念性建议文件开始着手制定关系数据库语言(RDL)的标准。1983 年国际标准化组织(ISO)参与这一工作,并共同制定了 SQL 标准。1986 年 10 月,美国国家标准学会(ANSI)批准了 SQL 作为关系数据库的标准语言,并于同年公布了 SQL 标准文本,简称 SQL-86。

1987 年 ISO 将 SQL-86 作为国际标准。ANSI 于 1989 年 10 月公布了名为"完整性增强特性"(Integrity Enhancement Feature)的补充文件(ISO,1989),推出了 SQL-89 标准,SQL-89 在 SQL-86 的基础上进行了小规模的完善工作。由于 SQL 直接关系到重要数据的处理,美国联邦政府也将 SQL-89 采纳为官方文件,称为 FIPS 127-1。

1992 年,ISO 对 SQL 进行了较大规模的修改和扩展,于 1992 年 8 月发布了国际标准 ISO/IEC:9075,简称 SQL-92 或 SQL2,人们习惯上将这个标准称为 SQL2。SQL-92 的标准文本有 600 多页。

此后,SQL 的标准化工作一直在继续。经过 7 年的修订和补充,1999 年 ISO 发布了 SQL:1999(ISO,1999a)标准,这个版本附加了包括支持面向对象数据管理等特性,这个标准文本厚达 1700 多页,人们习惯上将这个标准称为 SQL3。

2003 年、2006 年及 2011 年末 ISO 又分别发布了 SQL2003、SQL2006 及 ISO2011,这是三个修订的版本。标准在 SQL:1999 的基础上扩展了若干高级特性,其中最重要的是在 SQL 中嵌入了对 XML 数据管理的支持。

虽然 SQL 源于 IBM 公司的建议,但是很快就使其他供应商意识到其重要性而纷纷推出自己的产品。时至今日,数百个基于 SQL 的产品正在应用,而且新产品还在不断涌现。表 3-1 总结了 SQL 语言的标准化进程。

表 3-1   SQL 语言的标准化进程

年份	名　称	别　名	描　　述
1986	SQL-86	SQL-87	ANSI 首次发布的 SQL 标准。1987 年被 ISO 批准为国际标准
1989	SQL-89	FIPS127-1	小规模修订,被美国联邦政府采纳为 FIPS 127-1
1992	SQL-92	SQL2	大规模修订,形成国际标准 ISO/IEC 9075
1999	SQL-1999	SQL3	添加了正则表达式匹配、触发器、控制流程语句、面向对象特性等
2003	SQL-2003		引入了 XML 相关特性、窗口函数、自动生成列(包括表示列)等
2006	SQL-2006		进一步增强了 SQL 中的 XML 功能支持

3.1.2   SQL 的功能特点

SQL 之所以能够成为关系数据库的标准语言,并以统一的方式管理和操作关系数据,得益于其所具备的几个显著特点,即它是一个综合的、通用的、功能极强,又简单易学的语言。它集数据查询、数据操纵、数据定义和数据控制为一体,这些特点使 SQL 在众多数据管理语言中脱颖而出,发展为最流行的、用户最多的关系数据库语言。其主要特点包括。

1. 综合统一

数据库系统的主要功能是通过数据库支持的数据语言来实现的。

非关系模型的数据语言一般分为模式数据定义语言、外模式数据定义语言、数据存储有关的描述语言及数据操纵语言。使用数据语言分别用于定义模式、外模式、内模式和进行数据的查询与更新等操作。当用户数据库投入运行后,如果需要修改描述,必须停止现有数据库的运行,转储数据,修改描述并编译后再重新装载数据库,非常麻烦。

SQL 虽然称为“结构化查询语言”,但 SQL 的功能不仅仅包括查询,实际上 SQL 作为一种标准数据库语言,从对数据库的各种操作到数据库的管理维护,几乎无所不能。SQL 集数据定义、数据操纵、数据控制语言的功能于一体,其功能全面,语法风格统一。可以独立完成数据库生命周期中的全部活动,包括定义关系模式、建立数据库,实现查询、更新、维护、数据库重构、安全性控制等一系列操作,为使用数据库系统提供了良好的语言环境。

2. 高度非过程化

非关系数据模型的数据操纵语言是面向过程的语言,当要完成某项请求时,需指定存取路径,并且以“一次一记录”的方式操作。而 SQL 语言则是非过程化的、集合式的数据操作,用户只需提出“做什么”,而无须具体指出怎么完成这件事情的详细步骤。执行 SQL 语句的详细步骤(存取路径的选择以及 SQL 语句的操作过程)交由 DBMS 内部自动完成。因此用户无须了解存取路径,这样不仅大大减轻了用户负担,又有利于提高数据独立性。

3. 灵活的使用方式

SQL 既可以用作交互式语言,又可以用作嵌入式语言。作为交互式语言,用户可以在 DBMS 客户端直接输入 SQL 命令,查看执行结果。作为嵌入式语言,SQL 可以通过各种方式嵌入到主流编程语言中,供程序开发人员使用。如 C 语言可以使用嵌入式 SQL 或 ODBC,Java 使用 JDBC,C♯使用 ADO. NET 等。这些技术的目的都是让 SQL 嵌入到编程语言中,使应用程序与数据库之间实现连接和沟通,不同的使用方式,统一的语法格式,供开发复杂应用程序使用,这体现了 SQL 的方便性与灵活性。

4. 面向集合

关系实际上就是元组的集合,既然 SQL 是操作关系的语言,那么其操作对象就是元组集合,将元组集合作为 SQL 语句的输入,查询语句的输出结果通常是满足条件的元组集合,更新语句所影响的范围也是一个元组集合。SQL 以面向集合的操作方式对数据进行处理。所以在理解 SQL 语句时,始终要意识到操作对象和处理结果均为元组集合(与关系表是同一个级别的概念),而不是关系表中的一行或一列。

5. 简洁、通用、功能强

SQL 吸取了关系代数、关系演算语言两者的特点和长处,故语言功能极强,而且 SQL 语言十分简洁,语法与英语类似,因此非常容易学习和使用。它已成为关系数据库的公共语言。其数据定义、查询、操纵、控制的核心功能只用了 9 个动词,如表 3-2 所示。

表 3-2　SQL 的动词

SQL 功能	核 心 动 词	SQL 功能	核 心 动 词
数据查询	SELECT	数据操纵	INSERT,UPDATE,DELETE
数据定义	CREATE,DROP,ALTER	数据控制	GRANT,REVOKE

3.1.3　SQL 的基本组成

1. SQL 数据库对三级模式的支持

SQL 支持关系数据库设计中的三级模式结构。其中:

模式对应于基本表。在 SQL 中使用 CREATE TABLE 语句定义的一系列基本表(Base Table)形成了数据库的模式,模式的结构直接关系到数据库设计的质量,因此在设计过程中应力求使模式能够准确反映所关心的数据。

内模式对应存储文件(Stored File)。存储文件位于数据库系统的最底层,其结构形成了数据库的内模式。一个存储文件可以存放一个或多个基本表,数据量较大的基本表可以存放在多个存储文件中。一般情况下,用户无须显式地指明基本表与存储文件之间的映射关系,DBMS 会自动进行模式到内模式的映射,该过程对用户是透明的。

外模式对应视图和部分查询表。视图(View)是从基本表或其他视图中导出的表,是根据用户的实际需求,在基本表中定义的,它本身不独立存储在数据库中,也就是说数据库中只存放视图的定义而不存放视图对应的数据,因此视图是一个虚表。数据仍存放在视图所对应的基本表中,可以在不改变基本表结构的前提下,仅通过修改视图的定义就能够更新外模式,从而实现数据的逻辑独立性。如图 3-1 所示,显示了视图、表与存储文件之间的关系。

SQL 语言中,表是独立存在的,在 SQL 中一个关系对应一个表。行对应元组(记录),列对应属性(字段)。用户可以用 SQL 语言对视图和表进行查询。在用户眼中,视图和表都是关系,而存储文件对用户是透明的。

表和视图的关系,如图 3-2 所示。

2. SQL 语句的分类

SQL 的核心功能由以下部分组成。

(1) 数据定义语言(Data Definition Language,DDL)。主要功能是创建各种数据库的

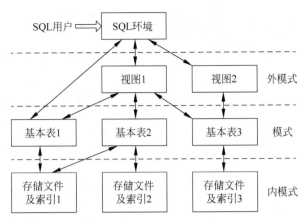

图 3-1   视图、表与存储文件

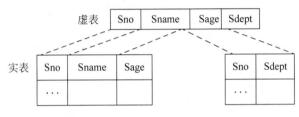

图 3-2   表与视图

对象,包括数据库模式、表、视图、索引等。数据定义语言还可以修改或删除数据库对象的定义。

(2) 数据操纵语言(Data Manipulation Language,DML)。主要功能是完成数据库的查询和更新操作,查询操作是指对已存在的数据库中的数据根据指定条件进行查询数据;更新操作用于更新指定的数据,包括插入新数据、修改已有数据和删除数据三种操作。

(3) 数据控制语言(Data Control Language,DCL)。主要功能是完成数据库授权、事务管理以及控制 SQL 语句集的运行。用来授予或回收访问数据库的某种特权,控制数据操纵事务的发生时间及效果、对数据库进行监视等。

SQL 集数据定义语言 DDL、数据操纵语言 DML、数据控制语言 DCL 的功能于一体,语言风格统一,可以独立完成数据库生命周期中的全部活动。

3. SQL 的数据类型

在关系模型中,一个重要的概念是"域"。每个属性来自一个域,它的取值必须是域中的值。

在 SQL 中域的概念用数据类型来实现。在定义表中的每一个属性时需要明确指明数据类型及长度。SQL 的数据类型说明及其分类如表 3-3 所示。要特别说明的是,不同的 RDMS 中支持的数据类型不完全相同。

在 SQL 中规定了 3 类数据类型:

① 预定义数据类型。

② 构造数据类型。

③ 自定义数据类型。

表 3-3   SQL 的数据类型及其分类表

分　类	类　型	类 型 名	说　　明
预 定 义 数 据类型	数值型	INT	整数类型(也可写成 INTEGER)
		SMALLINT	短整数类型
		REAL	浮点数类型
		DOUBLE PRECISION	双精度浮点数类型
		FLOAT(n)	浮点数类型,精度至少为 n 位数字
		NUMERIC(p,d)	定点数类型,共有 p 位数字(不包括符号、小数点),小数点后面有 d 位数字
	字　符串型	CHAR(n)	长度为 n 的定长字符串类型
		VARCHAR(n)	具有最大长度为 n 的变长字符串类型
	位串型	BIT(n)	长度为 n 的二进制位串类型
		BIT VARYING(n)	最大长度为 n 的变长二进制位串类型
	时间型	DATE	日期类型:年-月-日(形如 YYYY-MM-NN)
		TIME	时间类型:时:分:秒(形如 HH:MM:SS)
		TIMESTAMP	时间戳类型(DATE 加 TIME)
	布尔型	BOOLEAN	值为:TRUE(真)、FALSE(假)、UNKNOWN(未知)
	大对象	CLOB 与 BLOB	字符型大对象和二进制大对象数据类型值为:大型文件、视频、音频等多媒体数据
构造数据类型		由特定的保留字和预定义数据类型构造而成,如用"ARRAY"定义的聚合类型,用"ROW"定义的行类型,用"REF"定义的引用类型等	
自定义数据类型		是一个对象类型,是由用户按照一定的规则用预定义数据类型组合定义的自己专用的数据类型	

注意：许多 DBMS 产品还扩充了其他一些数据类型,如 TEXT(文本)、MONEY(货币)、GRAPHIC(图形)、IMAGE(图像)、GENERAL(通用)、MEMO(备注)等。

3.2 SQL 数据定义的功能

SQL 数据定义语言(DDL)允许创建模式(Schema)、基本表(Table)、视图(View)和索引(Index)等数据库对象及对这些对象的撤销操作。

本章使用"学生-选课"数据库作为讲解 SQL 的示例数据库。"学生-选课"数据库描述了学校中学生选课的情况,包括学生基本情况数据、课程数据和学生选课数据。图 3-3 是"学生-选课"数据库的 E-R 图,这是一个典型的多对多关系,一个学生可以选择多门课程,一门课程也可以由多个学生来选择。

图 3-3 "学生-选课"的 E-R 图

按照一定的转换规则可将 E-R 图转换为关系表(相关内容将在第 5 章介绍)。"学生-选课"数据库包括 3 个关系表,它们分别是:

学生关系 Student(Sno,Sname,Ssex,Sage,Sdept)
课程关系 Course(Cno,Cname,Cpno,Ccredit)
选课关系 SC(Sno,Cno,Grade),

带有下画线的字段表示主码。表 3-4~表 3-6 分别列出了学生关系 Student、课程关系 Course 和选课关系 SC 中的示例数据。

表 3-4　学生关系 Student 示例数据

Sno	Sname	Sage	Ssex	Sdept
1703070101	李艺	18	女	信息学院
1703070211	王一	19	男	信息学院
1703070120	张欣	18	男	信息学院
1703070125	吴波	19	男	信息学院
1703070302	何穗	18	女	信息学院
1701030302	张恒	17	女	机械学院
1701030322	赵冬	20	男	机械学院
1702030315	张旭	19	男	汽车学院
1704030302	吴桐	18	女	经贸学院

表 3-5　课程关系 Course 示例数据

Cno	Cname	Cpno	Ccredit
03001	数据库原理	03005	7
03002	计算机网络	03004	7
03003	C 语言程序设计	03006	8
03004	通信原理	03006	8
03005	数据结构	03003	6
03006	数学		12
03007	信息系统	03001	4

表 3-6　学生选课关系 SC 示例数据

Sno	Cno	Grade
1703070101	03001	76
1703070101	03002	80
1703070101	03003	90
1703070211	03001	90
1703070211	03002	85
1703070211	03003	80
1703070125	03002	60
1703070125	03004	80
1701030302	03003	84
1701030302	03006	54
1701030322	03006	33
1701030322	03001	57

3.2.1　模式的定义与删除

在一个数据库中可以包含一个或多个模式。其基本对象有基本表、视图、索引。在不同的模式中可以定义名称相同的数据库对象,如模式 Schemal 和 Myschema 均包含基本表 MyTable。即模式起到了命名空间(Namespace)的作用,不同模式中的同名对象不会产生冲突。

另外,SQL 通常不提供修改模式定义、修改视图定义和修改索引定义的操作。用户如果想修改这些对象,只能先将它们删除,然后再重建。

1. SQL 模式的定义

一个 SQL 模式是所属基本表、视图等的集合。SQL 模式由模式名和模式拥有者的用户名或账号来确定,并包含模式中每一个元素(表、视图、索引等)的定义。定义了一个 SQL 模式,就是定义了一个存储空间。在该存储空间的数据库对象全体,构成该模式对应的 SQL 数据库。在 SQL 中,模式定义语句的语法格式如下:

CREATE SCHEMA<模式名> AUTHORIZATION <用户名>[< CREATE DOMAIN(GRANT) 子句 > | < CREATE TABLE 子句 > | < CREATE VIEW > | ......]

说明:创建模式需拥有 DBA 权限或获得 DBA 授予建模式的权限;若不指定<模式名>,则隐含为<用户名>;默认的方括号中是在该模式中,要创建的域(授权)、表和视图等子句,模式中的表、视图等也可以根据需要随时创建。

【例 1】 创建一个学生-选课数据库的模式 S-C 属主为 Hong。

CREATE SCHEMA S – C AUTHORIZATION Hong;

解题说明:

为用户 Hong 定义了一个模式 S-C。

【例 2】 CREATE SCHEMA AUTHORIZATION Hong;

解题说明:

该语句没有指定<模式名>,所以<模式名>隐含为用户名 Hong。

实际上,定义模式就是定义了一个命名空间,在这个空间里可以进一步定义该模式包含的数据库对象,例如基本表、视图和索引等。

目前,在 CREATE SCHEMA 中可以接受 CREATE TABLE,CREATE VIEW 子句等,也就是说用户可以在创建模式的同时在这个模式定义中进一步创建基本表、视图和定义授权。

【例 3】

```
CREATE SCHEMA TEST AUTHORIZATION Hong
        CREATE TABLE Student(Sno CHAR(10),
                             Sname CHAR(20),
                             Ssex CHAR(2),
                             Sage SMALLINT,
                             Sdept CHAR(40)
                         );
```

解题说明:

该语句为用户 Hong 创建了一个模式 TEST,并且在其中定义了一个表 Student。

2. 模式的删除

在 SQL 中,模式删除语句的语法为:

```
DROP SCHEMA < 模式名 > [CASCADE|RESTRICT]
```

该语句有两个删除模式的方式：

（1）如果选定了 CASCADE 方式（级联式），则进行级联删除。即当执行该语句时，在删除数据库模式时，则本数据库模式和其下属的基本表、视图、索引等全部数据库对象都将被删除。

（2）如果指定了 RESTRICT 方式（约束式），则进行限定删除。这时语句只能删除空模式。即本数据库模式下属的基本表、视图、索引等要事先清除，才能执行 DROP SCHEMA 语句，否则拒绝删除。

【例 4】 删除学生选课数据库模式 S-C。

```
DROP SCHEMA S-C;
```

解题说明：

该题没有指定删除方式，默认删除方式是 RESTRICT。

【例 5】 删除模式 TEST 以及其下包含的所有数据库对象。

```
DROP SCHEMA TEST CASCADE;
```

解题说明：

该题指定了删除方式为 CASCADE，级联删除。

需要注意的是：模式一般要定义在数据库中，而 SQL 标准中并没有规定数据库定义语句。为此，有些数据库产品提供了扩展的 CREATE DATABASE 语句用于定义数据库。不同产品中定义数据库的语法也不尽相同，使用时需要参考具体 DBMS 产品的详细文档。

3.2.2 表的建立、删除与修改

1. 表的建立

创建了一个模式，就创建了一个数据库的命名空间，一个框架。在这个空间中首先要定义的是该模式包含的数据库的基本表。

SQL 语言使用 CREATE TABLE 语句定义表，其一般格式如下：

```
CREATE TABLE [模式名.]<表名>
(<列名><数据类型>[列级完整性约束条件],
[<列名><数据类型>[列级完整性约束条件],
…
[<表级完整性约束 1>],
[<表级完整性约束 2>],
…
);
```

创建基本表时需要制定表名、表中每个列的定义，以及完整性约束情况。

其中<表名>是所要定义的关系的名字，可以想象为搭建一个用于容纳数据的框架，它可以由一个或多个属性列组成。每一个列的数据类型可以是预定义数据类型，也可以是用户定义数据类型。另外建表的同时通常还可以定义与该表有关的完整性约束条件。这些完整性约束条件被存入系统的数据字典中，当用户操作表中数据时，由 DBMS 自动检查该操

作是否违背这些完整性约束条件。关于完整性约束的具体内容将在第 7 章介绍。

【例 6】 对于表 3-4～表 3-6 所示的学生-选课数据库中的如下三个表结构,用 SQL 语言定义之。

学生关系 Student(Sno, Sname, Ssex, Sage, Sdept)
课程关系 Course(Cno、Cname、Cpno、Ccredit)
选课关系 SC(Sno、Cno、Grade)

用 SQL 语句创建一个表应指出它放在哪个模式中,为简单起见,这里省略了模式名 S-C,即在默认的目录及模式下,Student 表可定义如下:

```
CREATE TABLE Student
    (Sno        CHAR (10),
      Sname   CHAR (20) NOT NULL,
      Sage     NUMERIC (2),
      Ssex     CHAR (2),
      Sdept    CHAR (20)
      PRIMARY KEY(Sno));
```

解题说明:

上面的语句在数据库中创建了基本表 Student。该表由 5 列组成,分别为学号、姓名、年龄、性别和所属学院。每个列的定义必须指明列名和数据类型,然后是可选的列级完整性约束。考虑到姓名列不为空,因此为 Sname 添加非空约束 NOT NULL。表级完整性约束将 Sno 列定义为主码,由于主码强制满足非空和唯一约束,因此不必为 Sno 定义 NOT NULL。凡带有 NOT NULL 的列,表示不允许出现空值;反之,可以出现空值。当首次用 CREATE TABLE 定义一个新表后,只是建立了一个无值的表结构,并将有关"学生"表的定义及有关约束条件放在数据字典中。

类似地,可以定义学生-选课数据库中的 Course 表如下:

```
CREATE TABLE Course
(Cno      CHAR (5),
Cname   CHAR (40) NOT NULL,
Cpno      CHAR (5),                   /* Cpno 的含义是先修课 */
Ccredit   NUMERIC (2),
FOREIGN KEY (Cpno) REFERENCES Course(Cno),
/* 表级完整性约束条件,Cpno 是外码,被参照表是 Course,被参照列是 Cno */
PRIMARY KEY (Cno) );
```

解题说明:
参照表和被参照表可以是同一个表。
对于学生-选课数据库中的 SC 表,可定义如下:

```
CREATE TABLE SC
(Sno    CHAR (10),
Cno    CHAR (5),
Grade   NUMERIC (3),
PRIMARY KEY (Sno, Cno),
FOREIGN KEY (Sno)   REFERENCES Student(Sno),/* 表级完整性约束条件,Sno 是外码,被参照表是
```

Student,被参照列是 Sno * /。
```
FOREIGN KEY (Cno)    REFERENCES Course(Cno)/* 表级完整性约束条件,Cno 是外码,被参照表是
Course,被参照列是 Cno * /
);
```

2. 表的扩充和修改

随着应用环境和应用需求的变化,用户的需求也会随之发生变化,基本表的结构必然要进行相应的调整。包括增加新列、修改原有的列定义,或增加新的、删除已有的完整性约束条件等。对于已经装载了大量数据的表,或者被其他数据库对象引用(如参照完整性)的表,调整表结构不宜采取删除重建的办法,SQL 提供了 ALTER TABLE 语句用于修改基本表,其语法格式为:

```
ALTER  TABLE  <表名>
[ADD [COLUMN] <新列名><数据类型>  [完整性约束条件]
[DROP [COLUMN]<列名>[RESTRICT |CASCADE ]
[ALTER COLUMN <列名><数据类型>];
```

要修改的基本表由<表名>指定。

① 在现存表中增加新列。

ADD 子句用于向基本表中添加新列和新的完整性约束条件,描述新列的语法格式与 CREATE TABLE 中定义列的格式相同。

【例 7】 在学生表 Student 中增加"email"列,用于存储学生的电子邮件地址。

```
ALTER TABLE Student ADD email VARCHAR (100);
```

解题说明:

无论基本表中原来是否已有数据,新增加的列一律为空值。如果新增列设置了默认值(使用 DEFAULT 子句),则使用该默认值填充新增列。如果新增列上定义了 NOT NULL 约束而又未定义默认值,那么添加列操作会执行失败。

【例 8】 增加课程名称必须取唯一值的约束条件。

```
ALTER TABLE Course  ADD UNIQUE(Cname);
```

② 删除已存在的某个列。

DROP 子句用于删除表中已有的列和完整性约束条件。其一般格式如下:

```
ALTER TABLE <表名> DROP[COLUMN]<列名>[RESTRICT|CASCADE];
```

说明:其中,CASCADE 表示在基本表中删除某列时,所有引用该列的视图和约束也自动删除;RESTRICT 在没有视图或约束引用该属性时,才能被删除。

【例 9】 把 Course 表中的 Cpno 列删除。

```
ALTER TABLE Course DROP Cpno;
```

③ 修改原有列的类型。

ALTER COLUMN 子句用于修改已有列的定义。

【例 10】 将年龄的数据类型由 NUMERIC 型改为 INT 型。

```
ALTER TABLE Student ALTER COLUMN Sage INT;
```

解题说明：

ALTER TABLE 修改的是表本身的结构（即表的定义），而不是表中装载的数据。

3. 表的删除

如果不再需要某个基本表，可以使用 DROP TABLE 语句删除它。其一般格式为：

```
DROP TABLE < 表名 > [RESTRICT|CACSADE]
```

该语句会将基本表连同其中存储的数据一并删除。如果只想清空表中的数据，而不想删除表本身，不要使用 DROP TABLE 语句。

如果指定了 CACSADE 方式，则进行级联删除。即随着基本表的删除，表中的数据、表本身以及在该表上所建的索引和视图将全部随之消失。

如果指定了 RESTRICT 方式，则进行限制删除。即只有在先清除了表中的全部记录行数据，以及在该表上所建的索引和视图，并该表不能被其他表的外码所引用时，才能删除一个空表，否则 DBMS 会拒绝删除该基本表。

如果不指定删除方式，默认删除方式是 RESTRICT。

【例 11】 设有建立的已退学学生表 Student-quit，删除该表。

```
DROP TABLE Student - quit CASCADE;
```

解题说明：

注意该基本表定义一旦删除，表中的数据、此表上建立的索引、视图、触发器等有关对象都将自动被删除。因此，执行删除基本表的操作时一定要格外小心。

注意：不同的数据库产品在遵循 SQL 标准的基础上，以及在具体实现细节和处理策略上会与标准有差异。下面就 SQL2011 标准对 DROP TABLE 的规定，对比分析 Kingbase ES、ORACLE 9i、MS SQL Server 2012 这三种数据库产品对 DROP TABLE 的不同处理策略。

表中的 R 表示 RESTRICT，即 DROP TABLE <基本表名> RESTRICT；C 表示 CACSADE，即 DROP TABLE <基本表名> CACSADE；其中 Oracle 12c 没有 RESTRICT 选项；SQL SERVER 2012 没有 RESTRICT 和 CACSADE 选项。

表 3-7 为上述几种数据库在进行 DROP TABLE 时，SQL2011 与 3 个 RDBMS 的处理策略比较。

表 3-7　DROP TABLE 时，SQL2011 与 3 个 RDBMS 的处理策略比较

序号	标准及主流数据库的处理方式　　　依赖基本表的对象	SQL2011		Kingbase ES		ORACLE12c	MS SQL SERVER 2012
		R	C	R	C	C	
1	索引	无规定		√	√	√ √	√
2	视图	×	√	×	√	√ 保留　√ 保留	√ 保留

序号	标准及主流数据库的处理方式 依赖基本表的对象	SQL2011		Kingbase ES		ORACLE12c	MS SQL SERVER 2012
		R	C	R	C	C	
3	DEFAULT,PRIMARY KEY,CHECK (只含该表的列)NOT NULL 等约束	√	√	√	√	√	√	√
4	外码 Foreign Key	×	√	×	√	×	√	×
5	触发器 TRIGGER	×	√	×	√	√	√	√
6	函数或存储过程	×	√	√ 保留	√ 保留	√ 保留	√ 保留	√ 保留

"×"表示不能删除基本表,"√"表示能删除基本表,"保留"表示删除基本表后,还保留依赖对象。

从比较表中可以知道:

(1) 对于索引,删除基本表后,这 3 个 RDBMS 都自动删除该基本表上已经建立的所有索引。

(2) 对于视图,ORACLE 12c 与 SQL SERVER 2012 是删除基本表后,还保留此基本表上的视图定义,但是已经失效。KingbaseES 分两种情况,若删除基本表时带 RESTRICT 选项,则不可以删除基本表;若删除基本表时带 CASCADE 选项,可以删除基本表,同时也删除视图;KingbaseES 的这种策略符合 SQL 2011 标准。

(3) 对于存储过程和函数,删除基本表后,这 3 个数据库产品都不自动删除建立在此基本表上的存储过程和函数,但是已经失效。

(4) 如果欲删除的基本表上有触发器,或者被其他基本表的约束所引用(CHECK,FOREIGN KEY 等),读者可以从比较表中得到这 3 个系统的处理策略,这里就不一一说明了。

同样,对于其他的 SQL 语句,不同的数据库产品在处理策略上会与标准有所差别。因此,如果发现本书中个别例子在某个数据库产品上不能通过时,请读者参见有关产品的用户手册,适当修改即可。

3.2.3 索引的建立与删除

索引机制对数据库中基本表的作用,类似于目录对书的作用。建立索引的目的是为了加快查询速度。用户可以根据应用环境的需要,在一个基本表中建立一个或多个索引,以提供多种存取路径,加快数据查询速度。基本表文件和索引文件一起构成了数据库系统的内模式。

1. 索引的作用

索引的作用有以下 3 个方面。

(1) 使用索引可以明显地加快数据查询的速度

在大型数据库中,有时基本表文件中的列可能有上百列,而且元组也可能达到数万个,因此数据文件会很大。在不使用索引进行数据查询时,通常的做法是将数据文件分块,逐个读到内存,然后进行查找的比较操作。而使用索引后,先将索引文件读入内存,根据索引项找到元组的地址,然后再根据地址将元组数据直接读入计算机。由于索引文件中只含有索引项和元组地址,它的结构远比表结构紧凑,所以文件较小,一般可一次读入内存。并且由于索引文件中的索引项是经过排序的,可以很快地找到索引项值和元组地址。显然,使用索引大大减少了磁盘的 I/O 次数,从而可以加快查询速度。特别是对于数据文件大的基本表,使用索引能显著加快查询速度。

(2) 使用索引可保证数据的唯一性

索引的定义中包括定义数据唯一性的内容。当定义了数据唯一性的功能后,在对相关的索引项进行数据输入和更改时,系统要进行检查,以确保其数据唯一性成立。

(3) 使用索引可以加快连接速度

在两个关系进行连接操作时,系统需要在连接关系中对每一个被连接字段查询操作,其查询工作量是非常大的。显然,如果在连接文件的连接字段上建有索引,则可以大大提高连接操作效率。所以,许多系统要求连接文件必须有相应索引,才能执行连接操作。例如要实现学生和选课的连接操作,就要求在选课表中必须在学号(外码)上建立索引,否则数据连接的操作速度会非常慢。

2. 建立索引的原则

建立索引是加快数据查询的有效手段,但不是所有的情况下都需要建立索引。用户在建立索引时,应当依照以下原则。

1) 索引的建立和维护由 DBA 和 DBMS 完成

索引由数据库管理员 DBA 或表的属主(Owner)负责建立和删除,其他用户不能随意建立和删除索引。索引由系统自动选择和维护,也就是说,不需要用户指定使用索引,也不需要用户打开索引或对索引执行重索引操作,这些工作都由 DBMS 自动完成。

2) 大表应当建索引,小表则不必建索引

只有大表建立索引后加快查询速度的效果明显。相反,对于记录比较少的基本表,建立索引的意义不大。

3) 对于一个基本表,不要建立过多的索引

索引文件要占用文件目录和存储空间,索引过多会增加系统的额外开销。索引需要自身维护,当基本表的数据增加、删除或修改时,索引文件要随之变化,以便与基本表保持一致。显然,索引过多会影响数据增加、删除、修改的速度。

索引要根据数据查询或处理的要求建立。对那些查询频度高、实时性要求高的数据一定要建立索引,而对于其他的数据则不建立索引。

早期的 SQL 标准中采用了索引技术,但是 SQL 新标准不主张使用索引,而是在创建表时直接定义主码取而代之,一般系统会自动在主码上建立索引。但有时会有特殊需要,系统在存取数据时会选择合适的索引作为存取路径,用户不必也不能显式地选择索引。

3. 创建索引

在基本表上可建立一个或多个索引,目的是提供多种存取路径,加快查找速度,建立索引的一般格式为:

```
CREATE [UNIQUE ] [CLUSTER)] INDEX <索引名>
   ON <表名>(<列名 1 >[ASC|DESC],<列名 2>  [ASC|DESC]],...);
```

其中：

① <表名>是要建索引的基本表的名字。索引可以建在该表的一列或多列上,各列名之间用逗号分开;

② 每个<列名>后面还可以用［ASC｜DESC］指定索引值的排列次序,次序可选 ASC(升序)或 DESC(降序),默认值为 ASC;

③ UNIQUE 表示该索引的每一个索引值只对应唯一的数据记录;

④ CLUSTER 表示要建立的索引是聚簇索引。所谓聚簇索引是指索引项的顺序与表中记录的物理顺序一致的索引组织。用户可以在最常查询的列上建立聚簇索引,以提高查询效率。但一个基本表上最多只能建立一个聚簇索引。这是因为建立聚簇索引后,更新索引列数据时,往往导致表中记录的物理顺序的变更,代价较大,因此对于经常更新的列不宜建立聚簇索引。

【例 12】 为学生-选课数据库中的 Student,Course,SC 三个表建立索引,其中 Student 表按学号升序建唯一索引,Course 表按课程号升序建唯一索引,SC 表按学号升序和课程号降序建唯一索引。

```
CREATE UNIQUE INDEX Sindex ON Student (Sno);
CREATE UNIQUE INDEX Cindex ON Course (Cno);
CREATE UNIQUE INDEX SCindex ON SC (Sno ASC, Cno DESC);
```

4. 删除索引

索引建立之后,就由系统来选择和维护,用户无须干预。我们知道,建立索引的目的是为了减少查询操作的时间,提高系统的查找效率。但如果数据增加、删除、修改频繁,系统就会花费大量的时间来维护索引,这样就得不偿失了,因此,有时需要删除一些不必要的索引。SQL 语言使用 DROP INDEX 语句删除索引,删除索引的一般格式为:

```
DROP INDEX [ON <表名>] <索引名>
```

该命令删除<索引名>指定的索引;

［ON <表名>］是任选项,可以确认该索引是否是这张表的索引。

【例 13】 删除按学号所建立的索引。

```
DROP INDEX   Sindex;
```

解题说明:

① 删除索引时,系统会同时从数据字典中删去有关该索引的描述。

② 但要注意:在使用 DROP INDEX 删除索引时,只能删除用户自己建立的索引,不能删除其他用户建立的索引,除非其他用户赋予了你删除索引的权限。

在 RDBMS 中索引一般采用 B＋树,HASH 索引来实现。B＋树索引具有动态平衡的优点。HASH 索引具有查找速度快的特点。索引是关系数据库内部实现的技术,属于内模式的范畴。

用户在建立索引时,可以定义索引是唯一索引、非唯一索引或聚簇索引。至于该索引是采用 B＋树还是 HASH 索引则由具体的 RDBMS 来实现。

3.3 数 据 查 询

数据查询是数据库的核心操作。该功能是指根据用户的需要以一种可读的方式从数据库中提取所需数据。SELECT 语句是 SQL 语言中功能最强大的语句,也是最常见的数据操纵语句。

3.3.1 数据查询的基本语法

SQL 的数据查询语句中包括 SELECT,FROM,WHERE,GROUP BY 和 ORDER BY 子句。SELECT 语句具有数据查询、统计、分组和排序的功能,其语句表达能力非常强大。

1. SELECT 语句的语法

SELECT 语句的语法格式为:

```
SELECT[ALL|DISTINCT]<目标列表达式>[别名][,<目标列表达式>[别名]]……
FROM <表名或视图名>[,<表名或视图名>]……
[WHERE <条件表达式>]
[GROUP BY<属性列 1>[HAVING<条件表达式>]]
[ORDER BY<属性列 2>[ASC|DESC]];
```

SELECT 查询语句的功能是,根据 WHERE 子句的条件表达式,从 FROM 子句指定的数据源(基本表或视图)中,选择满足元组选择条件的元组数据,再按 SELECT 子句中的目标列表达式,选出元组中的属性值形成结果表,并对它们进行分组、统计、排序和投影,形成查询结果集。

在查询语句中共有 5 种子句,其中 SELECT 和 FROM 语句为必选子句,而 WHERE、GROUP BY 和 ORDER BY 子句为任选子句。下面分别叙述各子句的功能。

1) SELECT 子句

SELECT 子句用于指明查询结果集的目标列。目标列可以是直接从数据源中投影得到的字段、与字段相关的表达式或数据统计的函数表达式,目标列还可以是常量。如果目标列中使用了两个基本表(或视图)中相同的列名,则要在列名前加表名限定,即使用"<表名>.<列名>"表示。

SELECT 语句既可以完成简单的单表查询,也可以完成复杂的连接查询和嵌套查询。

2) FROM 子句

FROM 子句用于指明查询的数据源。查询操作需要的数据源指基本表(或视图表)组,表间用","分割。如果查询使用的基本表或视图不在当前数据库中,还需要在表或视图前加上数据库名加以说明,即使用"<数据库名>.<表名>"的形式表示。如果在查询中需要一表多用,则每种使用都需要一个表的别名标识,并在各自使用中用不同的表别名表示。

定义表别名的格式为"<表名>.<别名>"。

3) WHERE 子句

WHERE 子句通过条件表达式描述关系中元组的选择条件。DBMS 处理语句时,按元组为单位,逐个考察每个元组是否满足条件,将不满足条件的元组筛选掉。

4) GROUP BY 子句

GROUP BY 子句的作用是按<属性列 1>的值对结果集进行分组,即将该属性列值相等的元组为一组。每个组产生结果表中的一条记录。当 SELECT 子句后的目标列中有统计函数,如果查询语句中有分组子句,则统计为分组统计,否则为对整个结果集统计。如果 GROUP BY 子句带 HAVING 短语,组选择条件为带有函数的条件表达式,则只有满足指定条件的组才能输出。

5) ORDER BY 子句

ORDER BY 子句的作用是对结果集进行排序。如果有 ORDER BY 子句,则最终结果表还要按<属性列 2>的值的升序或降序排序。当排序要求为 ASC 时,元组按排序列值的升序排序;排序要求为 DESC 时,结果集的元组按排序列值的降序排列。

2. SELECT 语句的操作符

SELECT 语句中使用的操作符包括算术操作符、比较操作符、逻辑操作符、组合查询操作符和在字段中出现的其他操作符。下面介绍这 5 类操作符。

1) 算术操作符

算术操作符在 SQL 语句中表达数学运算操作。SQL 的数学运算操作符只有 4 种,它们是+(加号)、-(减号)、*(乘号)和/(除号)。

2) 比较操作符

比较操作符用于测试两个数据是否相等、不等、小于或大于某个值。SQL 中的比较操作符包括=(等于)、>(大于)、<(小于)、<=(小于等于)、>=(大于等于)!=或<>(不等于)、!>(不大于)和!<(不小于)共 8 种操作符。

3) 逻辑操作符(见表 3-8)

表 3-8 SQL 的逻辑操作符

语 义	操 作 者	使用格式或示例	示 例 解 释
在[不在]其中	[NOT] IN	<字段> IN(<数据表|子查询>)	将字段值与数据表|子查询的结果集比较,看字段值在[不在]数据表或结果集中
任何一个	ANY	<字段> <比较符> ANY(数据表|子查询)例:<字段>>ANY(数据表|子查询)	测试字段值是否大于数据表或子查询结果集中的任何一个值
全部(每个)	ALL	<字段> <比较符> ALL(数据表|子查询)例:<字段>>ALL(数据表|子查询)	测试字段值是否大于数据表或子查询结果集中的每一个值
[不]存在	[NOT]EXISTS	EXISTS (<子查询>)	测试子查询结果集中有[没有]记录
在[不在]范围	[NOT] BETWEEN … AND…	<字段>[NOT]BETWEEN 小值 AND 大值	测试字段在[不在]给定的小值和大值的范围中
是[不是]空值	IS [NOT] NULL	<字段> IS [NOT] NULL	测试字段是[不是]空值

语 义	操 作 者	使用格式或示例	示例解释
模式比较	[NOT] LIKE	<字段>[NOT] LIKE <字符常数>其中,字符常数中含有下画线"_"(单字符通配符)和百分号%(任意长度字符通配符)	测试字段是否与给定的字符模式匹配
与运算	AND	<条件1> AND <条件2>	测试条件1和条件2是否都满足要求
或运算	OR	<条件1> OR <条件2>	测试条件1和条件2是否有一个满足要求
非运算	NOT	NOT <条件>	测试条件是否不满足要求

可以看出,SQL的逻辑操作符种类比较多,功能也很强大。在这些逻辑操作符中,有些是读者比较熟悉,在其他计算机语言也曾遇到过的,例如NOT、AND和OR,其语义和使用方法读者应该比较清楚;还有一些可能不太熟悉,例如IN、ANY、LIKE等逻辑操作符,在后续的例题中会对它们作更详细和深入的介绍。

4)组合查询操作符

SQL的组合查询操作符是针对传统关系运算的操作符,它包括UNION(并查询)、EXCEPT(差查询)和INTERSECT(交查询),共3种。组合查询操作符的使用格式为:

<查询1><组合操作符><查询2>

① UNION操作符,并查询操作。操作结果为将<查询1>和<查询2>的结果合并,即取<查询1>和<查询2>的元组,并在结果集中去掉重复行。

② MINUS操作符,差查询操作。操作结果为取<查询1>得到的元组,而<查询2>没有的元组。

③ INTERSECT操作符,交查询操作。操作结果为取<查询1>和<查询2>共有的元组。

5)其他SQL操作符

其他SQL操作符是针对SELECT子句中的字段表设计的,它用于简写结果集的字段表和对字段值的限制说明。其他SQL操作符包括"*"、ALL和DISTINCT 3种。

① "*"操作符。*为字段组的省略写法,说明取表中的全部字段,使用格式为*或<表名>.*。

② ALL操作符。ALL说明在查询结果中保留重复值,如果查询中有统计函数,ALL要求计算重复值。ALL的使用格式为:

ALL <字段>或 ALL <字段组>

③ DISTINCT操作符。去掉重复值操作。DISTINCT和ALL相反,它说明在查询结果集中去掉重复值,或在统计函数中不计重复值。DISTINCT的使用格式为:

DISTINCT <字段> 或 DISTINCT <字段组>

SQL的查询语句可以分为简单查询、连接查询、嵌套查询和组合查询4种类型。下面介绍的查询实例仍以学生课程数据库为例,来描述各种查询的用法。对应关系表的数据见表3-4~表3-6。

3.3.2 单表查询

单表查询是指在查询过程中只涉及一个表的查询语句。

1. 选择表中的若干列

1）查询指定的列

一般情况下,用户只对表中的部分属性列感兴趣,这时可以通过在 SELECT 子句的<目标列表达式>中指定要查询的属性列。它对应关系代数中的投影运算。

【例14】 查询全体学生的学号和姓名。

```
SELECT Sno,Sname
FROM   Student;
```

解题说明:

该语句的执行过程是:从学生表中取出一个元组,取出该元组在属性学号和名字上的值,形成一个新的元组作为输出。对学生表中的所有元组作相同的处理,最后形成一个结果关系作为输出。

2）查询全部列

【例15】 若查询学生表中全体学生的情况,即查整个表,则可表示为:

```
SELECT *
FROM Student
```

等价于:

```
SELECT sno,Sname,Ssex,Sage,Sdept
FROM Student;
```

解题说明:

其中 * 代表查询指定表的所有列。

SQL 对查询的结果不会自动去除重复行,如果要求删除重复行,可以使用限定词 DISTINCT。若没指定该限定词,则默认为 ALL,即保留查询结果的全部值。

【例16】 查询所有已被学生选修的课程的课程号。

```
SELECT DISTINCT Cno
FROM SC;
```

解题说明:

该查询语句使用了 DISTINCT 关键词。由于一门课程可能被多个学生选用,在选课表中对课程号进行投影后会出现重复的课程号,而如果使用了 DISTINCT 操作符后,就可以使结果表中,不出现重复的课程号。输出的结果是:

Cno
03001
03002
03003
03004
03006

另外,如果没有指定 DISTINCT 关键词,则缺省为 ALL,即保留结果表中取值重复的行。

3）查询经过计算的值

SELECT 子句的<目标列表达式>不仅可以是表中的属性列,也可以是算术表达式。

【例 17】 查询全体学生的学号、姓名及出生年份

```
SELECT Sno, Sname, 2017 - Sage
FROM Student;
```

解题说明:

该语句的查询结果的第二列是一个数学表达式,而不是属性名。是用当今的年份(假设是 2017 年)减去学生的年龄,即得出生年份。输出的结果是:

Sno	Sname	2017-Sage
1703070101	李艺	1999
1703070211	王一	1998
1703070120	张欣	1999
1703070125	吴波	1998
1703070302	何穗	1999
1701030302	张恒	2000
1701030322	赵冬	1997
1702030315	张旭	1998
1704030302	吴桐	1999

另外,用户可以通过指定别名来改变查询结果的列标题,这样可以使输出结果更直观。这对于含算术表达式、常量、函数名的目标列表达式尤为有用。例如对于上例,可以定义如下的属性列别名:

```
SELECT Sno 学号, Sname 姓名, 2017 - Sage 出生年月
FROM Student;
```

输出结果为:

学号	姓名	出生年月
1703070101	李艺	1999
1703070211	王一	1998
1703070120	张欣	1999
1703070125	吴波	1998
1703070302	何穗	1999
1701030302	张恒	2000
1701030322	赵冬	1997
1702030315	张旭	1998
1704030302	吴桐	1999

2. 选择表中的若干元组

除了上述的查询指定的列以外,还可以查询满足条件的元组。查询满足条件的元组可

以通过 WHERE 子句实现。WHERE 子句允许用户确定一个谓词。带有 WHERE 子句的
SELECT 语句,输出结果只给出使谓词为真的那些元组值。WHERE 之后的谓词就是查询
条件。

1)比较和逻辑运算

WHERE 之后的查询条件中允许出现比较运算符:=(等于)、>(大于)、>=(大于等
于)、<(小于)、<=(小于等于)、<>(不等于)和逻辑运算符 AND(与)、NOT(非)、OR
(或)等。

【例 18】 查询信息学院全体学生的名单。

```
SELECT Sname
FROM Student
WHERE Sdept = '信息学院';
```

解题说明:

在表达查询时,首先要确定查询的源表,源表可以为基本表或视图。本例的源表是学生
表;表达查询的第二步是确定元组选择要求和结果列的表达。本例的元组选择条件是所属
学院等于"信息学院",结果列为学生姓名。

RDBMS 执行该程序的一种可能的过程是:对 Student 表进行全表扫描,取出一个元
组,检查该元组在 Sdept 列的值是否等于'信息学院',若相等,则取出 Sname 列的值形成一
个新的元组输出,否则跳过该元组,取下一个元组。重复以上步骤。

但是如果 Student 表很大,有成千上万个元组,而信息学院只占有全校人数的 10% 左
右,按上述顺序查询的方法将会很浪费时间。解决的办法是可以在 Sdept 列上建立索引,系
统会利用该索引找出 Sdept='信息学院'的元组,从中取出 Sname 列值形成结果表。这样就
避免了对 Student 表的全表扫描,加快查询速度。

但需要注意的是,如果一个表的元组数量较少,建立索引不一定能提高查询效率,系统
仍然会使用全表扫描。这由查询优化器某些规则或估计执行代价来做出选择。

【例 19】 查找学分为 7 的课程号和课程名。

```
SELECT Cno,Cname
FROM Course
WHERE Ccredit = 7;
```

输出结果为:

Cno	Cname
03001	数据库原理
03002	计算机网络

修改上例,若需找出学分为 7 或先修课为 03001 的课程号和课程名,则可表示为:

```
SELECT Cno, Cname
FROM Course
WHERE Ccredit = 7 OR Cpno = '03001';
```

输出结果为:

Cno	Cname
03001	数据库原理
03002	计算机网络
03007	信息系统

解题说明：

该例使用了逻辑运算符 OR,表达了"或"的语义。

【例20】 查询考试不及格的学生的学号。

```
SELECT DISTINCT Sno
FROM SC
WHERE Grade < 60;
```

输出结果为：

Sno
1701030302
1701030322

解题说明：

这里使用了 DISTINCT 短语,当一个学生有多门课程不及格时,他的学号也只输出一次。

2) 谓词 BETWEEN(确定范围)

谓词 BETWEEN…AND…是"包含于……之中"的意思,用于判断某值是否属于一个指定的区间。BETWEEN... AND... 可以用来查找属性值在指定范围的元组,而 NOT BETWEEN…AND…可以用来查找属性值不在指定范围的元组。其中 BETWEEN 后是范围的下限(即低值),AND 后是范围的上限(即高值)。

【例21】 查询年龄为 20～23 岁的学生的姓名、系别和年龄。

```
SELECT Sname, Sdept, Sage
FROM Student
WHERE Sage BETWEEN 20 AND 23;
```

解题说明：

在元组选择子句中使用了表达式 BETWEEN...AND,它表示选择年龄为 20～23 岁的,即 $20 \leqslant Sage \leqslant 23$。

【例22】 查询年龄不为 20～23 岁的学生的姓名、系别和年龄。

```
SELECT Sname, Sdept, Sage
FROM Student
WHERE Sage NOT BETWEEN 20 AND 23;
```

解题说明：

在元组选择子句中使用了表达式"NOT BETWEEN... AND",它表示选择年龄不为20～23 岁的,即 $Sage < 20$ 或者 $Sage > 23$。

3）字符匹配（LIKE）

谓词 LIKE 可以用来进行字符串的匹配。其一般语法格式如下：

[NOT] LIKE '<匹配串>'[ESCAPE'<换码字符>']

其含义是查找指定的属性列值与<匹配串>相匹配的元组。<匹配串>可以是一个完整的字符串，也可以含有通配符％和_。其中：

- ％（百分号）代表任意长度（长度可为 0）的字符串。例如：a％t 表示以 a 开头以 t 结尾的任意长度的字符串。如：at、assist、assistant 等都满足该匹配串。
- _（下画线）代表任意单个字符。

【例 23】 查询所有姓刘或姓王的学生的姓名、学号和性别。

```
SELECT Sname, Sno, Ssex
FROM Student
WHERE Sname LIKE '刘％' OR Sname LIKE '王％';
```

解题说明：

使用了 LIKE 模式匹配表达式，"Sname"LIKE'刘％'和"Sname" LIKE'王％'表示查询姓"刘"或姓"王"的同学。

【例 24】 查询名字中第 2 个字为"艺"字的学生的学号和姓名。

```
SELECT Sno,Sname
FROM Student
WHERE Sname LIKE'＿＿艺％';
```

解题说明：

注意：一个汉字占两个字符位，所以表示一个汉字需要用两个"_"。

如果用户要查询的字符串本身就含有％或_，这时就要使用 ESCAPE'<换码字符>'短语对通配符进行转义了。

【例 25】 查询课程名为 DB_Design 的课程情况。

```
SELECT ＊
FROM Course
WHERE Cname LIKE 'DB\_Design' ESCAPE'\';
```

解题说明：

① ESCAPE'\'表示"\"为换码字符，这样匹配串中紧跟在'\'后面的字符"_"不再具有通配符的含义，故它被转义为普通字符下横线_。

② 换码字符是可变化的，一般取不常用的符号。上例中，若匹配串中本身含'\'，则换码字符可取"?"。

【例 26】 查找学号为 1703070101 的学生的详细情况。

```
SELECT ＊
FROM Student
WHERE Sno LIKE '1703070101';
```

该查询语句等价于：

```
SELECT *
FROM Student
WHERE Sno = '1703070101';
```

解题说明：

如果 LIKE 后面的匹配串中不含有通配符，则可以用＝（等于）运算符取代 LIKE 谓词，用！＝或＜＞（不等于）运算符取代 NOT LIKE 谓词。

4）确定集合（谓词 IN）

谓词 IN 可以用来查找列值属于指定集合（括号中的值集或某个查询子句的结果）的元组。与 IN 相对的谓词是 NOT IN，用于查找列值不属于指定集合的元组。

【例 27】 求信息学院或机械学院姓张的学生的信息。

```
SELECT *
FROM Student
WHERE Sdept IN('信息学院','机械学院')AND Sname LIKE '张%';
```

解题说明：

① 目标列使用 ＊，表示选择学生表中的所有字段。

② 使用了"Sdept IN('信息学院','机械学院')"操作表达式，该表达式也可用"Sdept ＝'信息学院'OR Sdept＝'机械学院'"来代替。

③ 使用了 LIKE 模式匹配表达式，"姓名 LIKE'张%'"表示查询姓张的同学。

【例 28】 查询学生表中既不是信息学院，也不是机械学院的学生姓名和性别。

```
SELECT Sname, Ssex
FROM Student
WHERE   Sdept NOT IN ('信息学院','机械学院');
```

解题说明：

该例题使用了"Sdept NOT IN('信息学院','机械学院')"操作表达式，该表达式也可用"Sdept＜＞'信息学院'AND Sdept＜＞'机械学院'"来代替。

5）涉及空值的查询

【例 29】 查询没有成绩的学生的学号和相应的课程号。

```
SELECT Sno, Cno
FROM SC
WHERE Grade IS NULL;
```

解题说明：

① 这是因为某些学生选修课程后没有参加考试，所以有选课记录，但没有考试成绩。

② 该题使用了含有 IS NULL 的操作表达式，它表示成绩为空的语义。

③ 这里的 IS 不能用等号（＝）来代替。

【例 30】 查询所有有成绩的学生学号和课程号，

```
SELECT Sno, Cno
FROM SC
WHERE Grade IS NOT NULL;
```

解题说明：

该题使用了含有 IS NOT NULL 的操作表达式，它表示成绩为"非空"的语义。

6）多重条件查询

逻辑运算符 AND 和 OR 可用来联结多个查询条件。AND 的优先级高于 OR，但可以用括号改变优先级。

【例 31】 查询信息学院年龄在 20 岁以下的学生姓名。

```
SELECT Sname
FROM Student
WHERE Sdept = '信息学院' AND Sage < 20;
```

【例 32】 查询选了 03001 号课程且成绩大于 90 分的学生号。

```
SELECT Sno
FROM SC
WHERE Cno = '03001' AND Grade > 90;
```

输出结果为：

Sno
1703070211

3. ORDER BY 子句

用户可以在 ORDER BY 子句后跟多个排序的属性列名，第一个属性列为主序，下面依次类推。每一个属性列名后可用限定词升序（ASC）或降序（DESC）声明排序的方式，缺省为升序。

【例 33】 查询选修了 '03002' 号课程的学生的学号及其成绩，查询结果按分数的降序排列，如果成绩相同，则按学号的升序排列。

```
SELECT Sno, Grade
FROM SC
WHERE Cno = '03002'
ORDER BY Grade DESC, Sno ASC;
```

输出结果：

Sno	Grade
1703070211	85
1703070101	80
1703070125	60

解题说明：

使用了排序子句。其中，成绩为第一排序项，学号为第二排序项。

注意：关于空值在排序时的次序，即：是排在所有元组的最前面或是最后面，由具体的数据库管理系统决定。有的管理系统规定，若按升序排，含空值的元组将最后显示。若按降序排，空值的元组将最先显示。各个系统的实现可能不同，只要保持一致即可。

下面列举一个比较综合的例子。

【例34】 查询选修课程号'03001'且成绩为80~90分的学生学号和成绩,并将成绩乘以系数0.8输出。

```
SELECT Sno,Grade * 0.8
FROM SC
WHERE Cno = '03001' AND Grade BETWEEN 80 AND 90;
```

解题说明:

该题有以下3处值得注意:

① 在目标列中使用了表达式:Grade * 0.8。它将结果集中的每个成绩项都乘以系数0.8;

② 在元组选择子句中使用了谓词BETWEEN…AND,它表示选择成绩为80~90分的元组。

③ 在元组子句中使用了AND操作符,它表示两边条件都要成立。

4. 聚集函数(Aggregate Functions)

为了进一步方便用户,增强检索功能,SQL提供了许多聚集函数,主要有:

```
COUNT([DISTINCT|ALL] * )        统计元组个数
COUNT([DISTINCT|ALL]<列名>)      统计一列中值的个数
SUM([DISTINCT|ALL]<列名>)        计算一列值的总和(此列必须是数值型)
AVG([DISTINCT|ALL]<列名>)        计算一列值的平均值(此列必须是数值型)
MAX([DISTINCT|ALL]<列名>)        求一列值中的最大值
MIX([DISTINCT|ALL]<列名>)        求一列值中的最小值
```

说明:如果指定DISTINCT短语,则表示在计算时要取消指定列中的重复值。ALL为缺省值,表示不取消重复值。聚集函数统计或计算时一般不统计空值,即均忽略空值。

【例35】 查询学生总人数。

```
SELECT COUNT( * )
FROM Student;
```

解题说明:

该题通过统计学生表的元组数求出学生的总数。

【例36】 查询选修了课程的学生人数。

```
SELECT COUNT (DISTINCT Sno)
FROM SC;
```

解题说明:

该查询在COUNT函数中用DISTINCT短语。这是因为一名学生可能选择一门以上的课程,使用DISTINCT短语可以避免重复计算学生人数。

【例37】 统计信息学院学生的人数和平均年龄。

```
SELECT   COUNT( * ),AVG (Sage)
FROM Student
WHERE Sdept = '信息学院';
```

解题说明：

该查询使用了计算平均值函数 AVG。

【例 38】 查询选修了'03001'号课程并及格学生的总人数及最高分、最低分。

```
SELECT COUNT ( * ), MAX (Grade), MIN (Grade)
FROM   SC
WHERE   Cno = '03001' AND Grade > = 60;
```

解题说明：

该查询使用了统计函数 COUNT、求最大值函数 MAX 和最小值函数 MIX。

【例 39】 查询 1701010701 号学生选修课程的总学分数。

```
SELECT SUM ( Ccredit )
FROM SC, Course
WHERE Sno = '1701010701' AND SC. Cno = Course. Cno;
```

解题说明：

在聚集函数遇到空值时，除 COUNT(*)外，都跳过空值而只处理非空值。

5. GROUP BY 子句

GROUP BY 子句的作用是将查询结果表按某相同的一列值或多列值来分组。而其目的是为了细化聚集函数的作用对象。如果未对查询结果分组，聚集函数将作用于整个查询结果。如上面的例 35 至例 39。分组后聚集函数将作用于每个组，即每一组都有一个函数值。

分组与组筛选语句的一般形式：

```
< SELECT 查询块>
GROUP BY < 列名>
HAVING <条件>
```

说明：

① GROUP BY 子句对查询结果分组，即将查询结果表按某列（或多列）值分组，值相等的为一组，再对每组数据进行统计或计算等操作。GROUP BY 子句总是跟在 WHERE 子句之后（若 WHERE 子句缺省，则跟在 FROM 子句之后）。

② HAVING 短语常用于在计算出聚集函数值之后对查询结果进行控制，在各分组中选择满足条件的小组予以输出，即进行小组筛选。

HAVING 短语与 WHERE 子句是不同的。区别在于 HAVING 短语是在各组中选择满足条件的小组；而 WHERE 子句是在表或视图中选择满足条件的元组。

【例 40】 求每个学院的学生人数。

```
SELECT   Sdept,COUNT(Sno)
FROM Student
GROUP BY Sdept;
```

解题说明：

① 该题的查询过程分两步，先按所属学院将学生元组进行分组，即同一学院的学生元组分在同一组中；再求出组内的学号总数，即同一学院学生的人数。

② 如果该题中无 GROUP BY 子句,则 COUNT(Sno)的结果为全部记录的学号数。

【例 41】 按学号求出每个学生所选课程的平均成绩(基于表 3-6 学生选课关系 SC 示例数据)。

```
SELECT Sno,AVG(Grade)
FROM SC
GROUP BY Sno;
```

最终分组情况如下所示:

Sno	AVG(Grade)
1703070101	82
1703070211	85
1703070125	70
1701030302	69
1701030322	45

若将上例平均成绩超过 80 分的学生输出,则只需在 GROUP BY 子句后加 HAVING 短语即可:

```
SELECT Sno,AVG(Grade)
FROM SC
GROUP BY Sno
HAVING  AVG(Grade)>80;
```

解题说明:

本例使用了 HAVING 子句,其语义为取组内平均成绩大于 80 分的元组。HAVING 子句的内容为组选择条件,其子句的条件必须有 SQL 函数。换句话讲,如果条件中有 SQL 函数,必须放在 HAVING 子句中,且 HAVING 子句跟在 GROUP BY 子句的后面。该例题不能用下面的方法表示:

```
SELECT Sno,AVG(Grade)
FROM SC
WHERE  AVG(Grade)>80
GROUP BY Sno;
```

【例 42】 求学生关系中女生的每一年龄组(超过 20 人)有多少,要求查询结果按人数升序排列,人数相同时按年龄降序排列。

```
SELECT  Sage, COUNT(Sno)
FROM  Student
WHERE  Ssex = '女'
GROUP BY  Sage
HAVING COUNT(Sno)>20
ORDER BY COUNT(Sno),Sage DESC;
```

解题说明:

该题的查询过程分四步:

① 先使用 WHERE 子句选出性别为女生的元组,即 Ssex='女';

② 其次按年龄将女生元组进行分组,即年龄相同的女学生元组分在一组中;

③ 然后求出组内的学号数,即年龄相同的女学生且超过 20 人的学生数;

④ 最后结果按要求排序。

3.3.3 连接查询(多表查询)

前面的查询都是针对一个表进行的。若一个查询同时涉及两个或两个以上的表,这时查询需要包括连接操作的查询语句,则这样的查询称为连接查询。连接查询是关系数据库中最主要的查询,包括等值连接、非等值连接、自然连接、求笛卡儿积、一般连接、外连接、内连接、左连接和右连接等多种。由于连接查询涉及被连接和连接两个表,所以它的源表一般为多表。连接查询中的连接条件通过 WHERE 子句表达,连接条件和元组选择条件之间用 AND(与)操作符衔接。

1. 等值连接与非等值连接查询

连接查询中 WHERE 子句用来连接两个表的条件称为连接条件或连接谓词,一般格式为:

[<表名 1>.]<列名 1><比较运算符>[<表名 2>.]<列名 2>

其中,比较运算符主要有=、>、<、>=、<=、和!=(或<>)等。

此外连接谓词还可以使用如下形式:

[<表名 1>.]<列名 1> BETWEEN [<表名 2>.]<列名 2> AND[<表名 2>.]<列名 3>

连接谓词中的列名称为连接字段。连接条件中,连接字段类型必须是可比的,但连接字段不一定是同名的。

当连接运算符为"="时,该连接操作称为等值连接;否则,使用其他运算符的连接运算称为非等值连接。当等值连接中的连接字段相同,并且在 SELECT 子句中去除了重复字段时,则该连接操作为自然连接。

【例 43】 查询每个学生及其选修课程的情况。

分析:学生情况存放在 Student 表中、学生选课情况存放在 SC 表中,所以本查询实际上涉及 Student 与 SC 两个表。这两个表之间的联系是通过公共属性 Sno 实现的。实现语句如下:

```
SELECT Student. * ,SC. *
FROM Student, SC
WHERE Student.Sno = SC.Sno;
```

解题说明:

① 将 Student 与 SC 中同一学生的元组连接起来。

② 该题的目标列中含学生表的全部属性和选课表的全部属性。

③ 由于目标列中有"学生.学号"和"选课.学号"两个相同的属性名的属性,故它的连接操作是等值连接。如果在 SELECT 子句中将重复属性去掉,则该操作即为自然连接操作。

④ 连接操作的连接条件必须在 WHERE 子句中写出。如果使用了两个表查询,但

WHERE 子句中无连接条件,则结果为广义笛积操作结果。

假设 Student 表、SC 表的数据如表 3-4 及表 3-6 所示,该查询的执行结果如下所示:

Student. Sno	Sname	Sage	Ssex	Sdept	SC. Sno	Cno	Grade
1703070101	李艺	18	女	信息学院	1703070101	03001	76
1703070101	李艺	18	女	信息学院	1703070101	03002	80
1703070101	李艺	18	女	信息学院	1703070101	03003	90
1703070211	王一	19	男	信息学院	1703070211	03001	90
1703070211	王一	19	男	信息学院	1703070211	03002	85
1703070211	王一	19	男	信息学院	1703070211	03003	80
1703070125	吴波	19	男	信息学院	1703070125	03002	60
1703070125	吴波	19	男	信息学院	1703070125	03004	80
1701030302	张恒	17	女	机械学院	1701030302	03003	84
1701030302	张恒	17	女	机械学院	1701030302	03006	54
1701030322	赵冬	20	男	机械学院	1701030322	03006	33
1701030322	赵冬	20	男	机械学院	1701030322	03001	57

注意:本例中,SELECT 子句与 WHERE 子句中的属性名前都加上了表名前缀,这是为了避免混淆。如果属性名在参加连接的各表中是唯一的,则可以省略表名前缀。

RDBMS 执行该连接操作的一种可能过程是:

先在表 Student 中找到第一个元组,然后从头开始扫描 SC 表,逐一查找与 Student 第一个元组的 Sno 相等的 SC 元组,找到后就将 Student 中的第一个元组与该元组拼接起来,形成结果表中一个元组。SC 全部查找完后,再找 Student 中第二个元组,然后再从头开始扫描 SC,逐一查找满足连接条件的元组,找到后就将 Student 中的第二个元组与该元组拼接起来,形成结果其中一个元组。重复上述操作,直到 Student 中的全部元组都处理完毕为止。这就是嵌套循环算法的基本思想。

如果在 SC 表 Sno 上建立了索引的话,就不用每次全表扫描 SC 表了,而是根据 Sno 值通过索引找到相应的 SC 元组。用索引查询 SC 中满足条件的元组一般会比全表扫描快。

若在等值连接中把目标列中重复的属性列去掉则为自然连接。

上例如果用自然连接完成,则查询表达为:

【例 44】

```
SELECT Student. Sno, Sname, Ssex,Sage, Sdept, Cno, Grade
FROM Student, SC
WHERE Student. Sno = SC. Sno;
```

解题说明:

在描述字段时,如果源表中有重复字段,需要用"<表名>.<字段名>"说明,即在字段前加表名限定。对于不重复的字段,可直接写字段名。

该例中,由于 Sname,Ssex,Sage,Sdept,Cno 和 Grade 属性列在 Student 表与 SC 表中是唯一的,因此引用时可以去掉表名前缀。而 Sno 在两个表中都出现了,因此引用时必须加上表名前缀。

【例 45】 求选修课程号为 '03001' 且成绩为 90 分以上的学生学号、姓名及成绩。

```
SELECT Student. Sno, Sname, Grade
FROM Student, SC
WHERE Student. Sno = SC. Sno AND Cno = '03001'AND Grade≥90;
```

解题说明：

该查询的一种优化（或更高效）的执行过程是先从 SC 表中挑选出 Cno＝'03001' 且 Grade＞90 的元组形成一个中间关系，再和 Student 表中满足条件的元组进行连接得到最终结果。

连接操作除了可以是两表连接，一个表的自身连接，还可以是两个以上的表进行连接，后者通常称为多表连接。

下面列举一个多表连接的例子，介绍自身连接操作。

【例 46】 求学生的学号、姓名、选修的课程名及成绩。

```
SELECT Student. Sno, Sname, Cname,Grade
FROM Student,SC,Course
WHERE Student. Sno = SC. Sno AND SC. Cno = Course.Cno;
```

解题说明：

在例 43 的连接查询中，WHERE 子句中只有一个条件，即连接谓词。而本题的查询涉及 3 个表，在 WHERE 子句中用 AND 将两个连接条件结合，从而实现了 3 个表连接在一起的操作。即在 WHERE 子句中可以有多个连接条件，称为复合条件连接。

2. 自身连接操作

连接操作不只是在两个表之同进行，一个表内也可以进行自身连接操作。

【例 47】 查询每一门课的间接先行课（即先行课的先行课）。

分析：在 Course 表中，只有每门课的直接先行课信息，先性课是在之前的学期应开设的，而先行课的先行课（即间接先行课）应该至少提前一学年开设，但在 Course 表中并没有先行课的先行课的信息。要得到这个信息，必须先对一门课找到其先行课，再按此先行课的课程号，查找它的先行课程。这就需要对 Course 表进行自身连接。该例参照表 3-5 中 Course 表的数据。

如果查询某门课的间接先行课或全部课程的间接先行课，由 Course 表的数据可以推出课程的间接关系链为：03007→03001→03005→03003→03006。从间接关系链得出，要开信息系统，在前一学期应开设数据库原理课，而前两学期应开设数据结构课。

为此，要为 Course 表取两个别名，一个是 FIRST，另一个是 SECOND（这是两个结果和内容完全相同的两个表）。

完成该查询的 SQL 语句为：

```
SELECT FIRST. Cno, SECOND. Cpno
FROM Course FIRST, Course SECOND
WHERE FIRST. Cpno = SECOND. Cno;
```

解题说明：

① 在同一查询语句中，当一个表有两个不同的功能时，需要对表起别名，应用时使用表

的别名。本例中 FRIST 和 SECOND 分别是 Course 表的别名，FRIST 和 SECOND 分别作为独立的表使用。

② 该题的连接条件是 FRIST 表中的先行课与 SECOND 表中的课程号作等值连接，结果集中"SECOND. Cpno"为"FIRST. Cno"的间接先行课。由于 FRIST 与 SECOND 都是课程表的别名，该例是自身连接操作。

③ 数据库系统在执行该例的操作时，首先按别名形成两个独立的课程表 FRIST 和 SECOND，然后根据要求连接成结果表。

操作的结果集如下所示：

FIRST. Cno	SECOND. Cpno
03001	03003
03002	03006
03005	03006
03007	03005

再看一个自身连接的例子。

【例 48】 找出年龄比"李艺"同学大的学生的姓名及年龄。

```
SELECT S1. Sname,S1. Sage
FROM Student S1, Student S2
WHERE S1. Sage > S2. Sage AND S2. Sname = '李艺';
```

3. 外连接

在前面的连接示例中，只有满足连接条件的元组才能作为结果输出。排除了两个表中没有对应的或匹配的元组情况，这种连接称为内连接。如例 43 的结果表中没有"1703070120""1703070302""1702030315"和"1704030302"这四位学生的信息，原因在于他们没有选课，在 SC 表中没有相应的匹配元组，造成 Student 中这些元组在连接时被舍弃了。

如果要求查询结果集中保留非匹配的元组，例如想以 Student 表为主体列出每个学生的基本情况及其选课情况。若某个学生没有选课，仍把舍弃的 Student 元组保存在结果关系中，而在 SC 表的属性上填空值(Null)，这时就要执行外部连接操作，外连接的概念已经在专门的关系运算(2.4.2节)中讲解过。

可以如下改写例 44，见例 49。

【例 49】

```
SELECT Student. Sno, Sname, Ssex, Sage, Sdept, Cno, Grade
FROM Student LEFT OUTER JOIN SC ON( Student. Sno = SC. Sno);
```

也可以使用 USING 来去掉结果中的重复值：

```
FROM Student LEFT OUT JOIN SC USING (Sno);
```

SQL 的外部连接分左外部连接和右外部连接两种。左外部连接操作是在结果集中保留连接表达式左边关系中(如本例的 Student)的非匹配记录，右外部连接操作是在结果集中保留连接表达式右边关系中的非匹配记录。

输出结果为：

Student. Sno	Sname	Sage	Ssex	Sdept	Cno	Grade
1703070101	李艺	18	女	信息学院	03001	76
1703070101	李艺	18	女	信息学院	03002	80
1703070101	李艺	18	女	信息学院	03003	90
1703070211	王一	19	男	信息学院	03001	90
1703070211	王一	19	男	信息学院	03002	85
1703070211	王一	19	男	信息学院	03003	80
1703070125	吴波	19	男	信息学院	03002	60
1703070125	吴波	19	男	信息学院	03004	80
1701030302	张恒	17	女	机械学院	03003	84
1701030302	张恒	17	女	机械学院	03006	54
1701030322	赵冬	20	男	机械学院	03006	33
1701030322	赵冬	20	男	机械学院	03001	57
1703070120	张欣	18	男	信息学院	NULL	NULL
1703070302	何穗	18	女	信息学院	NULL	NULL
1702030315	张旭	19	男	汽车学院	NULL	NULL
1704030302	吴桐	18	女	经贸学院	NULL	NULL

要注意的是,有的 DBMS 的外连接可能有如下表示：左外部连接符号为"＊＝",右外部链接符号为"＝＊"。外部链接不匹配的分量用 NULL 表示。

3.3.4 嵌套查询

在 SQL 语言中,一个 SELECT-FROM-WHERE 语句称为一个查询块。将一个查询快嵌套在另一个查询块的 WHERE 子句或 HAVING 短语的条件中的查询称为子查询。即在 WHERE 子句或 HAVING 短语的条件中可以包含另一个称为子查询的查询。采用子查询的查询又称为嵌套查询(Nested Query)。

查询过程一般是由里向外进行处理。即每个子查询在上一级查询处理之前求解,子查询的结果用于建立其父查询的查找条件。具体实现为：SELECT 语句中先用子查询查出某个(些)表的值,主查询根据这些值再去查另一个(些)表的内容。子查询总是括在圆括号中,作为表达式的可选部分出现在条件比较运算符的右边,有选择地跟在 IN、ANY(SOME)、ALL 和 EXIST 等谓词后面。例如：

```
SELECT Sname                    /＊外层查询或父查询＊/
FROM Student
WHERE Sage>
  (SELECT AVG(Sage )            /＊内层查询或子查询＊/
   FROM Student);
```

本例中,下层查询块 SELECT AVG(Sage) FROM Student 是嵌套在上层查询 SELECT Sname FROM Student WHERE Sage>的 WHERE 条件中的。上层的查询块称

为外层查询或父查询,下层查询块称为内层查询或子查询。

SQL 语言允许多层嵌套查询。即一个子查询中还可以嵌套其他子查询。多层嵌套查询使得可以用多个简单查询构成复杂的查询,从而增强 SQL 的查询能力。以层层嵌套的方式来构造程序正是 SQL 语言"结构化"的含义所在。需要特别强调的是,子查询的 SELECT 语句不能使用 ORDER BY 子句。因为 ORDER BY 子句只能对最终查询结果排序。

1. 带有比较运算符的子查询

带有比较运算符的子查询是指父查询与子查询之间用比较运算符进行连接。当用户能确切知道内层查询返回的是单值时,因此可以用>、<、=、>=、<=、<>或!=等比较运算符。

【例 50】 查询与"李艺"年龄相同的学生的学号和姓名。

```
SELECT   Sno, Sname
FROM Student
WHERE Sage = (SELECT Sage
                FROM Student
                 WHERE Sname = '李艺');
```

需要注意的是,在有的 DBMS 中,子查询一定要跟在比较符之后,例如下列写法是错误的:

```
SELECT   Sno, Sname
FROM Student
WHERE (SELECT Sage
           FROM Student
             WHERE Sname = '李艺') = Sage;
```

但在 SQL SERVER 2014 允许这样的表示。

2. 带有 IN 谓词的子查询

在嵌套查询中,子查询的结果往往是一个集合,所以谓词 IN 是嵌套查询中最经常使用的谓词。

【例 51】 查询与"李艺"在同一个学院学习的学生。

先分步来完成此查询,然后再构造嵌套查询。

① 确定"李艺"所属学院

```
SELECT Sdept
FROM Student
WHERE Sname = '李艺';
```

结果为:

信息学院

② 查找所有在信息学院学习的学生。

```
SELECT Sno, Sname, Sdept
FROM Student
```

```
WHERE Sdept = '信息学院',
```

输出结果为:

学号	姓名	所属学院
1703070101	李艺	信息学院
1703070211	王一	信息学院
1703070120	张欣	信息学院
1703070125	吴波	信息学院
1703070302	何穗	信息学院

将第一步查询嵌入到第二步查询的条件中,构造嵌套查询如下:

```
SELECT Sno, Sname, Sdept
FROM Student
WHERE Sdept IN
      (SELECT Sdept
       FROM Student
       WHERE Sname = '李艺');
```

本例中,子查询的查询条件不依赖于父查询,称为不相关子查询。一种求解方法是由里向外处理,即先执行子查询,子查询的结果用于建立其父查询的查找条件。得到如下的语句:

```
SELECT Sno, Sname, Sdept
FROM Student
WHERE Sdept IN('信息学院');
```

然后执行该语句。

本例中的查询也可以用自身连接来完成:

```
SELECT FIRST. Sno, FIRST. Sname, FIRST. Sdept
FROM Student FIRST, Student SECOND
WHERE FIRST. Sdept = SECOND. Sdept AND SECOND.Sname = '李艺';
```

可见,实现同一个查询可以有多种方法,当然不同的方法其执行效率可能会有差别,甚至会差别很大。这就是数据库编程人员应该掌握的数据库性能调优技术,有兴趣的读者可以参考相关文献资料,包括具体产品的性能调优方法。

【例 52】 查询选修了课程名为"数据库原理"的学生学号和姓名。

本查询涉及学号、姓名和课程名 3 个属性。学号和姓名存放在 Student 表中,课程名存放在 Course 表中,但 Student 与 Course 两个表之间没有直接联系,必须通过 SC 表建立它们二者之间的联系。所以本查询实际上涉及 3 个表。

```
SELECT Sno, Sname
FROM Student                    /* 最后在 Student 关系中取出 Sno 和 Sname */
WHERE Sno IN
      ( SELECT Sno              /* 然后在 SC 关系中找出选修了 3 号课程的学生学号 */
        FROM SC
```

```
WHERE Cno IN
    (SELECT Cno
     FROM Course
     WHERE Cname = '数据库原理')
);
```

本例有更简单的实现方法：

```
SELECT Student. Sno, Sname
FROM Student, SC, Course
WHERE Student. Sno = SC. Sno AND
      SC. Cno = Course. Cno AND
      Course.Cname = '数据库原理';
```

从以上的例子可以看到，查询涉及多个关系时，用嵌套查询逐步求解，层次清楚，易于构造，具有结构化程序设计的优点。

有些嵌套查询可以用连接运算替代，有些是不能代替的。对于可以用连接运算代替的嵌套查询，到底采用哪种方法用户可以根据自己的习惯确定。

例 50～例 52 中子查询的查询条件不依赖于父查询，这类查询称为不相关子查询。不相关子查询是较简单的一类子查询。如果子查询的条件依赖外层父查询的某个列值，即当一个子查询的判断条件涉及一个来自外部查询的列时，这类子查询称为相关子查询（Correlated Subquerynested Query），整个查询语句称为相关嵌套查询（Correlated Nested Query）语句。相关子查询要用到存在谓词 EXISTS 和 NOT EXIST，或者 ALL、ANY 等。

3. 带有 ANY(SOME)或 ALL 谓词的子查询

子查询返回单值可以用比较运算符，但返回多值时要用 ANY（有的系统用 SOME），或 ALL 谓词。谓词 ANY(SOME)的语义是指：某些值；ALL 的语义是指：所有值。而使用 ANY 或 ALL 谓词时则必须同时使用比较运算符。谓词 ALL、ANY(SOME)使用的一般格式为：

<列名><比较运算符> ALL| ANY(子查询)

其语义为：

> ANY 大于子查询结果中的某个值，即表示大于查询结果中的最小值
> ALL 大于子查询结果中的所有值，即表示大于查询结果中的最大值
< ANY 小于子查询结果中的某个值，即表示小于查询结果中的最大值
< ALL 小于子查询结果中的所有值，即表示小于查询结果中的最小值
> = ANY 大于等于子查询结果中的某个值，即表示大于等于查询结果中的最小值
> = ALL 大于等于子查询结果中的所有值，即表示大于等于查询结果中的最大值
< = ANY 小于等于子查询结果中的某个值，即表示小于等于查询结果中的最大值
< = ALL 小于等于子查询结果中的所有值，即表示小于等于查询结果中的最小值
 = ANY 等于子查询结果中的某个值，即相当于 IN
 = ALL 等于子查询结果中的所有值（通常没有实际意义）
!= (或<>)ANY 不等于子查询结果中的某个值
!= (或<>)ALL 不等于子查询结果中的任何一个值，等价于 NOT IN。

此外，= SOME 等价于 IN。

【**例 53**】 找出平均成绩最高的学生号。

```
SELECT Sno
FROM SC
GROUP BY Sno
HAVING AVG (Grade) > = ALL
(SELECT AVG (Grade)
FROM SC
GROUP BY Sno);
```

解题说明：

① 该查询在处理时，首先处理子查询，找出每个的学生平均成绩，构成一个集合；然后处理父查询，找出平均成绩大于集合中所有值的学生的学号。

② 该例的子查询嵌套在 HAVING 选择条件中，并在父查询和子查询中都使用了分组子句。

【**例 54**】 找出有一门选课成绩在 90 分以上的学生的姓名。

```
SELECT   Sname
FROM   Student
WHERE   Sno IN
(SELECT DISTINCT Sno
FROM SC
WHERE grade > = 90);
```

例 54 另一种解法：

```
SELECT   Sname
FROM   Student
WHERE   Sno = ANY
(SELECT DISTINCT Sno
FROM SC
WHERE grade > = 90);
```

解题说明：

谓词 IN 的含义是，对于表 Student 中的记录，只有当它的 Sno 在子查询返回的 Sno 在集合中时，WHERE 子句的值才为真。谓词 ANY 的含义是，如果所规定的运算符（这里是＝）对于子查询返回的结果集合中的某一个值为真的话，WHERE 子句的值就为真。

【**例 55**】 查询其他学院中比信息学院某一学生年龄小的学生姓名和年龄。

```
SELECT Sname, Sage, Sdept
FROM Student
WHERE Sage < ANY ( SELECT Sage
                   FROM Student
                   WHERE Sdept = '信息学院')
     AND Sdept <>'信息学院';          /＊注意这是父查询块中的条件＊/
```

解题说明：

① 该查询在处理时，首先处理子查询，找出信息学院的学生年龄，构成一个集合；然后处理父查询，找出年龄小于集合中的某一值且不在信息学院的学生。

② 该例的子查询嵌套在 WHERE 选择条件中,子查询后又有"Sdept <>'信息学院'"选择条件。SQL 中允许表达式中嵌入查询语句。

RDBMS 执行此查询时,首先处理子查询,找出信息学院中所有学生的年龄,构成一个集合(18,19)。然后处理父查询,找出不是信息学院且年龄小于 19 岁或 18 岁的学生。输出结果为:

Sname	Sage	Sdept
张恒	17	机械学院
吴桐	18	经贸学院

本查询也可以用聚集函数来实现。首先用子查询找出信息学院中最大年龄(19),然后查询所有非信息学院且年龄小于 19 岁的学生。SQL 语句如下:

```
SELECT Sname, Sage,Sdept
FROM Student
WHERE Sage <
        ( SELECT MAX ( Sage)
          FROM Student
          WHERE Sdept = '信息学院')
    AND Sdept <>'信息学院';
```

【例 56】 查询其他学院中比信息学院所有学生年龄都小的学生姓名及年龄。

```
SELECT Sname, Sage,Sdept
FROM Student
WHERE Sage < ALL ( SELECT Sage
              FROM Student
              WHERE Sdept = '信息学院')
AND Sdept <>'信息学院';
```

解题说明:

RDBMS 执行此查询时,首先处理子查询,找出信息学院中所有学生的年龄,构成一个集合(19,18)。然后处理父查询,找所有不是信息学院且年龄小于 19 岁,也小于 18 岁的学生。输出结果为:

Sname	Sage	Sdept
张恒	17	机械学院

本查询同样也可以用聚集函数来完成,大家可以自行实现。

事实上,用聚集函数实现子查询通常比直接用 ANY 或 ALL 查询效率要高。因为聚集函数通常能够减少比较次数。ANY、ALL 与聚集函数的对应关系如表 3-9 所示。

表 3-9　ANY(或 SOME)、ALL 谓词与聚集函数、IN 谓词的等价转换关系

	=	<>或!=	<	<=	>	>=
ANY	IN	—	<MAX	<=MAX	>MIN	>=MIN
ALL	—	NOT IN	<MIN	<=MIN	>MAX	>=MAX

表 3-9 中,ANY 等价于 IN 谓词,<ANY 等价于<MAX,<> ALL 等价于 NOT IN 谓词,<ALL 等价于<MIN 等。

4. 带有 EXISTS 谓词的子查询

EXISTS 代表存在量词∃。带有 EXISTS 谓词的子查询不返回任何数据,只产生逻辑真值"true"或逻辑假值"false"。

可以利用 EXISTS 来判断 x∈S、S⊆R、S=R、S∩R 非空等是否成立。

带存在谓词的子查询中,产生逻辑值谓词 EXISTS 作用是若内层查询结果非空,则外层的 WHERE 子句返回真,否则返回假。由 EXISTS 引出的子查询,其目标列表达式通常都用"*",因为 EXISTS 的子查询只返回真值或假值,给出列名无实际意义。

这类查询与前面所述的不相关子查询有一个明显区别,即子查询的查询条件依赖于外层父查询的某个属性值,求解相关子查询不能像求解不相关子查询那样,一次性将子查询求解出来,然后求解父查询。由于相关子查询的内层查询与外层查询有关,因此必须反复求值。相关子查询的一般处理过程是:首先取外层查询表中的第 1 个元组,根据它与内层查询相关的属性值一一进行判断,若 WHERE 子句返回值为真,则取此元组放入结果表;然后再取外层查询表的下一个元组;重复这一过程,直至外层表全部检查完为止。

【例 57】 查询所有选修了 03001 号课程的学生姓名。

```
SELECT  Sname
FROM Student
WHERE EXISTS
    ( SELECT *
      FROM SC
      WHERE   SC.Sno = Student.Sno AND Cno = '03001');
```

该语句的一种可能的执行过程是:

① 从外层查询中取出 Student 的第一个元组,将元组的 Sno 值(1703070101)传送给内层查询。

```
SELECT *
FROM SC
WHERE   Sno = '1703070101';
```

② 执行内层查询,如果 WHERE 子句返回值为真。

③ 执行外层查询,取外层查询中该元组的 Sname 放入结果表。

Sname
李艺

然后外层查询取出 Student 表的下一个元组;重复上述 3 个步骤,直至外层 Student 表全部处理为止。输出结果为:

Sname
李艺
王一
吴波

解题说明：

① 本查询涉及 Student 和 SC 两个表。在处理时，先从 Student 表中依次取每个元组的学号值然后用此值去检查 SC 表中是否有该学号且 Cno 为 '03001' 的元组；若有，则子查询的 WHERE 条件为真，该学生元组中的姓名输出在结果集中。

② 在子查询的条件中，由于当前表为选课 SC 表，故不需要用表名限定属性，而 Student 表（父查询中的源表）中的属性需要用表名限定。

本例中子查询的查询条件依赖于外层父查询的某个属性值（在本例中是 Student 的 Sno），因此是相关子查询。本例的查询也可以用连接运算来实现，读者可以参照有关的例子，自己给出相应的 SQL 语句。

与 EXISTS 谓词相对应的是 NOT EXISTS 谓词，其含义是若内层查询结果为空，则外层的 WHERE 子句返回真值，否则返回假值。

【例 58】 查询没选修 03001 课程的学生学号及姓名。

```
SELECT Sno,Sname
FROM Student
WHERE NOT EXISTS
     (SELECT    *
     FROM SC
     WHERE SC. Sno = Student. Sno AND Cno = '03001');
```

解题说明：

本题与上例不同之处在于本例使用了 NOT EXISTS 操作符，而上例使用的是 EXISTS 操作符。由于 WHERE 子句中的条件是元组选择条件，所以上例可以使用连接查询表示，而本例不能使用下面的连接查询表示：

```
SELECT Sname
FROM    Student,SC
WHERE    SC.Sno = Student.Sno AND Cno <>'03001';
```

SQL 语言可以把带有全称量词的谓词转换为等价的带有存在量词的谓词。

【例 59】 查询没有选任何课程的学生的学号和姓名，

```
SELECT Sno,Sname
FROM Student
WHERE NOT EXISTS
     (SELECT    *
     FROM SC
     WHERE SC. Sno = Student. Sno);
```

执行过程：

① 从外层查询中取出 Student 的第一个元组，将元组的 Sno 值（该例中为 1703070101）传送给内层查询。

```
SELECT *
FROM SC
WHERE    Sno = '1703070101';
```

② 执行内层查询,如果在 SC 表中能找到 Sno = '1703070101'的元组,则 EXISTS 子句返回真值,而外层 WHERE 条件为假值,查询结果表不输出该元组。如果在 SC 表中未找到 SC. Sno=Student. Sno 的元组(如 Sno = '1703070120'),则 EXISTS 子句返回假值,而外层 WHERE 条件则为真值。

③ 执行外层查询,取外层查询中该元组的 Sno 和 Sname 放入结果表。

Sno	Sname
1703070120	张欣
1703070302	何穗
1702030315	张旭
1704030302	吴桐

一些带 EXISTS 或 NOT EXISTS 谓词的子查询不能被其他形式的子查询等价替换,但所有带 IN 谓词、比较运算符、SOME 和 ALL 谓词的子查询都能用带 EXISTS 谓词的子查询等价替换。

3.3.5 集合查询

SELECT 语句的查询结果是元组的集合,将 SELECT 语句的查询结果集再进行集合操作就构成了 SQL 的集合查询。在 SQL 中提供了下列可以直接使用的集合运算谓词:UNION(并操作)、INTERSECT(交操作)和 EXCEPT(差操作)3 种。前提是参加集合运算的两个关系必须具有相等的目,且对应的属性域(即数据类型)也必须相同。

【例 60】 求选修了 03001 课程或选修了 03002 课程的学生学号。

```
SELECT Sno
FROM SC
WHERE Cno = '03001'
UNION
SELECT Sno
FROM SC
WHERE Cno = '03002';
```

输出结果为:

Sno
1701030322
1703070101
1703070125
1703070211

解题说明:

① 由于组合查询的整体是一个查询,故只能在最后一条语句的后面加结束符号“;”,而不能在每个子查询子句后加结束符号。

② 组合查询中的每个子查询结果集的结构应一致。

③ 该题也可以用逻辑运算符 OR 操作查询代替,但查询结果输出显示有所不同。本例

中输出结果只有四个(不包含重复项);而下面的例子包含了重复项。本题的结果为:按学号降序排列,且去掉重复学号。而下面查询结果也为学号降序排列,但没有去掉重复学号。

```
SELECT Sno
FROM SC
WHERE Cno = '03001'OR Cno = '03002';
```

输出结果为:

Sno
1701030322
1703070101
1703070101
1703070125
1703070211
1703070211

【例 61】 求选修'03001'课程,并且也选修'03002'课程的学生学号。

```
SELECT Sno
FROM SC
WHERE Cno = '03001'
INTERSECT
SELECT Sno
FROM SC
WHERE Cno = '03002';
```

输出结果为:

Sno
1703070101
1703070211

解题说明:

① 本例先求出选修'03001'课程学生的学号,再求出选修'03002'课程的学生学号,最后将两者进行交运算,得到既选修'03001'又选修'03002'课程的学生的学号。

② 由于 WHERE 子句是元组选择子句,本例不能使用下面的 AND 操作查询表示:

```
SELECT Sno
FROM SC
WHERE Cno = '03001'AND   Cno = '03002';
```

但是可以用下列操作完成同样的功能:

```
SELECT Sno
FROM SC
WHERE Cno = '03001'AND Sno IN
  (SELECT Sno
```

```
    FROM SC
    WHERE Cno = '03002');
```

【例 62】 求选修了'03001'课程但没有选修'03002'课程的学生学号。

```
SELECT Sno
FROM SC
WHERE Cno = '03001'
EXCEPT
SELECT Sno
FROM SC
WHERE Cno = '03002';
```

输出结果为:

Sno
1701030322

解题说明:

本例先求出选修了'03001'课程的学生学号集合 X,再求出选修了'03002'课程的学生学号集合 Y,最后通过差操作从 X 中减去 Y,得到选修了'03001'课程但没有选修'03002'课程的学生学号。本例也可以用下面的 EXISTS 嵌套查询表示:

```
SELECT Sno
FROM SC SC1
WHERE Cno = '03001'AND NOT EXISTS
  (SELECT Sno
   FROM SC SC2
   WHERE SC1.Sno = SC2.Sno AND Cno = '03002');
```

【例 63】 查询信息学院的学生与年龄不大于 19 岁的学生的差集。

```
SELECT *
FROM Student
WHERE Sdept = '信息学院'
EXCEPT
SELECT *
FROM Student
WHERE Sage <= 19;
```

其实就是查询信息学院中年龄大于 19 岁的学生。

```
SELECT *
FROM Student
WHERE Sdept = '信息学院'AND Sage > 19;
```

3.3.6 SELECT 语句的一般格式

SELECT 语句是 SQL 的核心语句,其语句成分非常多,下面总结一下它们的一般格式。

SELECT 语句的一般格式：

SELECT[ALL|DISTINCT]<目标列表达式>[别名],<目标列表达式>[别名]]… FROM <表名或视图名>[别名][,<表名或视图名>[别名]]… |(< SELECT 语句>)[AS]<别名>
[WHERE <条件表达式>]
[GROUP BY <列名 1 > [HAVING <条件表达式>]]
[ORDER BY < 列名 2 > [ASC|DESC]];

1. 目标列表达式有以下可选格式：

① *

② <表名>. *

③ COUNT([DISTINCT|ALL] *)

④ [<表名>.]<属性列名表达式>[,[<表名>.]<属性列名表达式>]…

其中：<属性列名表达式>可以是由属性列、作用于属性列的聚集函数和常量的任意算术运算（＋、－、*、/）组成的运算公式。

2. 聚集函数的一般格式为：

$$\left.\begin{array}{l} \text{COUNT} \\ \text{SUM} \\ \text{AVG} \\ \text{MAX} \\ \text{MIN} \end{array}\right\} \text{([DISTINCT|ALL]<列名>)}$$

3. WHERE 子句的条件表达式有以下可选格式：

（1）

$$\text{<属性列名>} \quad \theta \quad \left\{\begin{array}{l} \text{<属性列名>} \\ \text{<常量>} \\ \text{[ANY|ALL](SELECT 语句)} \end{array}\right\}$$

（2）

$$\text{<属性列名> [NOT]BETWEEN} \left\{\begin{array}{l} \text{<属性列名>} \\ \text{<常量>} \\ \text{(SELECT 语句)} \end{array}\right\} \text{AND} \left\{\begin{array}{l} \text{<属性列名>} \\ \text{<常量>} \\ \text{(SELECT 语句)} \end{array}\right\}$$

（3）

$$\text{<属性列名> [NOT] IN} \left\{\begin{array}{l} \text{(<值 1 > [,<值 2 >] …)} \\ \text{(SELECT 语句)} \end{array}\right\}$$

（4）<属性列名> [NOT] LIKE <匹配串>

（5）<属性列名> IS [NOT] NULL

（6）[NOT] EXISTS(SELECT 语句)

（7）

$$\text{<条件表达式>} \left\{\begin{array}{l} \text{AND} \\ \text{OR} \end{array}\right\} \text{<条件表达式>} \left[\left\{\begin{array}{l} \text{AND} \\ \text{OR} \end{array}\right\} \text{<条件表达式>}\right] …$$

3.4 数 据 更 新

数据更新是指对数据库表中的数据进行增加、删除、修改的操作,在 SQL 中有相应的三类语句: INSERT(插入)、UPDATE(修改)和 DELETE(删除)。

3.4.1 插入数据

SQL 的数据插入语句 INSERT 通常有两种形式。一种是使用常量,一次插入一个元组;另一种是插入子查询结果,一次可以插入多个元组。

1. 插入元组

插入元组的 INSERT 语句的格式为:

```
INSERT
INTO <表名> [(<属性列 1>[,<属性列 2>...])]
VALUES(<常量 1>[,<常量 2>]...);
```

上述语句的功能是将新元组插入指定表中。其中新元组的属性列 1 的值为常量 1,属性列 2 的值为常量 2……。INTO 子句中没有出现的属性列,新元组在这些列上将取空值。但必须注意的是,在表定义时假如这些属性已定义为 NOT NULL,说明了该属性列不能取空值,它将会出错。如果 INTO 子句中没有指明任何属性列名,则新插入的元组必须在每个属性列上均有值。

【例 64】 将一个新学生元组(学号: 1703070201;姓名: 张晓;性别: 女;所属学院: 信息学院;年龄: 18 岁)插入到 Student 表中。

```
INSERT
INTO Student (Sno, Sname, Ssex, Sdept, Sage)
VALUES ('1703070201','张晓','女','信息学院', 18);
```

解题说明:

在 INTO 子句中指出了表名 Student,指出了新增加的元组在哪些属性上要赋值,属性的顺序可以与 CREATE TABLE 中的顺序不一样。VALUES 子句对新元组的各属性赋值,字符串中常数要用单引号(英文符号)括起来。

【例 65】 将一个新学生记录(学号: 1703070201;姓名: 张晓;性别: 女;所属学院: 信息学院;年龄: 18 岁))插入到学生表 Student 中。

```
INSERT
INTO Student
VALUES('1703070201','张晓',18,'女','信息学院');
```

解题说明:

本题 Student 表后无属性列,VALUES 子句的常量与 Student 表字段的逻辑顺序对应,该字段顺序为学号、姓名、性别、年龄和所属学院。

上述例题不同的是在 INTO 子句中只指出了表名,没有指出属性名,这表示新元组要在表的所有属性列上都指定值,属性列的次序与 CREATE TABLE 中的次序相同。

VALUES 子句对新元组的各属性列赋值,一定要注意值与属性列要一一对应,如果像例 64 那样,VALUES 子句变成('1703070201','张晓','女','信息学院',18)这样的顺序,则含义是将'女'赋给了 Sage,'信息学院'的值赋给了属性列 Ssex,而 18 赋给了属性列 Sdept,这样则会因为数据类型不同而出错。

如果数据类型是相同的两个属性列,就会赋成错误的值。

【例 66】 插入一条选课记录(学号:1703070201;课程号:03001;成绩不详)。

```
INSERT
INTO SC   (Sno,Cno)
VALUES ('1703070201','03001');
```

解题说明:

本例选课表 SC 后的学号 Sno 和课程号 Cno 两个属性与常量"1703070201"和"03001"对应,没有出现在选课表后的成绩属性,插入值为 NULL。由于选课表后列出的属性与定义表时的顺序一致,该例还可以用下面的形式表达:

```
INSERT
INTO SC
VALUES('1703070201','03001',NULL);
```

解题说明:

因为没有指出 SC 的属性名,在 Grade 属性上要明确给出空值。

2. 在表中插入子查询的结果集

子查询不仅可以嵌套在 SELECT 语句中,用以构造父查询的条件(如 3.3.4 节所述)。如果插入的数据需要查询才能得到,则子查询也可以嵌套在 INSERT 语句中,以便将查询得到的结果集作为批量数据输入到表中。

含有子查询的 INSERT 语句的格式为:

```
INSERT
INTO <表名>[(<属性列 1>[,<属性列 2>...)]
<子查询>;
```

【例 67】 求各个课程的平均分数,并把结果存入数据库中。

首先在数据库中建立一个新表,其中一列存放课程号,另一列存放对应课程平均分。

```
CREATE TABLE   Cno_Grade
      (Cno CHAR ( 10),
       Avg_Grade   SMALLINT);
```

然后对 SC 表按课程号分组求平均分,再把课程号和平均分数存入新表中。

```
INSERT
INTO Cno_Grade(Cno,Avg_Grade)
SELECT Cno,AVG(Grade)
FROM SC
GROUP BY Cno;
```

解题说明:

本题首先用 CREATE TABLE 语句建立了学院平均成绩基本表,后又使用 INSERT 语句将在学生选课 SC 表中查询得到的课程号及每门课的平均分插入到平均分表中。

3.4.2 修改元组

修改操作又称为更新操作,其语句的一般格式为:

```
UPDATE <表名>
SET <属性列 1>＝<表达式 1>[,<属性列 2>＝<表达式 2>]...
[WHERE <条件>];
```

SQL 的修改数据语句功能是:将指定表中那些符合 WHERE 子句条件的元组的某些列,用 SET 子句中给出的表达式的值替代。如果省略 WHERE 子句,则表示要修改表中的所有元组。需要指出的是,与 INSERT 类似,在 UPDATE 的 WHERE 子句中也可以嵌入查询语句。

1. 修改某一个元组的值

【例 68】 将学生 1703070101 的年龄改为 19 岁。

```
UPDATE Student
SET Sage = 19
WHERE Sno = '1703070101';
```

2. 修改多个元组的值

【例 69】 将所有学生的年龄增加 1 岁。

```
UPDATE Student
SET Sage = Sage + 1;
```

解题说明:

① 由于该题要求修改全部学生记录,所以不需要 WHERE 子句对修改的记录加以选择。

② SET 子句中的"Sage＝Sage ＋ 1"为赋值语句,它使每个元组用原年龄加上 1 作为新年龄。

3. 带子查询的修改语句

子查询也可以嵌套在 UPDATE 语句中,用以构造修改的条件。

【例 70】 将选课表中的数据库原理课程的成绩乘以 1.2。

```
UPDATE SC
SET Grade = Grade * 1.2
WHERE Cno = (SELECT Cno
             FROM Course
             WHERE Cname = '数据库原理');
```

解题说明:

该例中的元组修改条件是数据库原理课程,而在选课表中只有课程号而无课程名,因此,要通过在课程表中查找课程名为数据库的课程号,才能确定修改的元组,所以该题的 WHERE 子句中使用了子查询。该题也可以表示为以下形式:

```
UPDATE SC
```

```
SET Grade = Grade * 1.2
WHERE'数据库原理' = (SELECT Cname
                      FROM Course
                      WHERE SC.Cno = Course.Cno);
```

【例 71】 当某学生 03001 号课程的成绩低于该门课程的平均成绩时,提高 10%。

```
UPDATE SC
SET Grade = Grade * 1.10
WHERE Cno = '03001' AND Grade <
 (SELECT AVG (Grade)
FROM SC
WHERE Cno = '03001');
```

解题说明:

这里在内层子句中引用了外层 UPDATE 子句中出现的关系名 SC,但这两次引用是不相关的,即这个修改语句执行时,先执行内层 SELECT 语句,然后再对查找到的元组执行修改操作,而不是边找元组边修改。换言之,对要修改的关系中所有元组进行测试是否需要修改后,再对元组进行修改。这样的修改操作在语义上是不会出现问题的,在插入语句和删除语句遇到类似情况时,也是如此进行处理。

3.4.3 删除元组

数据删除语句用 DELETE 语句,其语句的一般格式为:

```
DELETE
FROM <表名>
[WHERE < 条件表达式 >];
```

DELELE 语句的功能是从指定表中删除满足 WHERE 子句条件的所有元组。如果在数据删除语句中省略 WHERE 子句,表示删除表中全部元组,但表的定义仍在字典中。也就是说,DELETE 语句删除的是表中的数据,而不是关于表的定义,即使表中的数据全部被删除,表的定义仍在数据库中。

和 UPDATE 语句一样,DELETE 语句中可以嵌入 SELECT 的查询语句。一个 DELETE 语句只能删除一个表中的元组,它的 FROM 子句中只能有一个表名,不允许有多个表名。即如果需要删除多个表的数据,就需要用多个 DELETE 语句。

1. 删除某一个元组的值

【例 72】 删除学号为 1703070101 学生的选课记录。

```
DELETE
FROM SC
WHERE Sno = '1703070101';
```

解题说明:

需要注意,该删除操作可能破坏参照完整性。

2. 删除多个元组的值

【例 73】 删除所有的学生选课记录。

```
DELETE
```

```
FROM SC
```

解题说明：

这条 DELETE 语句将使 SC 成为空表，它删除了 SC 的所有元组。

3. 带子查询的删除语句

子查询同样也可以嵌套在 DELETE 语句中，用以构造执行删除操作的条件。

【例 74】 删除信息学院的学生记录及选课记录。

```
DELETE
FROM SC
WHERE Sno IN(SELECT Sno
             FROM Student
             WHERE Sdept = '信息学院');
DELETE
FROM Student
WHERE Sdept = '信息学院';
```

解题说明：

该题中使用了两条数据删除语句，一条用于删除学生选课 SC 表，另一条用于删除学生表。由于在删除选课表时需要查询学生表，故不能把这两条语句的执行顺序颠倒。假若先删除了学生记录，就得不到信息学院学生的学号，对应的选课记录就无法删除了。

对某个基本表中数据的增、删、改操作都有可能会破坏参照完整性，在 7.4 节将详细介绍如何进行参照完整性定义、参照完整性检查及违约处理。

3.5 视图的定义和维护

视图是根据外模式(子模式)设计的关系。它是由一个或几个基本表(或已定义的视图)导出的虚表。所谓虚表，就是非物理存在，它不包含真正存储的数据，其内容不占存储空间。即在数据库中只存放视图的定义，而不存放视图对应的数据。而真正物理存在的表称作基本表或实表。

因此，视图最终是定义在基本表之上的，对视图的一切操作最终也要转换为对基本表的操作。既然如此，为什么还要定义视图呢？这是因为视图有以下优点：

3.5.1 视图的作用

1. 简化用户的操作

视图机制可以使用户将注意力集中在所关心的数据上，进而减少用户对数据库中数据结构的调整操作。使用户眼中的数据库结构简单、清晰、并且可以简化用户的复杂查询操作。例如，可以将若干表连接的查询定义为视图，视图将表与表之间的连接操作对用户隐蔽起来了，用户所看到的和使用的是多表连接后的虚表。换句话说，用户所做的指示对一个虚表进行简单的查询操作，而这个虚表是如何得来的，用户无须了解。

2. 视图是用户用来看数据的窗口

视图就像一个窗口，它可以使不同的用户从多种角度以不同的方式看待同一数据。当许多不同种类的用户使用同一个数据库时，这种灵活性是非常重要的。通过视图可以实现各个用户对数据的不同使用要求。任何对基表中所映射的数据更新,通过该窗口在视图可见的范围内都可以自动和实时的再现。

3. 对视图的一切操作最终将转换为对基本表的操作

用户对视图允许的更新也将自动和实时地在相应基表所映射的数据上实现。

4. 一定程度上提高了逻辑独立性

在关系数据库中,数据库的重构往往是不可避免的。而有了视图机制,当数据库重构时,有些表结构的变化,如增加新的关系、结构的分解或对原有关系增加新的属性等,用户和用户程序不会受影响。视图对重构数据库提供了一定程度的逻辑独立性。

最常见的重构数据库是将一个基本表"垂直"或"水平"地分成多个基本表。

例如,设原基本表为学生关系(学号,姓名,性别,年龄,所在学院),由于某种原因需要把它分为:

SX(学号,姓名,年龄)
SY(学号,性别,所在学院)

可以利用视图方法使原学生关系表在使用中仍然有效。学生视图为 SX 表和 SY 表自然连接的结果,其定义语句如下:

```
CREATE VIEW 学生(学号,姓名,性别,年龄,所在学院)
AS SELECT SX.学号,SX.姓名,SX.性别,SY.年龄,SY.所在学院
FROM SX, SY
WHERE SX.学号 = SY.学号
```

上例中,尽管数据库的逻辑结构改变了,但由于有视图机制,新建立的视图为应用程序提供了原来使用的关系,使数据库的外模式保持不变。原有的应用程序通过视图仍能查找到数据,所以应用程序不必修改仍可以正常运行。

实际上视图只能提供一定程度的数据独立性。视图与表一样可被查询、删除,即可以像一般的表那样操作,这是由于对视图的更新是有条件的,因此对应用程序中的修改数据语句,会因基本表结构的改变而需要改变修改对象。

5. 提供安全保护

有了视图机制,在设计数据库应用系统时,针对不同用户定义不同的视图,使机密数据不出现在不应看到这些数据的用户视图上。这样就由视图机制自动提供了对机密数据的安全保护功能。

例如 Student 表涉及全校 10 个学院的学生数据,可以在其上定义 10 个视图,每个视图只包含一个学院的学生数据,并只允许每个学院的院长查询和修改自己学院学生的视图。

合理地使用视图能够对系统的设计和用户的使用带来很多方便。

3.5.2 定义视图

SQL 语言用 CREATE VIEW 命令建立视图,其一般格式为:

```
CREATE VIEW <视图名>[{<属性名 1>[,<属性名 2>]...}]
AS <子查询>
[WITH CHECK OPTION];
```

该语句的功能为：定义视图名和视图结构，将<子查询>得到的元组作为视图的内容。

定义视图的格式中，有两点需要说明。

1. WITH CHECK OPTION 选项

选择项 WITH CHECK OPTION 表示在对视图进行 UPDATE、INSERT 和 DELETE 操作时，要保证操作的数据满足视图定义中的谓词条件。该谓词条件是视图子查询中的 WHERE 子句的条件。

2. 组成视图的属性列名全部省略或者全部指定，没有第三种选择

若省略了视图的各个属性列名，则隐含该视图的属性是由子查询中的 SELECT 子句的目标列中的诸字段组成。

必须明确指定组成视图的所有列名的 3 种情况是：

① 某个目标列不是单纯的属性名，而是聚集函数或列表达式。

② 子查询中使用多个表（或视图），并且目标列中含有相同的属性名。

③ 需要在视图中为某个列启用新的、更合适的列名。

其中，子查询可以是任意复杂的 SELECT 语句，但不允许含有 ORDER BY 子句和 DISTINCT 短语。

【例 75】 建立一个只包括女学生学号、姓名和年龄的视图 S_FS。

```
CREATE VIEW S_FS
AS
SELECT   Sno, Sname, Sage
FROM Student
WHERE Ssex = '女';
```

解题说明：

① 该例是由一个基本表生成的视图，并忽略了视图 S_FS 的列名，该视图的属性列由子查询中 SELECT 子句中的 3 个列名组成。

② 本例中子查询的含义是在学生表中查询全体女学生的学号、姓名和年龄。

DBMS 执行 CREATE VIEW 语句的结果只是把视图的定义存入数据字典中，并不执行其中的 SELECT 语句。只有在对视图查询时，才按视图的定义将从基本表中查到的结果集作为视图数据。因基本表随着更新操作在不断变化，所以视图对应的内容是实时、最新的内容，并非总是视图定义时的内容。

【例 76】 建立信息学院学生的视图，并要求进行修改和插入操作时仍需保证该视图只有信息学院的学生记录。

```
CREATE VIEW INFO_Student
AS
SELECT Sno,Sname,Sage,Ssex
FROM    Student
WHERE Sdept = '信息学院'
WITH CHECK OPTION;
```

解题说明：

① 该例是由一个基本表生成的视图，本例忽略了视图的属性列表。

② 本例建立了信息学院全体学生的视图。

③ 这个视图 INFO_Student 是由子查询"SELECT ＊"建立的,INFO_Student 视图的属性列与 Student 表的属性列一一对应。如果以后修改了基本表 Student 的结构,则 Student 表与 INFO_Student 视图的映像关系就被破坏了,该视图就不能正常工作了。为了避免出现这类问题,最好在修改基本表之后删除由该基本表导出的视图,然后再重新建立这个视图。

④ 由于在 INFO_ Student 视图定义时加上了 WITH CHECK OPTION 子句,以后对该视图进行插入、修改和删除操作时,DBMS 会自动加上 Sdept＝'信息学院'的条件。

若一个视图是从单个基本表导出的,并且只是去掉了基本表中的某些行或某些列,但保留了主码,称这类视图为行列子集视图。例 75 和例 76 两个例题定义的视图均由一个基本表构造,均为行列子集视图。

另外,视图不仅可以建立在一个基本表上,还可以由多个基本表(或已经生成的视图)导出,也可以由统计操作或表达式得到。

【例 77】 由学生、课程和选课 3 个基本表,定义一个信息学院的学生成绩视图,其属性包括学号、姓名、课程号、课程名和成绩。

```
CREATE VIEW IS_G( IS_Sno, IS_Sname, IS_Cno, IS_Cname, IS_Grade)
AS SELECT   Student. Sno, Sname, Course. Cno, Cname, Grade
FROM       Student, Course, SC
WHERE      Student. Sno = SC. Sno AND Course. Cno = SC. Cno
            AND Sdept = '信息学院';
```

解题说明:

① 该例是一个由 3 个基本表连接查询构造的视图;

② 由于查询的结果列中有表名限定,所以结果列名不能作为视图的列名,因而在该例中视图名后指定了视图列名。

【例 78】 建立信息学院选修了 03001 号课程且成绩在 90 分以上的学生的视图。

```
CREATE VIEW IS_G90_C1(Sno, Sname, Grade)
AS
SELECT IS_Sno, IS_Sname, IS_Grade
FROM    IS_G
WHERE   IS_Cno = '03001'AND IS_Grade > 90;
```

解题说明:

该例的视图就是建立在 IS_G 视图之上的。

定义基本表时,为了减少数据的冗余,表中只存放基本数据,由基本数据经过各种计算派生出的数据一般是不存储的。但由于视图中的数据并不实际存储,所以定义视图时,可以根据应用的需要,设置一些派生属性列。这些派生属性由于在基本表中并不实际存在,因此也称它们为虚拟列。带虚拟列的视图也称为带表达式的视图。

【例 79】 定义一个反映学生出生年份的视图

```
CREATE VIEW S_BT(Sno, Sname, Sbirth)
AS
SELECT   Sno, Sname, 2017 - Sage
FROM Student;
```

解题说明：

S_BT 视图是一个带有表达式的视图,因而本例必须要指定视图列名。视图中的出生年份是通过计算得到的。

【例 80】 将每个学生的学号、总成绩、平均成绩定义成一个视图。

```
CREATE VIEW S_G(Sno,Gsum,Gavg)
AS SELECT  Sno,SUM(Grade),AVG(Grade)
FROM   SC
GROUP BY  Sno;
```

解题说明：

① S_G 视图是一个带有表达式的视图,由于查询结果中使用了聚集函数,因而本例必须要指定视图列名;

② 该例是一个按学号分组统计的查询构造的视图,该视图是一个分组视图。

3.5.3 删除视图

视图建好后,若导出此视图的基本表被删除,则该视图将失效,但视图定义一般不会被自动删除(除非指定了基本表的级联删除 CASCADE),故要用语句进行显式删除,该语句的一般格式为：

```
DROP VIEW < 视图名 > [CASCADE|RESTRICT ]
```

说明：如果指定了 CACSADE 方式,则进行级联删除。随该视图删除,在该视图上所建的所有视图将全部随之消失。

如果指定了 RESTRICT 方式,则进行限制删除。只有无相关对象(无其他视图、约束等定义涉及)的视图才能被撤销。

视图删除后,视图的定义将从数据字典中删除,如果该视图上导出了其他视图,则这些视图的定义仍存在于数据字典中,但这些视图已失效。为了防止用户在使用时出错,可以使用 CASECADE 级联删除语句,把该视图和由它导出的所有视图一起删除。

【例 81】 删除视图 S_BT

```
DROP VIEW S_BT;
```

【例 82】 删除 IS_G 视图

```
DROP VIEW IS_G;
```

解题说明：

执行此语句时由于 IS_G 视图上还导出了 IS_G90_C1 视图,所以该语句执行后,虽然 IS_G90_C1 视图的定义仍然在数据字典中,但已无法使用,所以需要使用 DROP VIEW IS_G90_C1 将其删除。

3.5.4 查询视图

一旦视图定义好后,用户就可以像对基本表一样对视图进行查询了。也就是说,在前面介绍的对表的各种查询操作都可以作用于视图。

DBMS 执行对视图的查询时,首先要进行有效性检查。涉及基本表、视图等是否在数据库中存在。如果存在,则从数据字典中取出查询涉及的视图的定义,把定义中的子查询和用户对视图的查询结合起来,转换成对基本表的查询,然后再执行这个经过修正的查询。这种将对视图的查询转换为对基本表的查询的过程称为视图的消解(View Resolution)。

【例 83】 查询信息学院学生的视图(在例 76 中)找出年龄小于 20 岁的学生。

```
SELECT Sno, Sname, Sage
FROM INFO_Student
WHERE Sage < 20;
```

本例转换后的查询语句为:

```
SELECT Sno, Sname, Sage
FROM Student
WHERE Sdept = '信息学院' AND Sage < 20;
```

【例 84】 查询选修了 03001 号课程的信息学院的学生学号和姓名。

```
SELECT INFO_Student.Sno, Sname
FROM INFO_Student, SC
WHERE INFO_Student.Sno = SC.Sno AND SC.Cno = '03001';
```

解题说明:

本例的查询涉及视图 INFO_Student(虚表)和基本表 SC,通过这两个表的连接来完成该查询。

在一般情况下,视图查询的转换是直截了当的。但有些情况下,这种转换不能直接进行,查询时就会出现问题,如下例。

【例 85】 在 S_G 视图中(在例 80 中定义的)查询平均成绩在 90 分以上的学生的学号及平均成绩。

```
SELECT Sno, Gavg
FROM S_G
WHERE Gavg >= 90;
```

在例 80 中定义 S_G 视图的子查询为:

```
SELECT Sno, AVG( Grade)
FROM SC
GROUP BY Sno;
```

将本例中的查询语句与定义 S_G 视图的子查询结合,形成下列查询语句:

```
SELECT Sno, AVG( Grade)
FROM SC
WHERE AVG( Grade)>= 90
GROUP BY Sno;
```

因为 WHERE 于句中是不能用聚集函数作为条件表达式的,因此执行此修正后的查询将会出现语法错误。正确转换的查询语句应该是:

```
SELECT Sno, AVG( Grade)
```

```
FROM SC
GROUP BY Sno
HAVING AVG( Grade)> = 90;
```

目前多数关系数据库系统对行列子集视图的查询均能进行正确的转换。但对非行列子集视图的查询(如例85)就不一定能作转换了,因此这类查询应该直接对基本表进行。

3.5.5 更新视图

由于视图是不实际存储数据的虚表,因此对视图的更新,最终要转换为对表的更新,即通过对表的更新来实现视图更新。

更新视图包括插入(INSERT)、删除(DELETE)和修改(UPDATE)三类操作。

目前,大部分数据库产品都能够正确地对视图进行数据查询的操作,但还不能对视图作任意的更新操作,因此视图的更新操作还不能实现逻辑上的数据独立性。

为防止用户通过视图对数据进行增、删、改时,无意或故意操作不属于视图范围内的表的数据,可在定义视图时加上 WITH CHECK OPTION 子句,这样在视图上增、删、改数据时,DBMS 会进一步检查视图定义中的条件,若不满足条件,则拒绝执行该操作。

删除、修改操作,会受到一定的限制。一般的数据库系统只允许对行列子集的视图进行更新操作。行列子集视图是指从单个基本表导出,虽去掉了基本表的某些行和某些列但保留了码。

【例86】 向信息学院学生视图 INFO_Student 中插入一个新的学生记录,其中学号为1703070110,姓名为赵照,年龄为 20 岁,性别为男。

```
INSERT
INTO INFO_Student
VALUES('1703070110', '赵照', 20,'男');
```

转换为对基本表的更新:

```
INSERT
INTO Student (Sno,Sname,Sage,Ssex,Sdept)
VALUES('1703070110', '赵照', 20,'男','信息学院');
```

解题说明:
这里系统自动将所属学院名'信息学院'放入 VALUES 子句中。

【例87】 将信息学院学生视图 INFO_Student 中学号为 1703070110 的学生姓名改为'赵雷'。

```
UPDATE INFO_Student
SET Sname = '赵雷'
WHERE Sno = '1703070110';
```

转换后的更新语句为:

```
UPDATE Student
SET Sname = '赵雷'
WHERE Sno = '1703070110'AND   Sdept = '信息学院';
```

这里系统自动将所属学院名'信息学院'放入 WHERE 子句中。

【例 88】 删除信息学院学生视图 INFO_Student 中学号为 1703070110 的学生元组。

```
DELETE
FROM INFO_Student
WHERE Sno = '1703070110';
```

转换为对基本表的更新:

```
DELETE
FROM Student
WHERE Sno = '1703070110'AND Sdept = '信息学院';
```

同样,这里系统自动将所属学院名'信息学院'放入 WHERE 子句中。

在关系数据库中,并非所有的视图都是可更新的,因为有些视图的更新不能唯一有意义地转换成对相应基本表的更新。

如果想把例 80 视图 S_G 中学号为 1703070101 的学生的平均成绩改成 90 分,SQL 语句如下:

```
UPDATE S_G
SET Gavg = 90
WHERE Sno = '1703070101';
```

前面在例 80 定义的视图 S_G 是由学号、总成绩以及平均成绩三个属性列组成的,其中总成绩和平均成绩二项是由 SC 表中对元组分组后计算成绩以及平均成绩得来的。若想把视图中某学生的平均成绩改成 90 分,则对该视图的更新是无法转换成对基本表 SC 的更新的。因为系统无法修改该生各科成绩。以使其平均成绩成为 90,所以 S_G 视图是不可更新的。

一般地,行列子集视图是可以更新的。除行列子集视图外,还有些视图理论上是可更新的,但它们的确切特征还是尚待研究的课题。还有些视图从理论上就是不可更新的。

目前各个关系数据库系统一般都只允许对行列子集视图进行更新,而且各个系统对视图的更新还有更进一步的规定,由于各系统实现方法上的差异,这些规定也不尽相同。

例如 DB2 规定(其他也有类似的规定):

① 若视图是由两个以上基本表导出的,则此视图不允许更新;

② 若视图的列来自表达式或常数,则不允许对此视图执行 INSERT 和 UPDATE 操作,但允许执行 DELETE 操作;

③ 视图的列来自聚集函数,则此视图不允许更新;

④ 如果视图的定义中含有 GROUP BY 子句,则此视图不允许更新;

⑤ 如果视图的定义中含有 DISTINCT 短语,则此视图不允许更新;

⑥ 如果视图的定义中有嵌套查询,并且内层查询的 FROM 子句中涉及的表也是导出该视图的基本表,则此视图不允许更新;

【例 89】 将成绩在平均成绩之上的元组定义成一个视图 Good_S_C。

```
CREATE VIEW Good_S_C
AS
```

```
SELECT Sno, Cno, Grade
FROM SC
WHERE Grade >
( SELECT AVG (grade )
  FROM SC);
```

导出视图 Good_S_C 的基本表是 SC,内层查询中涉及的表也是 SC,所以视图 Good_S_C 是不允许更新的。

⑦ 一个不允许更新的视图上定义的视图也不允许更新。

应该指出的是,不可更新的视图与不允许更新的视图是两个不同的概念,前者指理论上已证明其是不可更新的视图。后者指实际系统中不支持其更新,但它本身有可能是可更新的视图。

3.6 查 询 优 化

在数据库系统中,最基本、最常用和最复杂的数据操作是数据查询。SQL 语言作为一种描述性语言,并没有给出关于查询执行方法的建议,因此查询首先要被 DBMS 解析,解析后不得不被转化成关系代数表达式。而对于同一个查询要求,通常可对应多个不同形式化相互等价的关系代数表达式。这样,相同的查询要求和结果存在不同的实现策略,系统在执行这些查询策略时所付出的开销会有很大差别。从查询的多个执行策略中进行合理选择的过程就是"查询处理过程中的优化",简称为查询优化。

在关系数据库系统中,以关系数据理论为基础,建立起由系统通过机器自动完成查询优化工作的有效机制,这种机制最为引人注目的结果就是:关系数据库查询语言可以设计成非过程化的。用户只需要向系统表述"做什么",而不需要说明"怎么做"。查询处理和查询优化过程的具体实施完全由系统自动完成。正是在这种意义上,人们称关系数据查询语言为非过程化查询语言。

本节首先介绍关系数据库管理系统的查询处理(Query Processing)步骤,然后介绍查询优化(Query Optimization)技术。查询优化一般可分为代数优化(也称为逻辑优化)和物理优化(也称为非代数优化)。代数优化是指关系代数表达式的优化,物理优化则是指通过存取路径和底层操作算法的选择进行的优化。

查询优化作为 DBMS 的关键技术,对于数据库的性能需求和实际应用有着重要的意义。

3.6.1 查询处理的步骤

在关系数据库系统中,查询处理的任务是将客户端提交给系统的 SQL 语句转换为可执行的、高效率的查询执行计划,然后执行该计划,并返回查询结果。

用户对查询处理的过程是不关心的,用户提交 SQL 语句之后便等待获得查询结果。与之相反,关系数据库系统查询处理所关注的正是由 SQL 语句求出查询结果的全过程。在关系数据库系统中,查询处理可分为 4 个阶段:查询分析、查询检查、查询优化和查询执行,如图 3-4 所示。

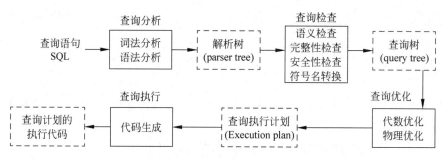

图 3-4　查询处理的步骤

1. 查询分析

首先对合法的查询语句进行扫描,从 SQL 查询语句字符串中识别出语言符号,即根据数据字典中有关的模式定义检查语句中的数据库对象,如 SQL 标识符、数字、运算符、关系名、属性名进行语法检查和语法分析,即判断查询语句是否符合 SQL 语法规则。如果没有语法错误,符合规则的 SQL 语句为其生成相应的解析树(又称语法树),否则便报告语句中出现的语法错误并返回。

2. 查询检查

根据数据字典中模式的上文,对解析树进行语义检查,即检查 SQL 语句中出现的数据库对象(如关系名、属性名、视图名等),是否存在和是否有效。如果是对视图的操作,则要用视图消解方法把对视图的操作转换成对基本表的操作。然后根据数据字典中用户权限和完整性约束的定义,对 SQL 语句的存储权限及是否违反安全性和完整性约束进行检查。如果该用户没有相应的访问权限或违反了完整性约束,就拒绝执行该查询。

检查通过后便把 SQL 查询语句转换成内部表示,即等价的关系代数表达式。这个过程中要把数据库对象的外部名称转换为内部表示。对于通过检查的解析树,将其转换为查询树(Query Tree)来表示扩展的关系代数表达式,其节点为关系代数运算符。如果解析树没有通过上述检查,则向用户报告错误并返回。

3. 查询优化

由于关系代数具有等价变换规则,加之不同存取方法和执行算法的代价不同,每个查询都会有许多可供选择的执行策略和操作算法,查询优化就是选择一个高效执行的查询处理策略。查询优化有多种方法。按照优化的层次一般可将查询优化分为代数优化和物理优化。代数优化是指关系代数表达式的优化,按照关系代数的等价规则对关系代数表达式进行等价变换,改变代数表达式中操作的次序和组合,使查询执行更高效。物理优化则是基于规则(Rule Based)的、基于代价(Cost Based)的或基于语义(Semantic Based)来选择数据存取路径和底层执行算法,使查询效率达到最优或近似最优。实际关系数据库管理系统中的查询优化器都综合运用了这些优化技术,以获得最好的查询优化效果。

在实际的 RDBMS 中,查询优化器往往综合运用多种优化技术,可以说它是查询处理引擎中复杂度最高的模块。查询优化步骤以查询树作为输入,得到经过优化的查询执行计划,一般执行计划也采用树形结构,树节点是为某关系运算符指定的执行算法或存取路径。

4. 查询执行

依照查询执行计划调用为关系运算符指定的算法和存取路径,将中间结果存放到缓冲区中,最后将最终查询结果返回给客户端。

3.6.2 查询执行算法

每一种关系代数运算符都有多种执行算法,本节简要介绍选择运算和连接运算的算法思想及其实现算法。这里仅仅介绍最主要的几个算法,对于其他重要操作的详细实现算法,有兴趣的读者请参阅 RDBMS 实现技术方面的书籍。

1. 选择操作的实现

是针对一个关系表进行的。任何关系都可以通过顺序扫描实现选择运算。

本章的前部分,重点介绍了 SELECT 语句的强大功能,SELECT 语句有许多选项,因此实现的算法和优化策略也很复杂。不失一般性,下面以简单的选择操作为例介绍典型的实现方法。

【例 90】

```
SELECT *
FROM Student
WHERE <条件表达式>;
```

我们首先考虑<条件表达式>的几种情况:

C1:无条件;

C2:Sno='1703070101';

C3:Sage<18;

C4:Sdept='信息学院' AND Sage<18;

由于选择操作只涉及一个关系表进行,一般采用全表扫描或者基于索引的算法。

(1) 简单的全表扫描算法(Table Scan)

假设可以使用的内存为 M 块,全表扫描的算法思想如下:

按照物理次序读 Student 的 M 块到内存。

① 逐一检查每个元组是否满足选择条件,将满足条件的元组作为查询结果输出。

② 如果 Student 还有其他块未被处理,重复①和②。

全表扫描算法只需要很少的内存(最少为 1 块)就可以运行,而且控制简单。如果关系表中元组的数量较少(几百条或几千条),则顺序扫描可以简单、高效地实现选择运算。但对于元组数量较多(几十万条、几百万条)的大规模关系表,且选择率(即满足条件的元组数占全表的比例)较低时,顺序扫描的效率很低。

如果选择条件与关系上建立的索引匹配,可以使用索引快速查找满足条件的元组指针或元组主码,进而通过元组指针直接在基本表中定位元组。如果关系表的规模较大而选择运算结果元组个数占表中元组总个数的比例又较小,则使用索引扫描会获得较高的效果。

(2) 索引扫描算法(Index Scan)

如果选择条件中的属性上有索引(例如 B+树索引或 Hash 索引),可以用索引扫描方法,通过索引先找到满足条件的元组指针,再通过元组指针在查询的基本表中找到元组。

还以例 90 为例说明索引扫描算法。

① 以 C2 为例:Sno='1703070101'为等值比较,并且 Sno 上有索引,则可以使用索引得到 Sno 为'1703070101'元组的指针,然后通过元组指针在 Student 表中检索到该学生元组。

对于等值比较,使用 Hash 索引(即散列表)的效率要高于使用 B+树索引的效率。

② 以 C3 为例:Sage<18 为范围查找,如果属性 Sage 上有 B+树索引,则可以以此为入口点使用该 B+树索引找到 Sage<18 的所有元组指针,然后通过该元组指针到 Student 表中定位相应年龄小于 18 岁的所有学生元组。注意,Hash 索引只支持等值比较而不支持范围查找,B+树索引既支持等值比较又支持范围查找。

③ 以 C4 为例 Sdept='信息学院' AND Sage<18,如果 Sdept 和 Sage 上都有索引,一种算法是,分别用上面两种方法找到 Sdept='信息学院'的一组元组指针和 Sage<18 的另一组元组指针,求这两组指针的交集,再到 Student 表中检索,就得到信息学院且年龄小于18 岁的学生。

另一种算法是,如果属性 Sdept 上有 B+树索引,则使用 Sdep 上的 B+树索引找到 Sdept='信息学院'的所有元组指针,通过这些元组指针到 Student 表中检索相应的学生元组,并对得到的元组检查另一些选择条件 Sage<18 是否满足,将满足条件的元组作为查询结果输出。

一般情况下,当选择率较低时,基于索引的选择算法要优于全表扫描算法。但在某些情况下,例如选择率较高,或者要查找的元组均匀地分布在查找的表中,这时基于索引的选择算法的性能不如全表扫描算法。因为除了对表的扫描操作,还要加上对 B+树索引的扫描操作,对每一个检索码,从 B+树根节点到叶子节点路径上的每个节点都要执行一次 I/O 操作。索引的扫描操作每一个检索码,从 B+树根节点到叶子节点路径上的每个节点都要执行一次 I/O 操作。

2. 连接操作的实现

连接运算是一种二元运算,它涉及两个或者两个以上的关系表。连接操作也是查询处理中最常用也是最耗时的操作之一。人们对它进行了深入的研究,提出了一系列的算法。不失一般性,这里通过例子简单介绍等值连接(或自然连接)最常用的几种算法思想。

下面以等值连接为例,讨论实现连接运算的 4 种常用算法:嵌套循环算法、排序-合并算法、索引连接算法、Hash Join 算法。

【例 91】

```
SELECT *
FROM Student
WHERE Student. Sno = SC. Sno;
```

解题说明:

这是一个内连接查询,其中,Student 为左表,SC 为右表。

(1)嵌套循环算法(Nested Loop Join)

这是最简单可行的算法。对左表(Student 表)的每一个元组,算法都扫描右表(SC 表)的全部元组中的每一个元组,并检查这两个元组在连接属性(Sno)上是否相等。如果满足连接条件,则串接后作为结果输出,直到左表中的元组处理完为止。实际上,嵌套循环连接相当于二重循环。这里讲的是算法思想,在实际实现中数据存取是按照数据块读入内存,而不是按照元组进行 I/O 的。嵌套循环算法是最简单、最通用的连接算法,可以处理包括非等值连接在内的各种连接操作。但是对于规模较大的表,它的执行效率较低。

如果在右表的 Sno 属性上已建立了索引,则可用左表当前元组的 Sno 属性值作关键字查找右表的索引,以获得右表中相应的元组。利用索引可以避免每次都扫描右表的全部元组。

（2）排序-合并算法（Sort-merge Join 或 Merge Join）

这是等值连接常用的算法,尤其适合参与连接的诸表已经排好序的情况。

用排序-合并连接算法的步骤是:

① 如果参与连接的表没有排好序,首先对左表 Student 表和右表 SC 表按连接属性 Sno 的升序排序。

② 取左表 Student 表中第一个元组作为当前元组,从右表的第一个元组开始扫描,将左表当前 Sno 值与右表 Sno 值相等的元组连接起来;依次扫描 SC 表中具有相同 Sno 的元组,把它们连接起来。

③ 当扫到右表中第一个大于左表当前 Sno 值的元组时,停止对右表扫描,返回左表取下一个元组作为当前元组,从上次停止扫描的位置开始继续对右表进行扫描,将左表当前 Sno 值与右表 Sno 值相等的元组连接起来。

重复上述步骤,直到左表中全部元组扫描完毕。

在该算法中,由于左表和右表都是按照连接字段排好序的,因此两表均只需扫描一遍即可。当然,如果两个表原来无序,执行时间要加上对两个表的排序时间。一般来说,对于大表,先排序后使用排序-合并连接算法执行,总的时间一般仍会减少,归并连接的效率仍然是很高的。归并连接算法非常适合于没有索引的两个较大规模表的连接运算。归并连接算法的过程如图 3-5 所示。

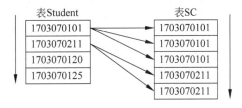

图 3-5　排序-合并连接算法示意图

（3）索引连接（Index Join）算法

用索引连接算法的步骤是:

① 在右表 SC 表上已经建立对属性 Sno 的索引。

② 对左表 Student 中每一个元组,由 Sno 值通过 SC 的索引查找相应的 SC 元组。

③ 把这些 SC 元组和 Student 元组连接起来。

循环执行②③,直到左表 Student 表中的元组处理完为止。

（4）Hash Join 算法

Hash Join 算法是处理等值连接和自然连接的算法。在该算法中,用 Hash 函数划分两个关系的元组。该算法的基本思想是把每个关系的元组划分在连接属性值上具有相同属性值的元组集合。

在 Hash 连接算法中,首先扫描一遍右表 SC 表,用连接字段 Sno 作为 Hash 关键字,将右表的全部元组散列到位于内存的 Hash 表中;然后顺序扫描左表 Student 表,用左表当前元组的 Sno 值作为 Hash 关键字,在内存 Hash 表中定位到相应的右表元组,其中有一部分元组的 Sno 值与左表当前元组的 Sno 值相等,将左表当前元组与这部分元组连接起来。因此,左表和右表也只需扫描一遍,加之内存 Hash 表的查找代价可忽略不计,使得算法执行效率较高。

以上的算法思想可以推广到更加一般的多个表的连接算法上。许多改进的算法请相关参考文献。

3.6.3 查询优化的一般策略

当前,一般系统都是选用代数优化方法。这种方法与具体关系系统的存储技术无关。其基本原理是研究如何对查询代数表达式进行适当的等价变换,即如何安排所涉及的操作的先后执行顺序。其基本原则是尽量减少查询过程中的中间结果,从而以较少的时间和空间执行,取得所需的查询结果。

下面是提高查询效率的常用优化策略。

1. 选择和投影运算尽早执行

选择运算应尽可能先作,在优化策略中这是最重要、最基本的一条。它常常可使执行时间节约几个数量级,因为选择或投影运算常常可以使计算的中间结果大大变小。由于选择运算可能大大减少元组的数量,同时选择运算还可以使用索引存取元组,所以通常认为选择操作应当优先于投影操作。

2. 把某些选择操作与邻接的笛卡儿积相结合,形成一个连接操作

把要执行的笛卡儿积与在它后面要执行的选择结合起来成为一个连接运算,连接(特别是等值连接)运算要比同样关系上的笛卡儿积省很多时间。

$$\sigma_{R.A>S.C}(R \times S) = R \underset{A>C}{\bowtie} S$$

等式前是先做笛卡儿积,再做选择运算,要对表进行两次扫描;等式后是在两表中选出符合条件元组的同时进行连接,对两表各扫描一遍即可完成。另外,相同关系上的连接操作,特别是等值连接操作远比笛卡儿积节省时间。

3. 同时执行相同关系上多个选择运算和投影操作

同时进行投影运算和选择运算。如有若干投影和选择运算,并且它们都对同一个关系操作,则可以在扫描此关系的同时完成所有这些运算以避免重复扫描关系。

例:$\Pi_{Sno}(\sigma_{Grade \geqslant 90}(SC))$执行时,在选出成绩大于 90 分元组的同时进行学号的投影,则对 SC 表扫描一次即可完成。

4. 让投影运算与其邻近的操作结合起来同时执行

把投影同其前或其后的双目运算结合起来,这样可以节省为单独完成投影操作而进行的关系扫描。

例:

$$\Pi_{Sno}(S1 - S2)、S1 \bowtie \Pi_{Sno}(S2)$$

以上两操作均仅对表扫描一遍即可完成。

5. 在执行连接前对关系适当地预处理

预处理方法主要有两种方法:索引连接方法、排序合并连接方法。

索引连接方法是先在关系的连接属性上建立索引,然后执行连接。

排序合并连接方法是先对关系按连接属性进行排序,再执行连接。

设 R.S 如图 3-6 所示,应用排序合并连接方法的自然连接,需要对二个表进行扫描,且各只扫描一遍即可,但必须首先对要连接的表进行排序。一般自然连接 R、S 的扫描的时间复杂度需 $O(m*n)$,而用该方法的时间复杂度仅需 $O(m+n)$。

6. 找出公共子表达式

如果一个反复出现的公共表达式结果不是一个很大的关系,而且从外存中读入它时间

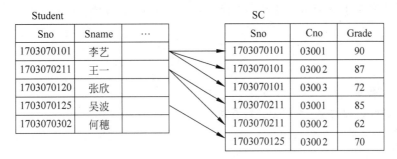

Student				SC		
Sno	Sname	...		Sno	Cno	Grade
1703070101	李艺			1703070101	03001	90
1703070211	王一			1703070101	03002	87
1703070120	张欣			1703070101	03003	72
1703070125	吴波			1703070211	03001	85
1703070302	何穗			1703070211	03002	62
				1703070125	03002	70

图 3-6　排序-合并连接方法示例

小于计算该子表达式的时间,则先计算一次公共子表达式并把结果写入中间文件是合算的。当查询视图时,公共表达式是经常出现的。一个程序通常包含多个查询,这些查询可能包含多个公共表达式。

当给定一个关系表达式,可以使用上面的查询优化的策略对这个表达式进行等价变换,产生一个具有较高效率的等价表达式。但是要注意的是,这些策略不能保证一定产生最优化的等价表达式。

有关查询处理和查询优化的详细内容,感兴趣的读者可阅读 RDBMS 实现技术方面的书籍,在此不作过多介绍。

3.7　小　　结

SQL 是关系数据库的标准语言,是介于关系代数和元组演算之间的高度非过程化,用于交互式的一种结构化、非过程化且进行了过程化扩展的查询语言。SQL 是一种声明式语言,不同于传统的命令式编程语言,使用 SQL 只需要描述"做什么",而无须具体指明"怎么做"。SQL 支持数据库系统的 3 级模式结构。

SQL 的核心功能由数据定义语言(DDL)、数据操纵语言(DML)和数据控制语言(DCL)三个部分组成。有时候把设计更新称为数据操纵,或把设计查询与数据更新合称为数据操纵。本章系统地介绍了这三部分的内容。

一个使用 SQL 语言的数据库是表、视图等的集合,它由一个或多个 SQL 模式来定义。用 SQL 可以定义和删除所需的模式、数据库表、视图以及索引;数据查询是 SQL 的核心。声明式的 SELECT 语句提供了全面的数据查询功能,并对数据库中数据进行各种查询和更新操作。包括各种用于查询数据库的语言结构,不仅能进行单表查询,还能进行多表的连接的查询、嵌套查询和集合查询,并能对查询结果进行统计、计算、分组和排序等。本章讲解了 SELECT 语句的各种用法。

SQL 中的数据操纵语言用于更新指定的数据,包括插入新数据(INSERT)、修改已有数据(UPDATE)以及删除数据(DELETE)。

在 SQL 中,定义视图是设计数据库外模式的基本手段。视图是存储在数据库查询定义的虚拟表。数据库中只存放视图的定义,不存放视图对应的数据,数据仍存放在导出视图的基本表中。视图有简化数据查询、保持数据独立性、提供数据安全性等优点。本章介绍了如何定义视图、如何查询视图、如何更新视图以及更新视图的一些限制。

最后简单介绍了查询优化的基本概念。

习　　题

一、简答题

1. SQL 模式、基本表、视图、相关子查询、外连接、查询优化。

2. SQL 语言是一种什么语言？简述 SQL 语言的核心功能由哪些部分组成，其特点是什么？

3. 简述视图与表有何不同？视图有哪些用途？

4. 简述 WHERE 子句与 HAVING 短语的区别。

5. 所有视图是否都可以更新？为什么？

6. 根据关系代数写出 SQL 语句：

(1) $\Pi_{Sno}(\sigma_{Cno='03001'}(SC))$；

(2) $\sigma_{Grade\leqslant100 \wedge Grade\geqslant90}(SC)$；

(3) $\Pi_{Sname}(\sigma_{Grade\geqslant90}(SC)\infty(Student))$。

二、试用 SQL 查询语句表达下列对教学数据库 3 个基本表 S、C、SC 的查询。

S(S#, SNAME, AGE, SEX)
C(C#, CNAME TEACHER)
SC(S#, C#, GRADE)

1. 在表 C 中统计开设课程的教师人数。

2. 求选修 C4 课程的女学生的平均年龄。

3. 求每个学生选修课程(已有成绩)的门数和平均成绩。

4. 统计每个学生选修课程的门数(超过 5 门的学生才统计)。要求输出学生学号和选修门数，查询结果按门数降序排列，若门数相同，按学号升序排列。

5. 检索学号比 WANG 同学大，而年龄比他小的学生姓名。

6. 查询每个学生及其选修的课程名其及成绩。

7. 检索姓名以 L 开头的所有学生的姓名和年龄。

8. 检索年龄大于女同学平均年龄的男学生姓名和年龄。

9. 检索年龄大于所有女同学年龄的男学生的姓名和年龄。

10. 查询选修 2 号课程且成绩在 90 分以上的所有学生。

三、试用 SQL 更新语句对上题中的 3 个基本表进行更新操作。

1. 向基本表 S 中插入一个学生记录('1704110101','zhang',17,'女')；

2. 在 S 表中检索每一门课程成绩都大于等于 80 分的学生学号、姓名和性别，并把检索的信息送到另一个已存在的基本表 STUDENT(S#,SNAME,SEX)中。

3. 在 SC 中删除尚无成绩的选课记录。

4. 把 WANG 同学的选课记录全部删除。

第4章 | 关系模式的规范化设计理论

【本章主要内容】

1. 通过实例简述关系模式规范化设计的必要性。
2. 介绍关系模式中函数依赖及多值依赖的相关概念。
3. 介绍关系模式的范式的相关概念。
4. 详细阐述关系模式的规范化过程。
5. 介绍关系模式分解的理论基础并讨论关系模式分解的算法。

本书前几章讨论了数据库系统的一般概念,介绍了关系数据库、关系模型的基本概念以及关系数据库的标准语言 SQL,接下来将讨论关系数据库设计的相关问题。本章讲述的关系模式的规范化设计理论是数据库设计的理论指南,研究关系模式中各属性之间的数据依赖关系及其对关系模式性能的影响,提供判断关系模式规范化程度的理论标准,讨论关系模式规范化的方法及关系模式分解的算法。

本章主要介绍函数依赖的有关概念,第一范式、第二范式、第三范式、BC 范式及第四范式的定义,重点分析介绍关系模式规范化的方法和关系模式分解的算法。

4.1　规范化问题的提出

在关系数据库应用系统设计过程中,关系模式的设计即数据库逻辑设计是数据库设计的关键步骤。一个完备的关系数据库模式应该包括哪些关系模式,每一个关系模式应该包括哪些属性,这些相互关联的关系模式又如何组合形成关系模型,这些都将决定应用系统运行的状态,进一步决定数据库系统设计的成败。利用关系数据库理论指导数据库的逻辑设计,将关系模式规范化,使每个关系模式中属性之间的数据依赖关系达到合理的程度,由此构建的关系数据库才能保证数据库应用系统的可靠运行,否则,没有理论指导所设计的关系数据库会产生一系列的操作异常问题。

下面通过实例分析未经规范化的关系模式将产生的诸多异常问题及关系模式规范化设计的必要性。

【例1】　设计一个高校教学管理数据库。与学生相关的数据项包括:学生的学号(Sno)、姓名(Sname)、性别(Ssex)、所在系(Sdept)、系主任姓名(Mname)、课程号(Cno)、课程名(Cname)及成绩(Grade)。

解:分析构建的单一的关系模式为:

SCD(Sno,Sname,Ssex,Sdept,Mname,Cno,Cname,Grade)

分析现实世界的客观事实,相关语义如下:

① 一个系有若干学生,但一个学生只属于一个系;

② 一个系只有一名主任;

③ 一个学生可以选修多门课程,每门课程有若干学生选修;

④ 每个学生学习每一门课程有一个成绩。

结合上述语义,SCD 关系模式的一部分数据组成的实例如表 4-1 所示。

表 4-1　关系模式 SCD 实例数据表

Sno	Sname	Ssex	Sdept	Mname	Cno	Cname	Grade
1701010302	张杰	女	机械学院	王伟	01002	工程制图	81
1701010302	张杰	女	机械学院	王伟	01003	理论力学	75
1701020219	赵冬	男	机械学院	王伟	01002	工程制图	62
1701020219	赵冬	男	机械学院	王伟	01004	机械设计	76
1703010208	李丽	女	信息学院	张凯	03001	C 程序设计	93
1703010208	李丽	女	信息学院	张凯	03002	数据结构	87
1703050213	周平	男	信息学院	张凯	03001	C 程序设计	90
1703050213	周平	男	信息学院	张凯	03003	信息论基础	88

结合上述的语义来分析表 4-1 中的数据,关系模式 SCD 操作时会出现以下几方面的问题:

(1) 数据冗余量大

每个系名和系主任的名字存储的次数等于该系的学生人数乘以每个学生选修的课程门数,同时学生的姓名、课程名也都重复存储多次,数据的冗余度很大,浪费了存储空间。

(2) 插入异常

如果某个新系没有招生,尚无学生时,则系名和系主任的信息无法插入到数据库中。因为在这个关系模式中,主码是(Sno,Cno),根据关系的实体完整性约束,主码的值不能为空,没有学生,Sno 和 Cno 均无值,因此不能进行插入操作。

(3) 删除异常

当某系学生全部毕业而没有招生时,要删除全部学生的记录,这时系名、系主任也随之删除,这个系依然存在,但在数据库中却无法找到该系的信息。

(4) 更新异常

如果某系换主任,则该系学生的所有记录都要逐一修改 Mname 的值,如不慎漏改某些记录,就会造成不一致现象,破坏数据的完整性。

综上所述,可以看出关系模式 SCD 不是合理的模式。一个合理的模式不应当发生插入异常、删除异常和更新异常,数据冗余应尽可能少。

对于有问题的关系模式,可以通过模式分解的方法使之规范化,关系模式 SCD 可以分解为四个结构简单的关系模式:

学生关系 Student(Sno,Sname,Ssex,Sdept)

课程关系 Course(Cno,Cname)

选课关系 SC(Sno,Cno,Grade)

系别关系 Dept(Sdept,Mname)

分解后的四个关系模式的实例数据分别如表 4-2～表 4-5 所示。

表 4-2　关系模式 Student 实例数据表

Sno	Sname	Ssex	Sdept
1701010302	张杰	女	机械学院
1701020219	赵冬	男	机械学院
1703010208	李丽	女	信息学院
1703050213	周平	男	信息学院

表 4-3　关系模式 Course 实例数据表

Cno	Cname	Cno	Cname
01002	工程制图	03001	C 程序设计
01003	理论力学	03002	数据结构
01004	机械设计	03003	信息论基础

表 4-4　关系模式 SC 实例数据表

Sno	Cno	Grade
1701010302	01002	81
1701010302	01003	75
1701020219	01002	62
1701020219	01004	76
1703010208	03001	93
1703010208	03002	87
1703050213	03001	90
1703050213	03003	88

表 4-5　关系模式 Dept 实例数据表

Sdept	Mname	Sdept	Mname
机械学院	王伟	信息学院	张凯

对比表 4-1 和分解后的表 4-2～表 4-5 的实例数据可以看出,对于分解后的四个关系模式,数据的冗余度明显降低。当需要插入一个系时,在关系 Dept 中添加一条记录即可,避免了插入异常。当一个系的学生都毕业时,只需在 Student 中删除该系的全部毕业生记录,关系 Dept 中该系的信息仍然存在,不会引起删除异常。同时,由于数据冗余度的降低,数据没有重复存储,也不会引起更新异常。

经过上述实例分析,可以得出结论,对于实际操作存在异常问题的关系模式,通过模式分解可以转换成若干个关系模式的集合,分解后的多个关系模式构成一个较好的、合理的关系数据库模式,能够避免许多异常问题的出现。

4.2　关系模式的规范化

关系模式的规范化理论最早是由关系数据库的创始人 E. F. Codd 提出的,后经许多专家学者进行了多年深入的研究,形成了一整套有关关系数据库设计的理论,成为关系数据库设计的理论指南。

从 1971 年开始,E. F. Codd 相继提出了第一范式、第二范式及第三范式,1974 年,Codd 与 Boyce 合作提出了 Boyce-Codd 范式,1976 年 Fagin 等人又提出了第四范式,后来又有学者提出了第五范式。一个低一级范式的关系模式,通过模式分解转化为若干个高一级范式的关系模式的集合,这种分解过程称为关系模式的规范化(Normalization)。

进一步分析例 1 中关系模式 SCD 出现的诸多操作异常问题,是由于关系模式内部的属性之间相互依赖及相互制约,存在复杂的数据依赖关系,只有根据实际情况分析这些属性之间的数据依赖关系,通过模式分解把一个关系模式分解成两个或多个关系模式,在分解的过程中逐步消除可能引起操作异常的数据依赖,才能获得数据操作性良好的关系模式。

本节介绍关系模式中各属性之间函数依赖及多值依赖的相关概念、关系模式的不同范式等级的要求,以及关系模式规范化的步骤。

4.2.1 函数依赖及码的概念

1. 关系模式的简化表示法

关系模式的完整表示是一个五元组:

$$R(U, D, Dom, F)$$

其中,R 为关系名;U 为关系的属性集合;D 为属性集 U 中属性的数据域;Dom 为属性到域的映射;F 为属性集 U 的数据依赖集。

由于 D 和 Dom 对设计关系模式的作用不大,在讨论关系规范化理论时可以把它们简化掉,因此,关系模式可以用三元组来表示:

$$R(U, F)$$

从上式可以看出,数据依赖是关系模式的要素。数据依赖(Data Dependency)是同一关系中属性间的相互依赖和相互制约。数据依赖包括函数依赖(Functional Dependency, FD)、多值依赖(Multivalued Dependency,MVD)和连接依赖(Join Dependency),数据依赖是关系规范化的理论基础。

2. 函数依赖的概念

函数依赖讨论的是同一关系模式中属性之间的依赖关系,属性之间是否存在函数依赖只与语义有关。下面给出函数依赖的形式化定义。

定义 4.1 设 R(U)是一个属性集 U 上的关系模式,X 和 Y 是 U 的子集。若对于 R(U)的任意一个可能的关系 r,r 中不可能存在两个元组在 X 上的属性值相等,而在 Y 上的属性值不等,则称 X 函数确定 Y 或 Y 函数依赖于 X,记作 X→Y。

函数依赖是属性或属性之间一一对应的关系,它要求按此关系模式建立的任何关系都应满足 F 中的约束条件。以下是相关术语及表示符号。

① 如果 X→Y,但 Y⊆X,则称 X→Y 是平凡的函数依赖。

② 如果 X→Y,但 Y⊄X,则称 X→Y 是非平凡的函数依赖。对于任一关系模式,平凡函数依赖都是必然成立的。如不作特别说明,讨论的都是非平凡的函数依赖。

③ 如果 X→Y,则称 X 为这个函数依赖的决定因素,Y 为依赖因素。

④ 如果 X→Y,并且 Y→X,则记作 X←→Y。

⑤ 如果 Y 函数不依赖于 X,则记作 X ↛ Y。

【例 2】 试确定关系模式 SCD(Sno,Sname,Ssex,Sdept,Mname,Cno,Cname,Grade)中的简单的函数依赖关系。

解：根据关系 SCD 中各属性的语义分析,属性间的函数依赖关系为：

U＝{Sno,Sname,Ssex,Sdept,Mname,Cno,Cname,Grade}

F＝{Sno→Sname, Sno→Ssex,Sno→Sdept, Sdept→Mname,(Sno, Cno)→Grade}

定义 4.2 在 R(U)中,如果 X→Y,并且对于 X 的任何一个真子集 X′,都有 X′ $\nrightarrow$ Y,则称 Y 对 X 完全函数依赖,记作 X $\xrightarrow{f}$ Y；若 X→Y,但 Y 函数不完全依赖于 X,则称 Y 对 X 部分函数依赖,记作 X $\xrightarrow{p}$ Y。

【例 3】 试分析确定关系模式 SCD(Sno,,Sname,Ssex,Sdept,Mname,Cno,Cname,Grade)属性间存在的完全函数依赖及部分函数依赖关系。

解：在关系模式 SCD 中主码为(Sno, Cno),其中完全函数依赖及部分函数依赖关系为：

因为 Sno $\nrightarrow$ Grade,且 Cno $\nrightarrow$ Grade,所以(Sno, Cno) $\xrightarrow{f}$ Grade；

因为 Sno→Sname,所以(Sno, Cno) $\xrightarrow{p}$ Sname；

因为 Sno→Ssex,所以(Sno, Cno) $\xrightarrow{p}$ Ssex；

因为 Sno→Sdept,所以(Sno, Cno) $\xrightarrow{p}$ Sdept；

因为 Cno→Cname,所以(Sno, Cno) $\xrightarrow{p}$ Cname；

定义 4.3 在 R(U)中,如果 X→Y(Y $\nsubseteq$ X),Y $\nrightarrow$ X,Y→Z,Z $\nsubseteq$ Y,则称 Z 对 X 传递函数依赖(transitive functional dependency)。记为：X $\xrightarrow{传递}$ Z；如果 Y→X,即 X←→Y,则 Z 直接依赖于 X,而不是传递函数依赖。

【例 4】 试分析确定关系模式 SCD(Sno,,Sname,Ssex,Sdept,Mname,Cno,Cname,Grade)中的传递函数依赖关系。

解：由于 Sno→Sdept,Sdept→Mname,因此

$$Mname 传递函数依赖于 Sno,即 Sno \xrightarrow{传递} Mname$$

3. 码的概念

本书第 2 章已介绍有关码的定义,本节用函数依赖的概念来定义码。

定义 4.4 设 K 为 R(U,F)中的属性或属性组合。若 K $\xrightarrow{f}$ U,则 K 称为 R 的一个候选码(Candidate Key)；若关系模式 R 有多个候选码,则选定其中的一个作为主码(Primary key)。

称包含在候选码中的属性为主属性(Prime attribute),不包含在任何候选码中的属性称为非主属性(Nonprime attribute)或非码属性(Non-key attribute)。最简单的码是单个属性,最复杂的情况,整个属性组是码,称为全码(All-key)。以后的论述中主码和候选码常简称为码。

【例 5】 确定学生关系 Student(Sno,Sname,Ssex,Sdept)、课程关系 Course(Cno,Cname)及选课关系 SC(Sno,Cno,Grade)的码。

关系模式的规范化设计理论

解：学生关系 Student(Sno,Sname,Ssex,Sdept)的码是单个属性 Sno；

课程关系 Course(Cno,Cname)的码是单个属性 Cno；

选课关系 SC(Sno,Cno,Grade)的码是属性组合(Sno,Cno)。

定义 4.5 关系模式 R(U)中属性或属性组 X 并非 R 的码，但 X 是另一个关系模式的码，则称 X 是 R 的外部码(Foreign key)，也称外码。主码与外码一起提供了表示关系间联系的手段。

【例 6】 确定在选课关系 SC(Sno,Cno,Grade)中的外码。

解：在选课关系 SC(Sno,Cno,Grade)中属性 Cno 不是码，Cno 是课程关系 Course (Cno,Cname)的码，则 Cno 是关系模式 SC 的外码。关系 SC 与关系 Course 之间通过 Cno 进行联系。

4.2.2 关系模式的范式

所谓范式(Normal Form)是指规范化的关系模式，范式是关系模式规范化程度的衡量标准。由于规范化的程度不同，就产生了不同的范式。满足最基本要求的关系模式为第一范式，简称 1NF；在第一范式基础上再满足另外一些约束条件的关系称为第二范式，即 2NF，依此产生第三范式(3NF)、Boyce-Codd 范式(简称 BC 范式，BCNF)、第四范式(4NF)和第五范式(5NF)，某一关系模式 R 为第 n 范式，则简写为 R∈nNF。每种范式都应满足与之相应的约束条件。关系模式的规范化程度越高，则范式级别越高。

各种范式之间的关系如图 4-1 所示，可表示为：5NF⊂4NF⊂BCNF⊂3NF⊂2NF⊂1NF，下面分别介绍各种范式的定义，并详细阐述关系模式逐步分解、范式级别逐步提高的相关实例。

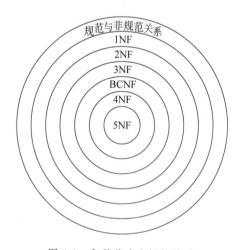

图 4-1　各种范式之间的关系

1. 第一范式

第一范式是关系最基本的规范形式，即关系中每个属性都是不可再分的简单数据项。

定义 4.6 如果关系模式 R 所有的属性均为简单属性，即每个属性都是不可再分的，则称 R 属于第一范式(First Normal Form)，记作 R∈1NF。

满足 1NF 的关系称为规范化关系，不满足 1NF 的关系称为非规范化关系。在关系数据库系统中只讨论规范化的关系,凡是非规范化的关系模式必须转化成规范化的关系,1NF是关系模式应满足的最起码的要求。

关系模式仅仅满足第一范式是不够的,如例 1 中的关系 SCD∈1NF,但会在实际操作中出现插入异常、删除异常、更新异常及数据冗余大等问题。通过例 2、例 3 及例 4 的分析,关系模式 SCD(Sno,Sname,Ssex,Sdept,Mname,Cno,Cname,Grade)中属性间存在多种函数依赖关系,如图 4-2 所示。图中虚线表示部分函数依赖,实线表示完全函数依赖。复杂的函数依赖关系导致了诸多操作异常,只有对关系模式进行分解规范,在规范过程中逐步消除这些复杂的函数依赖关系,使关系模式满足更高的范式要求,才能成为实用的关系模式。

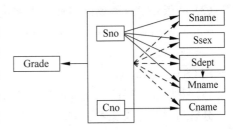

图 4-2　关系模式 SCD 中的函数依赖示意图

2. 第二范式

定义 4.7　如果关系模式 R∈1NF,且每个非主属性都完全函数依赖于 R 的码,则称 R 属于第二范式(Second Normal Form),记作 R∈2NF。如果数据库模式中每个关系模式都是 2NF,则这个数据库模式称为 2NF 的数据库模式。

如果一个关系模式 R 仅满足 1NF 而不满足 2NF,则会出现多种操作异常问题。如例 1 中的关系模式 SCD 的码为(Sno,Cno)的组合,Sname、Ssex、Sdept、Mname、Cname 及 Grade 均为非主属性,经例 3 分析,其中存在多个非主属性对码的部分函数依赖,所以关系模式 SCD⊈2NF。例 1 中已分析过,关系 SCD 在实际操作中将会出现插入异常、删除异常、更新异常及数据冗余大等问题。避免出现异常问题的办法是对关系模式进行规范化,在规范过程中逐步消除复杂的函数依赖关系,使关系模式逐步满足更高的范式要求。

根据上述定义分析,可得到以下结论:

(1) 从 1NF 关系中消除非主属性对码的部分函数依赖,则可使 R∈2NF;

(2) 如果 R 的码为单属性,或 R 的全体属性均为主属性,则 R∈2NF。

将满足 1NF 的关系模式通过投影分解,转换成 2NF 关系模式的集合的过程称为 2NF 规范化。分解的基本原则是让一个关系只描述一个实体或者实体间的联系。如果多于一个实体或联系,则进行投影分解。用模式分解的方法将非第二范式关系分解为多个第二范式关系的集合,消除部分函数依赖的分解过程为:

(1) 用组成码的属性集合的每一个子集作为码构成一个关系模式;

(2) 将依赖于这些码的属性放置到相应的关系模式中;

(3) 最后去掉仅由码的子集构成的关系模式。

【例 7】　将教学管理系统的关系模式 SCD(Sno,Sname,Ssex,Sdept,Mname,Cno,Cname,Grade)规范为 2NF。

解:经过例 2、例 3 及例 4 的分析,已得到关系模式 SCD 中的各种函数依赖关系,如图 4-2 所示,码为(Sno,Cno),其中存在多个非主属性对码的部分函数依赖。

为了消除部分函数依赖,依据上述分解过程对关系模式 SCD(Sno,Sname,Ssex,Sdept,Mname,Cno,Cname,Grade)进行分解,码的子集有三个:Sno、Cno 及(Sno,Cno),分解过程为:

关系模式的规范化设计理论

（1）将该关系模式 SCD 分解为如下三个关系模式（下画线部分表示码）：

SD(Sno,…)

Course(Cno,…)

SC(Sno,Cno,…)

（2）将依赖于这些码的属性放入相应的关系模式中，形成三个关系模式：

SD(Sno,Sname,Ssex,Sdept,Mname)

Course(Cno,Cname)

SC(Sno，Cno，Grade)

（3）去掉仅由码的子集构成的关系模式，本例中没有，不需去掉。

分解后的三个关系模式 SD、Course 及 SC 中的函数依赖关系如图 4-3 所示。

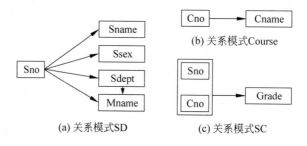

图 4-3　关系模式中的函数依赖示意图

下面分析验证这三个关系是否满足 2NF：

（1）关系 SD(Sno,Sname,Ssex,Sdept,Mname)的码是 Sno,存在函数依赖关系：

$$Sno \xrightarrow{f} Sname, Sno \xrightarrow{f} Ssex, Sno \xrightarrow{f} Sdept, Sno \xrightarrow{f} Mname$$

因此满足第二范式要求,SD∈2NF。

（2）关系 Course(Cno,Cname)的码是 Cno,存在函数依赖关系：

$$Cno \xrightarrow{f} Cname$$

因此满足第二范式要求,Course∈2NF。

（3）关系 SC(Sno，Cno，Grade)的码是(Sno,Cno),存在函数依赖关系：

$$(Sno，Cno) \xrightarrow{f} Grade$$

因此也满足第二范式要求,SC∈2NF。

综上所述,教学管理系统中的每个关系模式都是 2NF,因此这个数据库模式是 2NF 的数据库模式。现在分析一下满足 2NF 的数据库模式是否存在操作异常。

关系模式 SD(Sno,Sname,Ssex,Sdept,Mname)的部分数据如表 4-6 所示。

表 4-6　关系模式 SD 实例数据表

Sno	Sname	Ssex	Sdept	Mname
1701010302	张杰	女	机械学院	王伟
1701020219	赵冬	男	机械学院	王伟
1703010208	李丽	女	信息学院	张凯
1703050213	周平	男	信息学院	张凯

分析表 4-6 所示的数据可以看到,2NF 的关系模式解决了 1NF 中存在的一些问题,但 2NF 的关系模式在进行数据操作时,仍然存在下列操作异常等问题,还需要对其进一步分解,以满足更高级别范式的要求。

（1）数据冗余

表中重复描述每个系名及系主任名,重复的次数与每个系学生人数相同。

（2）插入异常

当新组建一个系时,系主任若已上任,如果该系还没有招生,则无法将该系的系名及系主任名插入到表中,因为主码学号 Sno 为空。

（3）删除异常

若某系学生全部毕业而没有招生时,删除全部学生的记录同时也删除了该系名称等有关信息。

（4）更新异常

当更换系主任时,仍需改动属于该系所有的学生记录。

3. 第三范式

定义 4.8　如果关系模式 R(U,F)∈2NF,且每个非主属性都不传递函数依赖于 R 的码,则称 R(U,F)属于第三范式(Third Normal Form),记作 R∈3NF。

由定义 4.8 可以推出,如果关系模式 R 存在非主属性对码的传递依赖,则 R 不属于第三范式。

分析例 4-7 中的关系模式 SD(Sno, Sname, Ssex, Sdept,Mname),存在函数依赖:

$$Sno \rightarrow Sdept, Sdept \rightarrow Mname$$

$$Sno \xrightarrow{传递} Mname$$

关系模式 SD 中存在传递函数依赖,不属于第三范式。经例 7 分析可知,关系 SD 仍然存在操作异常等问题,因此,需要对其进一步分解,使其成为第三范式关系。

为了消除传递函数依赖,将关系模式规范为第三范式的分解过程为:

（1）对于不是码的每个决定因素,从关系模式中删去依赖于它的所有属性。

（2）新建一个关系模式,新的关系模式中包含原关系模式中所有依赖于该决定因素的属性。

（3）将决定因素作为新关系模式的码。

【例 8】　将关系模式 SD(Sno, Sname, Ssex, Sdept,Mname)规范为 3NF。

解：分析关系模式中各属性的关系,存在两个决定因素 Sno 及 Sdept,SD 的码是 Sno,Sdept 是非码的决定因素。为了消除传递函数依赖,应从关系模式 SD 中删去依赖于 Sdept 的属性 Mname,新建一个关系模式 Dept,包含属性 Sdept 及 Mname,并将属性 Sdept 作为新关系模式 Dept 的码。这样,关系模式 SD 分解后变成的两个关系模式 Student 及 Dept 如下:

Student(Sno, Sname, Ssex, Sdept),码为 Sno。

Dept(Sdept, Mname),码为 Sdept。

分解后关系模式 Student 及 Dept 中属性间的函数依赖关系如图 4-4 所示。

到目前为止,关系模式 SCD(Sno,Sname,Ssex,Sdept,Mname,Cno,Cname,Grade)分

解后形成四个关系模式 Course、SC、Student 及 Dept,各关系模式中的函数依赖关系分别如图 4-3 及图 4-4 所示。

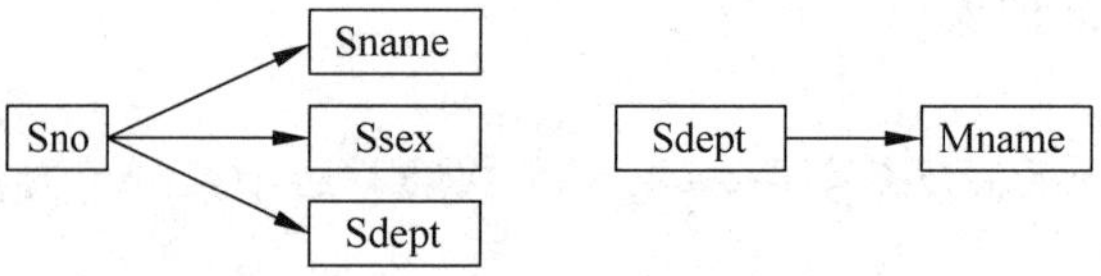

(a) 关系模式Student   (b) 关系模式Dept

图 4-4   关系模式中的函数依赖示意图

下面分析验证四个关系是否满足 3NF。

① 关系模式 Student(Sno,Sname,Ssex,Sdept)中的函数依赖:Sno $\xrightarrow{f}$ Sname,Sno $\xrightarrow{f}$ Ssex,Sno $\xrightarrow{f}$ Sdept,因此关系 Student∈3NF。

② 关系模式 Dept(Sdept,Mname)中的函数依赖:Sdept $\xrightarrow{f}$ Mname,因此关系 Dept∈3NF。

③ 关系模式 Course(Cno,Cname)中的函数依赖:Cno $\xrightarrow{f}$ Cname,因此关系 Course∈3NF。

④ 关系模式 SC(Sno,Cno,Grade)码是(Sno,Cno),存在函数依赖:(Sno,Cno) $\xrightarrow{f}$ Grade,因此关系 SC∈3NF。

经过上述分析,四个关系模式 Student、Dept、Course 及 SC 都满足 3NF 的要求。

本节对关系模式 SCD(Sno,Sname,Ssex,Sdept,Sloc,Cno,Cname,Grade)进行了一系列的函数依赖关系分析及关系模式的逐步分解,将 SCD 分解为四个关系模式,每个关系模式都满足 3NF 的要求。由于 3NF 关系模式中不存在非主属性对码的部分函数依赖和传递函数依赖,在很大程度上消除了数据冗余和操作异常。因此 3NF 是一个可用的关系模式应满足的最低范式,即一个关系模式如果不满足 3NF,实际上是不能使用的。在实际数据库应用系统设计中,一般数据库模式达到 3NF 即可。

4. BC 范式

前面讨论的第二范式和第三范式不允许存在非主属性对码的部分函数依赖和传递函数依赖,但这些定义并没有考虑主属性对候选码的依赖问题。BCNF(Boyce Codd Normal Form)是由 Boyce 和 Codd 共同提出的,它是在考虑了关系中属性对所有候选码的函数依赖的基础上定义的,人们通常认为 BCNF 是修正的 3NF。

定义 4.9   设关系模式 R(U,F)∈1NF,若 X→Y 且 Y⊄X 时 X 必含有码,则 R(U,F)∈BCNF。

即在关系模式 R(U,F)中,如果每一个决定属性集都包含候选码,则 R∈BCNF。

由 BCNF 的定义可以得到结论,一个满足 BCNF 的关系模式有以下性质:

(1)所有非主属性对每一个码都是完全函数依赖。

(2)没有任何属性完全函数依赖于非码的任何一组属性。

对比分析定义 4.8 与定义 4.9,BCNF 和 3NF 的区别主要体现在以下两点:

(1)BCNF 不仅强调非主属性对码的完全的、直接的函数依赖,而且强调主属性对码的

完全的、直接的函数依赖,它包括 3NF,即 R∈BCNF,则 R 一定属于 3NF;

(2) 3NF 只强调非主属性对码的完全的、直接的函数依赖,这样就可能出现主属性对码的部分函数依赖和传递函数依赖。

如果 R∈BCNF,由于 R 消除了任何属性对码的传递依赖与部分依赖,所以一定有 R∈3NF。但是,若 R∈3NF,则 R 未必属于 BCNF。

【例 9】 分析确定关系模式 Student(Sno,Sname,Sdept,Ssex)是否属于 BCNF。

解:假定属性 Sname 具有唯一性,即学生没有重名的,那么关系 Student 有两个码 Sno 及 Sname,这两个码都由单个属性组成,属性间不互相包含。

(1) 非主属性不存在对码的传递依赖与部分依赖,所以关系 Student∈3NF。

(2) 同时关系 Student 中两个决定因素 Sno、Sname 都是码,所以关系 Student∈BCNF。

【例 10】 分析确定关系模式 SNC (Sno, Sname, Cno, Grade)是否属于 BCNF,如果不属于 BCNF 则规范到 BCNF。

解:假定属性 Sname 具有唯一性,则关系模式 SNC 中有两个候选码(Sno,Cno)和(Sname,Cno),存在如下函数依赖:

$$Sno \longleftrightarrow Sname, (Sno, Cno) \rightarrow Grade, (Sname, Cno) \rightarrow Grade$$

非主属性 Grade 不存在对码的传递函数依赖与部分函数依赖,所以关系 SNC∈3NF。但是,由于 Sno←→Sname,说明 Sno 及 Sname 都是决定因素,却都不包含候选码,因此关系 SNC 不属于 BCNF。

不属于 BCNF 的关系模式实际操作时仍然存在不合适的地方,非 BCNF 的关系模式可以通过分解的方法将其转换成 BCNF。BCNF 规范化是指把 3NF 的关系模式通过投影分解转换成 BCNF 关系模式的集合。

将关系模式 SNC(Sno, Sname, Cno, Grade)分解为关系模式 SN(Sno, Sname)和关系模式 SC(Sno, Cno, Grade)。下面讨论分解后的关系模式是否属于 BCNF:

① 关系模式 SN 的候选码为 Sno,其函数依赖为 Sno→Sname,决定因素包含了候选码,因此 SN 属于 BCNF,即 SN∈BCNF;

② 关系模式 SC 的候选键为(Sno, Cno),其函数依赖为(Sno,Cno)→Grade,决定因素包含了候选码,因此 SC 属于 BCNF,即 SC∈BCNF。

如果一个关系数据库中的所有关系模式都属于 BCNF,那么在函数依赖范畴内,这个关系数据库模式已实现了彻底分解,达到了最高的规范化程度,消除了插入异常和删除异常。

5. 多值依赖及第四范式

前面讨论的是基于函数依赖概念的关系模式的规范化问题,根据函数依赖集 F,一个关系模式可以分解成若干个满足 BCNF 的子模式。但函数依赖表示的是关系模式中属性间的一对一或一对多的联系,并不能表示属性间的多对多的联系,因此即使一个关系模式已经规范到 BCNF,实际操作时仍然存在一些异常问题,为了改善其性能,还需要研究多值依赖以及基于多值依赖的第四范式问题。

(1) 多值依赖(Multi-Valued Dependency,MVD)

属于 BCNF 范式的关系模式是否就可以完美地运行了?来看一个例子。

【例 11】 假设学校中某一门课程由多个教师讲授,每门课使用相同的一套参考书。每个教师可以讲授多门课程,每种参考书可以供多门课程使用,试分析该多对多的关系在实际操作中是否出现异常。

解:分析上述课程、教师和参考书之间的多对多的关系,可用非规范化的关系来表示,其具体实例数据如表 4-7 所示。如果把这个非规范化的关系转化成规范化的关系模式 CTB,其具体实例数据如表 4-8 所示。

表 4-7 非规范化关系实例数据表

Cname	Tname	Bname
数据库原理	王浩	数据库系统教程
	李平	数据库原理及应用
计算机网络	张红	计算机网络基础
	刘宁	计算机网络技术

表 4-8 规范化关系 CTB 实例数据表

Cname	Tname	Bname
数据库原理	王浩	数据库系统教程
数据库原理	王浩	数据库原理及应用
数据库原理	李平	数据库系统教程
数据库原理	李平	数据库原理及应用
计算机网络	张红	计算机网络基础
计算机网络	张红	计算机网络技术
计算机网络	刘宁	计算机网络基础
计算机网络	刘宁	计算机网络技术

规范后的关系模式 CTB 的码是(Cname,Tname,Bname),即全码,不存在非码属性,因此关系 CTB 属于 BCNF 范式。下面进一步分析表 4-8 中的数据,可以发现关系 CTB 存在许多问题。

① 数据冗余

课程、教师和参考书都重复出现在不同的元组中。

② 插入异常

若为课程"计算机网络"增加一名讲授教师"刘东"时,需要插入两个元组,即(计算机网络,刘东,计算机网络基础)和(计算机网络,刘东,计算机网络技术)。

③ 删除异常

若为某一门课删除一本参考书,则需要删除与该参考书有关的全部元组。如删除"数据库原理"课程的参考书"数据库系统教程",则需要删除(数据库原理,王浩,数据库系统教程)和(数据库原理,李平,数据库系统教程)两个元组。

综上所述,关系模式 CTB 中数据的增删改都出现问题,同时数据冗余量大,究其原因,其属性间存在前面没有讨论过的另一种数据依赖——多值依赖。

定义 4.10 设 R(U)是属性集 U 上的一个关系模式。X、Y、Z 是 U 的子集,并且 Z=U−X−Y。关系模式 R(U)中多值依赖 X→→Y 成立,当且仅当对 R(U)的任一关系 r,给定的一对(x,z)值,有一组 Y 的值,这组值仅仅决定于 x 值而与 z 值无关。

例如上述实例中的关系 CTB(Cname,Tname,Bname),对于某个(Cname,Bname)属性值组合(计算机网络,计算机网络基础),有对应的 Tname 值{张红,刘宁};对于另一个(Cname,Bname)属性值组合(计算机网络,计算机网络技术),尽管这时参考书 Bname 的值已经改变,对应的 Tname 值仍是{张红,刘宁}。说明教师 Tname 值与参考书 Bname 的值无关,仅仅决定于课程 Cname 的值(计算机网络),因此教师 Tname 多值依赖于课程 Cname,即 Cname→→Tname。同理分析,Cname→→Bname。

多值依赖具有以下性质:

① 多值依赖具有对称性。即若 X→→Y,则 X→→Z,其中 Z=U−X−Y。

② 多值依赖具有传递性。即若 X→→Y,X→→Z,则 X→→Z−Y。

③ 函数依赖可以看作是多值依赖的特殊情况。即若 X→Y,则 X→→Y。这是因为当 X→Y 时,对 X 的每一个值 x,Y 有一个确定的值 y 与之对应,所以 X→→Y。

④ 在多值依赖中,若 X→→Y,而 Z=U−X−Y=Φ,即 Z 为空,则称 X→→Y 为平凡的多值依赖。否则称 X→→Y 为非平凡的多值依赖。

多值依赖与函数依赖相比,具有以下两个基本的区别:

① 多值依赖的有效性与属性集的范围有关。

在关系模式 R(U)中,函数依赖 X→Y 的有效性仅仅决定 X、Y 这两个属性集;在多值依赖中,X→→Y 在 U 上是否成立,不仅与属性集 X、Y 上的值有关,而且与属性集 Z=U−X−Y 上的值有关。因此,如果 X→→Y 在 W(W⊂U)上成立,而在 U 上则不一定成立。

② 多值依赖没有自反律。

如果函数依赖 X→Y 在 R(U)上成立,则对于任何 Y'⊂Y 均有 X→Y' 成立;而多值依赖 X→→Y 若在 R(U)上成立,对于任何 Y'⊂Y 却不一定有 X→→Y' 成立。

(2) 第四范式

定义 4.11　关系模式 R(U,F)∈1NF,如果对于 R 的每个非平凡的多值依赖 X→→Y(Y⊈X),X 都含有码,则 R(U,F)∈4NF。

4NF 就是限制关系模式的属性之间不允许有非平凡且非函数依赖的多值依赖。根据定义,4NF 要求每一个非平凡的多值依赖 X→→Y,X 都含有候选码,则必然是 X→Y,所以 4NF 所允许的非平凡多值依赖实际上是函数依赖。那么一个属于 BCNF 的关系模式,是否一定属于 4NF 呢?

【例 12】　分析确定关系模式 CTB(Cname,Tname,Bname)是否属于 4NF。

解:前面例 11 已分析了关系模式 CTB∈BCNF,但还存在着数据冗余、插入异常和删除异常的问题。关系 CTB 是全码,其中存在非平凡的多值依赖 Cname→→Tname,Cname→→Bname,但决定因素 Cname 不是码。因而关系模式 CTB 不属于 4NF。

在含有多值依赖的关系模式中,减少数据冗余和操作异常的常用方法是将关系模式分解为仅有平凡的多值依赖的关系模式,即规范化为 4NF。如果将关系模式 CTB 分解成两个关系模式 CT(Cname,Tname)和 CB(Cname,Bname),它们的属性间各有一个平凡的多值依赖 Cname→→Tname,Cname→→Bname,因此,关系 CT∈4NF,关系 CB∈4NF。同时,由于在分解后关系模式 CT 及 CB 都是全码,因此关系 CT∈BCNF,关系 CB∈BCNF。

通过上面的分析可以得知:一个 BCNF 的关系模式不一定是 4NF,而 4NF 的关系模式

关系模式的规范化设计理论

必定是 BCNF 的关系模式。对于一个 BCNF 的关系模式,利用投影的方法可以消去非平凡且非函数依赖的多值依赖,将其规范为 4NF 的关系模式。

函数依赖和多位依赖是两种最重要的数据依赖。如果仅考虑函数依赖,则属于 BCNF 的关系模式规范化程度已经达到最高了;如果考虑多值依赖,则属于 4NF 的关系模式规范化程度是最高的。数据依赖中除函数依赖和多值依赖之外,还有其他数据依赖,例如连接依赖。函数依赖是多值依赖的一种特殊情况,而多值依赖实际上又是连接依赖的一种特殊情况。存在连接依赖的关系模式仍可能遇到数据冗余及插入、修改、删除异常等问题。对于属于 4NF 的关系模式,如果消除了其中存在的连接依赖,则可以进一步达到 5NF 的关系模式。本书不讨论连接依赖和 5NF,有兴趣的读者可以参阅有关书籍。

4.2.3 关系模式的规范化步骤

在关系数据库中,对关系模式的基本要求是满足第一范式。在此基础上,为了消除关系模式操作中存在的插入异常、删除异常、修改复杂和数据冗余等问题,需要对关系模式进一步分解,使之逐步达到更高程度的 2NF、3NF、BCNF 及 4NF。

规范化的基本原则是"一事一地"的模式设计原则。即一个关系仅描述一个概念、一个实体或者实体间的一种联系,如果多于一个概念就把它"分离"出去。规范化的过程实质上是对原关系进行投影,逐步消除数据依赖中不合适的部分,使关系数据库模式中的各关系模式逐步达到不同程度的分离的过程。关系规范化的基本步骤如图 4-5 所示,对于一个非规范化关系的规范化过程主要分为以下几步:

(1) 将非规范化的关系中的组合属性分解为不可再分的属性,转换为 1NF 关系;

(2) 消除非主属性对码的部分函数依赖,将 1NF 关系分解为若干个 2NF 关系;

(3) 消除非主属性对码的传递函数依赖,将 2NF 的关系分解为若干个 3NF 的关系;

(4) 消除主属性对码的部分函数依赖和传递函数依赖,得到一组 BCNF 关系;

(5) 消除非平凡且非函数依赖的多值依赖、得到一组 4NF 的关系。

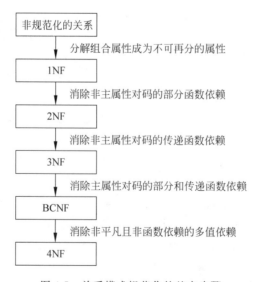

图 4-5　关系模式规范化的基本步骤

一个数据库应用系统的关系模式达到第几范式是合理的,应结合具体应用环境的功能及性能需求来确定。对于只要求查询而不要求插入、删除等操作的系统,操作异常现象对数据库操作的影响并不大,因此不宜过度分解,否则当对系统进行整体查询时,往往影响查询效率。在实际应用中,比较实用的是 3NF 和 BCNF,在进行关系模式的设计时,通常分解到 3NF 就可以使用了。

4.3 关系模式的分解

关系模式规范化过程中采用的主要方法是对关系模式进行分解。本节介绍关系模式分解的理论基础及关系模式分解的算法。

4.3.1 关系模式分解的理论基础

对关系模式的分解需要确定关系中的函数依赖,而在实际的数据库应用系统中要确定所有可能的函数依赖是不现实的。因此有必要讨论如何得到一个表示完整函数依赖的最小函数依赖集。

从已知的函数依赖推导出另一些新的函数依赖,需要一系列推理规则。1974 年 W. W. Armstrong 提出了一套有效而完备的公理系统——Armstrong 公理,利用该公理改进后的推理规则,可以由一组已知函数依赖推导出关系模式的其他函数依赖,Armstrong 公理成为关系模式分解算法的基础。

1. 函数依赖的逻辑蕴涵

对于给定的一组函数依赖,要判断另外一些函数依赖是否成立,即能否从给定的函数依赖导出要判定的函数依赖的问题,是函数依赖的逻辑蕴涵所要研究的内容。例如,$F=\{A \rightarrow B, B \rightarrow C\}$,问 $A \rightarrow C$ 是否成立? 需要有关函数依赖的逻辑蕴涵知识。

定义 4.12 对于满足一组函数依赖 F 的关系模式 R(U,F),其任何一个关系 r,若函数依赖 $X \rightarrow Y$ 都成立(即 r 中任意两元组 t、s,若 $t[X]=s[X]$,则 $t[Y]=s[Y]$),则称 F 逻辑蕴涵 $X \rightarrow Y$,或称函数依赖 $X \rightarrow Y$ 可由 F 导出。

2. Armstrong 公理系统(Armstrong's axiom)

(1) Armstrong 公理

设有关系模式 R(U,F),U 为属性集,F 是 U 上的一组函数依赖集,X、Y、Z、W 均是 U 的子集,对 R(U,F)来说函数依赖的推理规则如下(为简便起见,下面用 XY 表示 $X \cup Y$,依此类推)。

① A1 自反律(reflexivity rule):若 $Y \subseteq X \subseteq U$,则 $X \rightarrow Y$ 为 F 所蕴涵。

例如,对关系模式 SC(Sno,Cno,Grade),根据自反律有下列函数依赖成立:

$$(Sno,Cno) \rightarrow Cno,(Sno,Cno) \rightarrow Sno$$

② A2 增广律(augmentation rule):若 $X \rightarrow Y$ 为 F 所蕴涵,且 $Z \subseteq U$,则 $XZ \rightarrow YZ$ 为 F 所蕴涵。

③ A3 传递律(transitivity rule):若 $X \rightarrow Y$ 及 $Y \rightarrow Z$ 为 F 所蕴涵,则 $X \rightarrow Z$ 为 F 所蕴涵。

(2) Armstrong 公理推理

根据 Armstrong 公理可以得到下面三条很实用的推理规则。

① 合并规则(union rule)：由 X→Y，X→Z，有 X→YZ。

例如，对关系模式 Student(Sno，Sname，Ssex，Sdept)，有 Sno→(Sname，Sdept)，Sno→Ssex，则有 Sno→(Sname，Sdept，Ssex)成立。

② 伪传递规则(pseudo transitivity rule)：由 X→Y，WY→Z，有 XW→Z。

③ 分解规则(decomposition rule)：由 X→Y 及 Z⊆Y，有 X→Z。

根据合并规则和分解规则，很容易得到这样一个重要结论：$X→A_1 A_2 \cdots A_k$ 成立的充分必要条件是 $X→A_i$ 成立($i=1,2,\cdots,k$)。

(3) Armstrong 公理是有效的和完备的

Armstrong 公理的有效性，是指在 F 中根据 Armstrong 公理推导出来的每一个函数依赖一定为 F 所逻辑蕴涵。

Armstrong 公理的完备性，是指 F 所逻辑蕴含的每一个函数依赖，必定可以由 F 出发根据 Armstrong 公理推导出来。

Armstrong 公理系统的作用在于有效而准确地计算函数依赖的逻辑蕴涵，即由已知的函数依赖推出未知的函数依赖。公理的有效性保证按公理推出的所有函数依赖均为真，公理的完备性保证了可以推出所有的函数依赖，这样就保证了计算和推导的可靠性和有效性。

3. 函数依赖集闭包和属性集闭包

(1) 函数依赖集闭包

定义 4.13　在关系模式 R(U,F)中为 F 所逻辑蕴涵的函数依赖的全体叫作 F 的闭包，记为 F^+。

一般情况下，$F≤F^+$。如果 $F=F^+$，则称 F 是函数依赖的完备集。

【例 13】　已知关系模式 R(A,B,C,G,H,I)及其函数依赖集 F={A→B,A→C,CG→H,CG→I,B→H}。判断 A→H、CG→HI 和 AG→I 是否属于 F^+。

解：根据 Armstrong 公理系统：

① 由于 A→B 和 B→H，根据传递律，可推出 A→H。

② 由于 CG→H 和 CG→I，根据合并规则，可推出 CG→HI。

③ 由于 A→C 和 CG→I，根据伪传递规则，可推出 AG→I。

因此，A→H、CG→HI 和 AG→I 均属于 F^+。

(2) 属性集闭包

对于关系模式 R(U)上的函数依赖集 F，运用推理规则可以推出另外一些函数依赖，F 逻辑蕴涵的所有函数依赖构成 F 的闭包 F^+。在实际项目中，人们往往需要知道某个函数依赖 X→Y 是否成立，如果已经计算出 F^+，只要检查该函数依赖是否在 F^+ 中就能得到结果。然而计算 F^+ 是一个相当复杂且困难的问题。为了解决这个问题，人们把计算 F^+ 简化为计算属性集的闭包 X_F^+。首先确定每一组会在函数依赖 X→Y 左边出现的属性组 X，然后确定所有依赖于 X 的属性组 X_F^+，X_F^+ 称为 X 在 F 下的闭包。

判定函数依赖 X→Y 是否能由 F 导出的问题，可转化为求 X_F^+ 并判定 Y 是否是 X_F^+ 子集的问题。即求函数依赖集闭包问题可转化为求属性集闭包问题。下面给出属性集闭包 X_F^+ 的定义和计算 X_F^+ 的算法。

定义 4.14　设有关系模式 R(U,F)，U 为 R 的属性集，F 是 R 上的函数依赖集，X 是 U 的一个子集(X⊆U)。用 Armstrong 公理从 F 推出的函数依赖 X→A 中所有 A 的集合，称为属性集 X 关于 F 的闭包，记为 X^+ 或 X_F^+，即：

$$X_F^+ = \{A \mid X \rightarrow A \in F^+\}$$

对关系模式 R(U,F),求属性集 X 相对于函数依赖集 F 的闭包 X_F^+ 的算法如下。

① 选 X 作为闭包 X_F^+ 的初值 $X^{(0)} = X, i = 0$。

② 如果 F 中有某个函数依赖 $Y \rightarrow Z$ 满足 $Y \subseteq X_F^+$,则 $X^{(i+1)} = X^{(i)} \bigcup Z$。

③ 如果 $X^{(i)} = X^{(i+1)}$ 或 $X^{(i)} = U$,则 $X_F^+ = X^{(i)}$,算法终止。

④ 否则,$i = i+1$,返回第②步。

【例14】 已知关系模式 R(U,F),其中 $U = \{A,B,C,D,E\}$,$F = \{(AB) \rightarrow C, B \rightarrow D, C \rightarrow E, (CE) \rightarrow B, (AC) \rightarrow B\}$,计算 $(AB)_F^+$。

解:

① 设初值 $(AB)^{(0)} = AB$。

② 计算 $(AB)^{(1)}$。

对于 $(AB)^{(0)}$ 中的 AB,有 $(AB) \rightarrow C$;对于 $(AB)^{(0)}$ 中的 B,有 $B \rightarrow D$,则
$$(AB)^{(1)} = (AB)^{(0)} \bigcup CD = ABCD$$

对于 $(AB)^{(1)}$ 中的 C,有 $C \rightarrow E$,则
$$(AB)^{(2)} = (AB)^{(1)} \bigcup E = ABCDE$$

③ 由于 $(AB)^{(2)} = U$,因此计算完毕。

结果 $(AB)_F^+ = (AB)^{(2)} = ABCDE = \{A,B,C,D,E\}$。

4. 候选码的求解方法

有关候选码的定义,本书4.2节已有介绍,这里讨论利用属性集闭包求解关系模式的候选码的方法。

对于给定的关系模式 $R(A_1, A_2, \cdots, A_n)$ 和函数依赖集 F,可将其属性分为如下四类。

① L 类:仅出现在 F 中的函数依赖左部的属性。

② R 类:仅出现在 F 中的函数依赖右部的属性。

③ N 类:在 F 中的函数依赖的左部和右部均不出现的属性。

④ LR 类:在 F 中的函数依赖的左部和右部均出现的属性。

对于 R 中的属性集 X 有以下结论。

① 若 X 是 L 类属性,则 X 一定包含在关系模式 R 的任何一个候选码中,若 X^+ 包含了 R 的全部属性,则 X 为 R 的唯一候选码。

② 若 X 是 R 类属性,则 X 不在 R 的任何一个候选码中。

③ 若 X 是 N 类属性,则 X 一定包含在 R 的任何一个候选码中。

④ 若 X 是 LR 类属性,则 X 可能包含在 R 的某个候选码中。

【例15】 设有关系模式 R(U,F),其中 $U = \{A,B,C,D\}$,$F = \{D \rightarrow B, B \rightarrow D, AD \rightarrow B, AC \rightarrow D\}$,求 R 的所有候选码。

解:分析 F 中的函数依赖,发现 A、C 两个属性是 L 类属性,因此 A、C 两个属性必定在 R 的任何一个候选码中;又由于 $(AC)^+ = ABCD$,即 $(AC)^+$ 包含了 R 的全部属性,因此,AC 是 R 的唯一候选码。

【例16】 设有关系模式 R(U,F),其中 $U = \{A,B,C,D,E\}$,$F = \{A \rightarrow BC, CD \rightarrow E, B \rightarrow D, E \rightarrow A\}$,求 R 的所有候选码。

解:① 分析 F 中的函数依赖,发现关系模式 R 中没有 L 类、R 类和 N 类属性,所有的

属性都是 LR 类属性。因此,依次求出属性 A、B、C、D、E 的闭包:

$$A^+ = ABCDE$$
$$B^+ = BD$$
$$C^+ = C$$
$$D^+ = D$$
$$E^+ = ABCDE$$

由于 A^+ 和 E^+ 都包含了 R 的全部属性,因此 A 和 E 分别是 R 的一个候选码。

② 从 R 中任意取出两个属性组成属性集,分别求属性集的闭包。由于 A、E 已是 R 的候选码,因此分别求出属性集 BC、BD、CD 的闭包:

$$(BC)^+ = ABCDE$$
$$(BD)^+ = BD$$
$$(CD)^+ = ABCDE$$

因此,BC 和 CD 分别是 R 的一个候选码。

求解结果,关系模式 R 的全部候选键为:A、E、BC 和 CD。

5. 函数依赖集的等价和覆盖

(1) 函数依赖集的等价的概念

定义 4.15 设 F 和 G 是关系模式 R(U) 的两个函数依赖集,如果 $F^+ = G^+$,则称 F 与 G 等价。F 与 G 等价也称 F 是 G 的覆盖,或 G 是 F 的覆盖。

定理 4.1 $F^+ = G^+$ 的充分必要条件是 $F \subseteq G^+$ 且 $G \subseteq F^+$。

(2) 判定两个函数依赖集等价的方法

分析定义可知,判断 F 和 G 是否等价就是要判断它们是否相互覆盖。要求同时检验 $F \subseteq G^+$ 及 $G \subseteq F^+$,如果两者都成立才能确定 F 和 G 等价。判断具体方法是:

① 在 G 上计算 X_G^+,逐一检查 F 中的函数依赖 X→Y,如果满足 $Y \subseteq X_G^+$,则说明 X→Y∈G^+,继续检查 F 中的其他依赖,如果全部满足 X→Y∈G^+,则 $F \subseteq G^+$。

② 如果在检查中发现有一个 X→Y 不属于 G^+,就可以判定 $F \subseteq G^+$ 不成立,则 F 和 G 不等价。

③ 如果已判定 $F \subseteq G^+$ 成立,则同理判定 $G \subseteq F^+$ 是否成立,如果成立,则可以判定 F 和 G 等价。

6. 函数依赖集的最小化

(1) 最小函数依赖集的定义

定义 4.16 如果函数依赖集 F 满足下列条件,则称 F 为一个极小函数依赖集,也称为最小依赖集或最小覆盖。

① F 中任一函数依赖的右部仅有一个属性。

② F 中不存在这样的函数依赖 X→A,使得 F 与 F−{X→A} 等价。

③ F 中不存在这样的函数依赖 X→A,X 有真子集 Z 使得 F−{X→A} ∪ {Z→A} 与 F 等价。

以上定义中条件①要求在最小函数依赖集中的所有函数依赖都应该是"右端没有多余的属性"的最简单的形式;条件②要求最小函数依赖集中无多余的函数依赖;条件③要求最小函数依赖集中的每个函数依赖的左端没有多余的属性。

【例 17】 设有如下两个函数依赖集 F_1、F_2，分别判断它们是否是极小函数依赖集。

$$F_1 = \{AB{\to}CD, BE{\to}C, C{\to}G\}$$

$$F_2 = \{A{\to}D, B{\to}A, A{\to}C, B{\to}D, D{\to}C\}$$

解： ① 由于 F_1 中函数依赖 $AB{\to}CD$ 的右部不是单个属性，因此，函数依赖集 F_1 不是极小函数依赖集。

② 由于 F_2 中 $A{\to}C$ 可由 $A{\to}D$ 和 $D{\to}C$ 导出，因此 $A{\to}C$ 是 F_2 中的多余函数依赖，所以 F_2 也不是极小函数依赖集。

（2）最小函数依赖集的求法

定理 4.2 每一个函数依赖集 F 均等价于一个极小函数依赖集 F_m，此 F_m 称为 F 的最小依赖集。

证明： 这是一个构造性的证明，分三步对 F 进行极小化处理，找出 F 的一个最小依赖集。证明的过程也是计算最小函数依赖集的算法。

① 使 F 中每个函数依赖的右部都只有一个属性。

逐一检查 F 中各函数依赖 $X{\to}Y$，若 $Y = A_1 A_2 \cdots A_k (k \geqslant 2)$，则用 $\{X{\to}A_j | j=1,2,\cdots k\}$ 取代 $X{\to}Y$。

② 去掉多余的函数依赖。

逐一检查 F 中各函数依赖 $X{\to}A$，令 $G = F - \{X{\to}A\}$，若 $A \in X_G{}^+$，则从 F 中去掉 $X{\to}A$ 函数依赖。

③ 去掉各函数依赖左部多余的属性。

逐一取出 F 中各函数依赖 $X{\to}A$，设 $X = B_1 B_2 \cdots B_m$，逐一检查 $B_i (i=1,2,\cdots,m)$，如果 $A \in (X-B_i)_F^+$，则以 $X-B_i$ 取代 X。

综上所述，对 F 的每一步处理都保证了处理前后的两个函数依赖集等价，最后得到的 F 就一定是极小依赖集，并且与原来的 F 等价。

F 的最小依赖集 F_m 不一定是唯一的，它与对各函数依赖及 $X{\to}A$ 中 X 各属性的处置顺序有关。

【例 18】 设有关系模式 R(U,F)，$U = \{A,B,C\}$，$F = \{AB{\to}C, A{\to}B, B{\to}A\}$，求其最小函数依赖集 F_m。

解：

① 将 F 中的函数依赖都分解为右部为单属性。F 已满足该条件，不需要再分解。

② 去掉 F 中冗余的函数依赖。

判断 $AB{\to}C$ 是否冗余：

设 $G_1 = \{A{\to}B, B{\to}A\}$，则 $(AB)_{G1}{}^+ = AB$，C 不属于 $(AB)_{G1}{}^+$，$AB{\to}C$ 不冗余。

判断 $A{\to}B$ 是否冗余：

设 $G_2 = \{AB{\to}C, B{\to}A\}$，则 $A_{G2}{}^+ = A$，B 不属于 $A_{G2}{}^+$，$A{\to}B$ 不冗余。

判断 $B{\to}A$ 是否冗余：

设 $G_3 = \{AB{\to}C, A{\to}B\}$，则 $B_{G3}{}^+ = B$，A 不属于 $B_{G3}{}^+$，$B{\to}A$ 不冗余。

F 中没有冗余的函数依赖，F 保持不变。

③ 去掉各函数依赖左部冗余的属性。本题只需考虑 $AB{\to}C$ 的情况。

方法 1：在决定因素中去掉 B，若 $C \in A_F^+$，则以 $A{\to}C$ 代替 $AB{\to}C$。求得 $A_F^+ = ABC$。

关系模式的规范化设计理论

由于 $C \in A_F^+$，因此用 A→C 代替 AB→C。故 $F_m = \{A→C, A→B, B→A\}$。

方法 2：在决定因素中去掉 A，若 $C \in B_F^+$，则以 B→C 代替 AB→C。求得 $B_F^+ = ABC$。

由于 $C \in B_F^+$，因此以 B→C 代替 AB→C。故 $F_m = \{B→C, A→B, B→A\}$。

4.3.2 关系模式的分解算法

1. 模式分解的无损连接性和保持函数依赖性

关系模式规范化的方法就是进行模式分解，但分解后产生的模式应与原模式等价，即模式分解应当遵守一定的准则，才能保证分解后的模式规范化程度更高。为了使分解前后的模式等价，从不同的角度出发，形成了不同的模式分解准则。

① 分解具有无损连接性(lossless join)。

② 分解能够保持函数依赖(preserve functional dependency)。

③ 分解既具有无损连接性又能保持函数依赖。

下面介绍分解的无损连接性和保持函数依赖性的定义及其判定方法。

在介绍分解无损连接性和保持函数依赖性的定义之前，首先定义一个记号。

定义 4.17 设 $\rho = \{R_1(U_1, F_1), R_2(U_2, F_2), \cdots, R_k(U_k, F_k)\}$ 是 R(U,F) 的一个分解，r 是 R(U,F) 的一个关系。定义 $m_\rho(r) = \bowtie \Pi_{Ri}(r), i = 1, k$。即 $m_\rho(r)$ 是 r 在 ρ 中各关系模式上投影的连接。其中 $\Pi_{Ri}(r)$ 表示 r 在模式 R_i 属性上的投影。

(1) 模式分解的无损连接性

定义 4.18 设 $\rho = \{R_1(U_1, F_1), R_2(U_2, F_2), \cdots, R_k(U_k, F_k)\}$ 是 R(U,F) 的一个分解，若对 R(U,F) 的任何一个关系 r 均有 $r = m_\rho(r)$，则称分解 ρ 具有无损连接性，简称 ρ 为无损分解。

判定一个分解具有无损连接性的方法是：

设 $\rho = \{R_1(U_1, F_1), R_2(U_2, F_2), \cdots, R_k(U_k, F_k)\}$ 是 R(U,F) 的一个分解，$U = \{A_1, A_2, \cdots, A_n\}$。

① 首先建立一张 *n* 列 *k* 行的表，每一列对应一个属性，每一行对应分解中的一个关系模式。若属性 A_j 属于 U_i，则在 *j* 列 *i* 行交叉处填上 a_j 否则填上 b_{ij}。

② 根据 F 中每一个函数依赖(例如 X→Y)修改表的内容。修改规则为：在 *x* 所对应的列中，寻找相同符号的那些行；在这些行上使属性 Y 所在列的(*j*)元素相同，若其中有 a_j，则全部改为 a_j；否则全部改为 b_{ij}；*m* 是这些行的行号最小值。若某个 b_{ij} 被更改，那么该表的 *j* 列中凡是 b_{ij} 的符号(不管它是否是开始找到的那些行)均应作相应的更改。

③ 最后判断，在某次更改之后，如果有一行成为 $a_1, a_2, \cdots, a_n$，则算法终止，ρ 具有无损连接性；否则 ρ 不具有无损连接性。对所有函数依赖都这样处理一次，前后进行比较，观察表是否有变化。如有变化，则返回第②步，否则算法终止。

【例 19】 设 R(U,F)，$U = \{A, B, C, D\}$，$F = \{A→B, B→C, C→D\}$，R 的一个分解为 $R_1(A,B)$、$R_2(B,C)$、$R_3(C,D)$。判断该分解是否具有无损连接性。

解：

① 构造初始表，详见表 4-9(a)。

② 对函数依赖 A→B,因元素 A 的第 1 列没有相同的分量,所以表不改变。由 B→C 可以把 b_{13} 改为 a_3,再由 C→D 可以将 b_{14}、b_{24} 全部改为 a_4。最后结果见表 4-9(b)。表中第 1 行成为 a_1、a_2、a_3、a_4,所以该分解具有无损连接性。

表 4-9

分解具有无损连接的实例初始表(a)			
A	B	C	D
a_1	a_2	b_{13}	b_{14}
b_{21}	a_2	a_3	b_{24}
b_{31}	b_{32}	a_3	a_4
分解具有无损连接的实例结果表(b)			
A	B	C	D
a_1	a_2	a_3	a_4
b_{21}	a_2	a_3	a_4
b_{31}	b_{32}	a_3	a_4

利用下面的定理,可以判断当一个关系 R 分解成 R_1 和 R_2 两个关系时,其分解是否具有无损连接性。

定理 4.3 $R(U,F)$ 的一个分解 $\rho = \{R_1(U_1,F_1), R_2(U_2,F_2)\}$ 具有无损连接性的充分必要条件是:

$$U_1 \cap U_2 \to U_1 - U_2 \in F^+ \quad 或 \quad U_1 \cap U_2 \to U_2 - U_1 \in F^+$$

【例 20】 设有关系模式 $R(X,Y,Z)$,基于 R 的函数依赖集 $F = \{X \to Y\}$。判断以下有关 R 的两个分解是否为无损连接。

$$\rho_1 = \{R_1(X,Y), R_2(X,Z)\}$$
$$\rho_2 = \{R_3(X,Y), R_4(Y,Z)\}$$

解:

① 因为 $R_1 \cap R_2 = XY \cap XZ = X$,$R_1 - R_2 = XY - XZ = Y$,已知 $X \to Y$,所以 $R_1 \cap R_2 \to (R_1 - R_2)$ 成立。

因此,$\rho_1 = \{R_1(X,Y), R_2(X,Z)\}$ 是无损分解。

② 因为 $R_3 \cap R_4 = XY \cap YZ = Y$,$R_3 - R_4 = XY - YZ = X$,所以,已知 $X \to Y$,所以 $R_3 \cap R_4 \to (R_3 - R_4)$ 不成立。

因此,$\rho_2 = \{R_1(X,Y), R_2(X,Z)\}$ 不是无损分解。

(2) 模式分解的保持函数依赖性

定义 4.19 设 $\rho = \{R_1(U_1,F_1), R_2(U_2,F_2), \cdots, R_k(U_k,F_k)\}$ 是 $R(U,F)$ 的一个分解,若 $F^+ = (\bigcup F_i)^+$,$i = 1, k$,则称分解 ρ 保持函数依赖。

其中,F_i 是 F 在 U_i 上的投影。利用定理 4.1,可以判定 $F^+ = (\bigcup F_i)^+$ 是否成立,判定分解 ρ 是否具有保持函数依赖性。

【例 21】 设有关系模式 $R(U,F)$,其中 $U = \{Sno, Sdept, Mname\}$,$F = \{Sno \to Sdept, Sdept \to Mname\}$,判断分解 $\rho = \{R_1(Sno, Sdept), R_2(Sdept, Mname)\}$ 是否具有无损连接性及保持函数依赖性。

解：（1）判断 ρ 是否具有无损连接性。由于

$$R_1 \cap R_2 = (Sno, Sdept) \cap (Sdept, Mname) = Sdept$$

$$R_2 - R_1 = (Sdept, Mname) - (Sno, Sdept) = Mname$$

$$R_1 \cap R_2 \rightarrow R_2 - R_1 = Sdept \rightarrow Mname \in F^+$$

因此分解 ρ 具有无损连接性。

（2）判断 ρ 是否具有保持函数依赖性。由于

$$F_1 = \{Sno \rightarrow Sdept\}, F_2 = \{Sdept \rightarrow Mname\}$$

$$F_1 \cup F_2 = \{Sno \rightarrow Sdept, Sdept \rightarrow Mname\} = F$$

因此分解 ρ 具有保持函数依赖性。

2. 模式分解的算法

前面已介绍了 3 种不同的模式分解准则，按照不同的分解准则，模式分解后将达到不同的分离程度，即达到不同的范式。下面讨论几种满足不同的分解准则的模式分解的算法。

（1）将关系模式转化为 3NF 的保持函数依赖的分解

对于给定的关系模式 R(U,F)，将其转化为 3NF 保持函数依赖的分解算法为：

① 对 R(U,F) 中的 F 进行极小化处理。假设极小化处理后的函数依赖集仍为 F。

② 找出所有不在 F 中出现的属性，把这样的属性构成一个关系模式，并把这些属性从 U 中去掉。

③ 如果 F 中有一个函数依赖涉及 R 的全部属性，则 R 不能再分解。

④ 如果 F 中含有 $X \rightarrow A$，则分解应包含模式 XA，如果 $X \rightarrow A_1$，$X \rightarrow A_2$，$\cdots$，$X \rightarrow A_n$，均属于 F，则分解应包含模式 $XA_1 A_2 \cdots A_n$。

（2）将关系转化为 3NF，且既具有无损连接性又能保持函数依赖的分解

对于给定的关系模式 R(U,F)，将其转换为 3NF，且既具有无损连接性又能保持函数依赖的分解算法为：

① 设 X 是 R(U,F) 的码，R(U,F) 已由上述分解算法分解为 $\rho = \{R_1(U_1, F_1), R_2(U_2, F_2), \cdots, R_k(U_k, F_k)\}$，令 $\tau = \rho \cup \{R^*(X, F_X)\}$。

② 若有某个 U_i，$X \subseteq U_i$，将 $R^*(X, F_X)$ 从 τ 中去掉，τ 就是所求的分解。

（3）将关系模式转换为 BCNF 的无损连接的分解

对于给定的关系模式 R(U,F)，将其转换为 BCNF 的无损连接分解算法为：

① 令 ρ = R(U,F)。

② 检查 ρ 中各关系模式是否均属于 BCNF。若是，则算法终止。

③ 假设 ρ 中 $R_i(U_i, F_i)$ 不属于 BCNF，那么必定有 $X \rightarrow A \in F_i^+$（$A \notin X$），且 X 非 R_i 的码。因此，XA 是 U_i 的真子集。对 R_i 进行分解，$\sigma = \{S_1, S_2\}$，$U_{S1} = XA$，$U_{S2} = U_i - \{A\}$，以 σ 代替 $R_i(U_i, F_i)$，返回第②步。

【例 22】 设关系模式 R(U,F)，U = {Sno, Cno, Grade, Tname, Dept}，F = {(Sno, Cno) → Grade, Cno → Tname, Tname → Dept}，将其分解为具有无损连接性的 BCNF。

解：① 初始化 ρ = {Sno, Cno, Grade, Tname, Dept}。

② 对 R 进行分解。R 的码为 (Sno, Cno)，选择 "Tname → Dept" 分解。

分解结果：ρ = {R₁, R₂}。

其中 $R_1 = \{$ Tname,Dept$\}$,$F_1 = \{$Tname→Dept$\}$;

$R_2 = \{$Sno,Cno,Grade,Tname$\}$,$F_2 = \{$(Sno,Cno)→Grade,Cno→Tname$\}$。

因此 R_2 需要再分解。

③ 对 R_2 分解。R_2 的码为(Sno,Cno),选择"Cno→Tname"分解。

分解结果：$\rho = \{$ R_1,R_3,R_4 $\}$。

其中：$R_3 = \{$ Cno,Tname $\}$,$F_3 = \{$ Cno→Tname$\}$;

$R_4 = \{$ Sno,Cno,Grade$\}$,$F_4 = \{$(Sno,Cno)→Grade $\}$。

因此 R_3、R_4 均属于 BCNF。

④ 最终结果：$\rho = \{$(Tname,Dept),(Cno,Tname),(Sno,Cno,Grade)$\}$。

(4) 关系模式分解的几点结论

经过以上几种分解算法的分析,如果一个分解具有无损连接性,则能够保证不丢失信息;如果一个分解具有函数依赖保持性,则可以减轻或解决各种异常情况。无损连接性和函数依赖保持性是两个相互独立的标准。具有无损连接性的分解不一定具有函数依赖保持性;同样,具有函数依赖保持性的分解也不一定具有无损连接性。综合上述模式分解准则及模式分解算法的分析,关于关系模式的分解有以下结论。

① 若要求分解保持函数依赖,则模式分解总可以达到 3NF,但不一定达到 BCNF。

② 若要求分解具有无损连接性,则模式分解一定可以达到 BCNF。

③ 若要求分解既保持函数依赖,又具有无损连接性,那么模式分解一定可以达到 3NF,但不一定达到 BCNF。

4.4 小　　结

本章讲述的关系模式的规范化设计理论是数据库设计的理论指南,主要包括两方面内容：关系模式规范化理论和关系模式的分解方法。

本章首先通过实例论述了关系模式规范化的必要性。由关系模式的操作异常问题引出了数据依赖的概念,介绍了完全函数依赖、部分函数依赖、传递函数依赖及多值依赖的相关概念。重点介绍了第一范式、第二范式、第三范式、BC 范式、第四范式的定义及关系模式规范化的过程。一个低一级范式的关系模式,通过模式分解转化为若干个高一级范式的关系模式的集合,这种分解过程称为关系模式的规范化。关系模式规范化就是对原关系进行投影,消除决定属性不是候选码的任何函数依赖。一个关系只要其分量都是不可分的数据项,就可称作规范化的关系,称为第一范式,也称作 1NF;消除 1NF 关系中非主属性对码的部分函数依赖,得到 2NF;消除 2NF 关系中非主属性对码的传递函数依赖,得到 3NF;消除 3NF 关系中主属性对码的部分函数依赖和传递函数依赖,得到一组 BCNF 关系;消除非平凡且非函数依赖的多值依赖,则得到 4NF 关系。函数依赖和多值依赖是两种最重要的数据依赖。如果仅考虑函数依赖,则属于 BCNF 的关系模式规范化程度已经达到最高了;如果考虑多值依赖,则属于 4NF 的关系模式规范化程度是最高的。

关系模式规范化过程中采用的主要方法是对关系模式进行分解。本章介绍了关系模式分解的理论基础及关系模式分解的算法。模式分解的理论基础主要介绍了函数依赖的逻辑蕴涵、Armstrong 公理系统、闭包及候选码的求解方法、函数依赖集的等价和覆盖及函数依赖集的最小化等；关于关系模式分解的算法，首先介绍了模式分解的无损连接性和保持函数依赖性的含义及判定方法，然后讨论了几种常用的关系模式分解的算法。

在关系模式规范化过程中，数据规范化程度越高，数据的冗余就越少，在数据操作过程中人为产生的错误也就越少。但规范化程度越高，查询检索所要查询的关联也就越多，耗费的时间就越长。一个实际应用系统的数据库模式规范到第几范式是合理的，应该根据数据库的实际需求情况，选择一个折中的规范化程度。实际上，第三范式已经做到了数据库中数据在拥有函数依赖时，不会在数据操作过程中产生人为错误，而且数据访问的关联也不至于过多，所以，通常规范到 3NF 就能满足关系数据库的基本要求，可以正常使用了。

习　　题

1. 解释下列术语的定义：

函数依赖、平凡函数依赖、非平凡函数依赖、部分函数依赖、完全函数依赖、传递依赖、候选码、超码、主码、外码、全码(all-key)、1NF、2NF、3NF、BCNF、多值依赖、4NF。

2. 关系规范化中的操作异常有哪些？解决的办法是什么？

3. 指出下列各关系模式属于第几范式：

(1) $R_1 = (\{A, B, C, D\}, \{B \rightarrow D, AB \rightarrow C\})$

(2) $R_2 = (\{A, B, C, D, E\}, \{AB \rightarrow CE, E \rightarrow AB, C \rightarrow D\})$

(3) $R_3 = (\{A, B, C, D\}, \{A \rightarrow C, D \rightarrow B\})$

(4) $R_4 = (\{A, B, C, D\}, \{A \rightarrow C, CD \rightarrow B\})$

4. 简述关系模式规范化的过程。

5. 设有关系模式 $R(A, B, C, D, E)$，如果存在函数依赖 $A \rightarrow B, BC \rightarrow D, DE \rightarrow A$，回答下列问题：

(1) 列出 R 的所有码。

(2) R 属于 3NF 还是 BCNF。

6. 试写出二个多值依赖的实例。

7. 建立一个关于系、学生、班级等诸信息的关系数据库。

描述学生的属性有学号、姓名、性别、系名、班号、宿舍区；

描述班级的属性有班号、专业名、系名、人数；

描述系的属性有系名、系号、系办公室地点、系办公室电话、学生人数。

有关语义如下：一个系有若干专业，每个专业每年只招一个班，每个班有若干学生。一个系的学生住在同一宿舍区。

请给出数据库的关系模式，写出每个关系的极小函数依赖集，指出是否存在传递函数依赖，对于函数依赖左部是多属性的情况，讨论函数依赖是完全函数依赖还是部分函数依赖。

指出各关系的候选码及外码。

8. 设有如表 4-10 所示的关系 R。试问 R 是否属于 3NF？若不是，它属于第几范式？如何规范化为 3NF？

表 4-10　关系 R 实例数据表

职工号	职工名	年龄	性别	单位号	单位名
G1	XUHAO	26	男	M1	NAME1
G2	LIJIA	30	女	M2	NAME2
G3	LIUXU	35	男	M3	NAME3
G4	SUHONG	32	女	M1	NAME1
G5	ZHAOBIN	28	男	M3	NAME3

9. 设有关系模式(A,B,C,D)，数据依赖集 $F=\{A{\rightarrow}B,B{\rightarrow}A,AC{\rightarrow}D,BC{\rightarrow}D,AD{\rightarrow}C,BD{\rightarrow}C,A{\rightarrow}{\rightarrow}CD,B{\rightarrow}{\rightarrow}CD\}$。

(1) 求 R 的主码。

(2) R 是否为 4NF？为什么？

(3) R 是否为 BCNF？为什么？

(4) R 是否为 3NF？为什么？

10. 设有关系模式 R(U,F)，属性集 $U=\{A,B,C,D,E\}$，函数依赖集 $F=\{A{\rightarrow}C,C{\rightarrow}A,CD{\rightarrow}E,A{\rightarrow}B\}$，求闭包 $D^+,C^+,A^+,(CD)^+,(AD)^+,(AC)^+,(ACD)^+$。

11. 已知关系模式 R 的全部属性集 $U=\{A,B,C,D,E,G\}$ 及函数依赖集 $F=\{AB{\rightarrow}C,,C{\rightarrow}A,BC{\rightarrow}D,ACD{\rightarrow}B,D{\rightarrow}EG,BE{\rightarrow}C,CG{\rightarrow}BD,CE{\rightarrow}AG\}$，求属性集闭包 $(BD)^+$。

12. 求以下给定关系模式的所有候选码。

(1) 关系模式 R(A,B,C,D,E,P)，其函数依赖集 $F=\{A{\rightarrow}B,C{\rightarrow}P,E{\rightarrow}A,CE{\rightarrow}D\}$。

(2) 关系模式 R(C,T,S,N,G)，其函数依赖集 $F=\{C{\rightarrow}T,CS{\rightarrow}G,S{\rightarrow}N\}$。

(3) 关系模式 R(C,S,Z)，其函数依赖集 $F=\{(C,S){\rightarrow}Z,Z{\rightarrow}C\}$。

(4) 关系模式 R(S,D,I,B,O,Q)，其函数依赖集 $F=\{S{\rightarrow}D,I{\rightarrow}B,B{\rightarrow}0,0{\rightarrow}Q,Q{\rightarrow}O\}$。

13. 设有关系模式 R(A,B,C,D,E)，R 的函数依赖集 $F=\{A{\rightarrow}D,E{\rightarrow}D,D{\rightarrow}B,BC{\rightarrow}D,CD{\rightarrow}A\}$。

(1) 求 R 的候选码。

(2) 将 R 分解为 3NF。

14. 设有关系模式 R(U,F)，其中 $U=\{E, F, G, H\}$，$F=\{E{\rightarrow}G, G{\rightarrow}E, F{\rightarrow}EG, H{\rightarrow}EG, FH{\rightarrow}E\}$，求 F 的最小依赖集。

15. 关系模式的分解的含义？为什么要进行关系模式分解？模式分解应遵守什么准则？

16. 解释模式分解的无损连接性及函数依赖保持性的含义。

17. 设有关系模式 R(A,B,C,D)，函数依赖 $F=\{A{\rightarrow}C,C{\rightarrow}A,B{\rightarrow}AC,D{\rightarrow}AC\}$

(1) 求闭包 $B^+,(AD)^+$。

(2) 求出 R 的所有候选码。

(3) 求出 F 的最小函数依赖集 F_m。

关系模式的规范化设计理论

(4) 根据函数依赖关系,确定关系模式 R 属于第几范式。

(5) 将 R 分解为 3NF,并保持无损连接性和函数依赖性。

(6) 将 R 分解为 BCNF,并保持无损连接性。

18. 设有关系模式 R(U,V,W,X,Y,Z),其函数依赖集 F = {U→V,W→Z,Y→U,WY→X},判断下列分解是否具有无损连接性:

(1) $\rho_1 = \{WZ, W, WXY, UV\}$

(2) $\rho_2 = \{WY, WXYZ\}$

第 5 章　数据库设计

【本章主要内容】

1. 简述数据库设计的特点、方法和步骤。
2. 详细介绍数据库设计各阶段的任务及方法。
3. 重点讲述概念结构设计和逻辑结构设计的方法和步骤。

上一章介绍的关系模式的规范化设计理论为数据库设计提供了理论指南和工具,本章主要讨论基于关系数据库管理系统的关系数据库设计问题。首先概述数据库设计的特点、方法及步骤;然后详细介绍数据库设计各阶段的任务及方法,通过实例重点讲解概念结构设计和逻辑结构设计的具体方法;最后阐述如何对已设计的数据库进行实施和维护。

5.1　数据库设计概述

随着计算机技术及通信技术的发展,信息时代悄然而至,为了充分开发和利用信息资源,实现对大量信息的识别、存储、处理与传播,20 世纪 60 年代末数据库技术应运而生,目前已广泛应用于各个领域。

数据库技术主要研究如何科学地组织和存储数据,如何高效地获取和处理数据,数据库设计是数据库技术的核心内容。本书第 1 章已介绍了数据库相关的基本概念。数据库系统是指引入数据库的计算机系统,主要包括系统相关硬件、数据库、数据库管理系统及其开发工具、应用系统、数据库管理员和用户,因此数据库系统的设计包括数据库的设计和数据库应用系统的设计。数据库设计是指设计数据库的结构特性,即为特定的应用环境构造最优的数据模型;数据库应用系统的设计是指设计出满足各种用户对数据库应用需求的应用程序,用户通过应用程序来访问和操作数据库。

综上所述,数据库设计是在给定的应用环境下,利用现有的数据库管理系统,构建优化的数据库逻辑模式和物理结构,并建立数据库及其应用系统,使应用系统能够有效地存储和管理数据,满足系统内各类用户的应用需求。

本章主要讨论基于关系数据库管理系统的关系数据库设计问题,关于数据库应用系统设计的相关问题,本书第 10 章通过一个完整的应用实例进行了详细论述。

5.1.1　数据库设计的特点

数据库设计是整个数据库系统设计的基础,数据库设计的优劣直接影响数据库系统的质量和运行效果。因此,设计一个结构优化的数据库是对数据进行有效管理的前提和正确利用信息的保证。数据库设计的过程贯穿于数据库应用系统从设计、实施到运行与维护的全过程,具有区别于一般应用系统设计的一些特点,主要表现在两个方面。

1. 数据库设计过程复杂(技术和管理相结合)

数据库设计是设计数据库本身,即根据用户的需求,在某一具体的数据库管理系统中设计数据库的结构和建立数据库的过程。现实世界中的信息要进入机器世界的数据库中,需要数据库设计人员经过认识、理解、抽象、整理、规范和加工等一系列复杂的工作。在设计过程中,现实世界中的信息需要经过客观世界⇒信息世界⇒数据世界的二级抽象形成计算机世界中的数据结构,从用户的应用需求入手,伴随着数据库设计的不同阶段形成数据库的各级模式。如在需求分析阶段综合各个用户的应用需求;在概念结构设计阶段形成独立于机器特点、独立于各个关系数据库管理系统产品的概念模式,本章中概念模式用 E-R 图描述;在逻辑结构设计阶段将 E-R 图转换成具体的数据库产品支持的数据模型,如关系模型,形成数据库逻辑模式;然后根据用户处理的要求及安全性的考虑,在基本表的基础上再建立必要的视图,形成数据的外模式;在物理结构设计阶段,根据关系数据库管理系统的特点和处理的需要进行物理存储安排,建立索引,形成数据库内模式。

在上述复杂的设计过程中,既包含计算机专业知识又包含应用系统的专业知识,数据库设计工作需要同时解决技术及非技术两方面的问题。由于同时具备数据库和业务两方面知识的人很少,因此,数据库设计者一般都需要花费相当多的时间去熟悉应用业务系统知识,这一过程很繁杂,应用环境中的业务人员不了解计算机具体可以解决哪些问题,因此与之沟通需要极大的耐心,有时会使设计人员产生厌烦情绪,从而影响数据库设计工作的顺利完成。同时,应用系统中已有的部分原始基础数据由于计量等方面的因素并不准确,因此不能够直接取用,需要核实其准确性,这项工作也存在较大的困难。

综上分析,数据库设计工作过程复杂,需要面对许多困难,因此既要注重技术开发还要注重组织管理,才能顺利开展并完成设计工作。

2. 结构(数据)设计和行为(处理)设计相结合

数据库的结构设计是指数据库的模式结构设计,包括概念结构设计、逻辑结构设计和物理存储结构设计;行为设计是指应用程序设计,包括功能结构、程序流程控制等方面的设计。在传统的软件工程中,比较注重处理过程的设计,不太注重数据结构的设计。早期的数据库应用系统开发过程中,常常把数据库设计和应用系统的设计分离开来。随着数据库设计理论的成熟和结构化分析与设计方法的普及,人们逐步认识到数据库系统设计的过程,应该是结构设计与行为设计从分离设计到相互参照直至完美统一的过程,这样可以缩短数据库的设计周期,提高数据库应用系统的设计效率。

如前所述,数据库系统的设计包括数据库设计和数据库应用系统设计,数据库是为应用系统服务的,良好的数据库设计应该能满足应用系统的业务需求,满足各种用户的需求,同时与应用系统的行为设计相结合。即在整个数据库系统设计过程中要把数据库结构设计和对数据的功能处理设计密切结合起来。合理的数据库系统设计的基本过程如图 5-1 所示。图中主要体现数据库结构设计和系统功能处理设计从分离设计到最终结合的总体过程,省略了相互参照及反复探询的迭代过程细节。

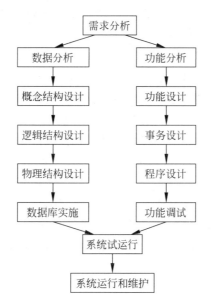

图 5-1　数据库系统设计的过程

5.1.2　数据库设计方法

为了设计出符合具体领域要求的数据库及其应用系统,多年来数据库设计人员经过不断的努力和探索,提出了各种数据库设计方法。

目前常用的各种数据库设计方法都属于规范设计法,即都是运用软件工程的思想与方法,根据数据库设计特点,提出各种设计准则与设计规范。其中的新奥尔良(New Orleans)方法是目前公认的比较完整和权威的一种规范设计法。这种方法将数据库设计分为四个阶段:需求分析、概念结构设计、逻辑结构设计和物理结构设计。常用的规范设计方法大多起源于新奥尔良法,并在设计的每一阶段采用一些辅助方法来具体实现,如基于 E-R 模型的数据库设计方法、基于 3NF 的数据库设计方法、基于视图的数据库设计方法等。规范设计方法从本质上来说仍然是手工设计方法,其基本思想是过程迭代和逐步求精。

计算机辅助设计法是指在数据库设计的某些过程中模拟某一规范化设计的方法,并以人的知识或经验为主导,通过人机交互方式实现设计中的某些部分。目前许多计算机辅助软件工程(Computer Aided Software Engineering,CASE)工具已经实用化和产品化,可以自动或辅助设计人员完成数据库设计过程中的很多任务,已经普遍地用于大型数据库设计之中。如 Sybase 公司的 Power Designer 和 Oracle 公司的 Design 2000 等。

除了上述广泛应用的规范设计法及计算机辅助设计法外,还有早期的直观设计法及最新的自动化设计法等,由于较少使用,这里不再细述。

5.1.3　数据库设计的基本步骤

一般的应用系统软件开发过程包括问题定义、可行性研究、需求分析、系统设计、编码、测试及维护等阶段,对于需要使用数据库的应用系统,软件开发人员应该在需求分析阶段所确定的系统数据需求的基础上,进一步设计数据库。考虑数据库及其应用系统开发的全过程,按照数据库设计的规范化方法,数据库设计的基本步骤可大致分为六个阶段,如图 5-2 所示,每个阶段各有其明确的设计任务。

1. 需求分析阶段

需求分析是数据库设计的第一步,需求分析是整个设计过程的基础,需要对目标系统提出完整、准确、清晰、具体的要求,是最困难和最耗费时间的一步。

数据库设计人员(系统分析员)和用户双方共同收集与分析数据库所需要的信息,准确了解用户对系统的需求,弄清系统要达到的目标和实现的功能,并以需求规格说明书的形式确定下来,作为以后系统开发和验证的依据。

2. 概念结构设计阶段

概念结构设计是整个数据库设计的关键。概念结构设计是数据库设计人员根据需求分析阶段获得的用户需求(包括数据流图和数据字典等)进行综合、归纳与抽象,形成反映应用系统信息需求的数据库概念结构,即概念模型。概念模型独立于计算机硬件结构,独立于DBMS。

3. 逻辑结构设计阶段

逻辑结构设计是将概念结构转换为某个 DBMS 所支持的数据模型,并依据规范化理论对其进行优化。

4. 物理结构设计阶段

物理结构设计是为逻辑数据模型选取一个最适合应用环境的物理结构(包括存储结构和存取方法)。

数据库的物理结构与具体的 DBMS 有关,数据库物理设计的任务是使数据库的逻辑结构在物理设备上得以实现,建立一个性能优良的数据库物理结构。

5. 数据库实施阶段

数据库实施阶段是设计人员运用指定的 DBMS 提供的数据库操作语言及其宿主语言,根据逻辑设计和物理设计的结果建立数据库结构,编写与调试应用程序,组织数据入库并实施系统试运行的过程。

6. 数据库运行和维护阶段

数据库应用系统经过试运行、结果符合设计目标后,数据库即可正式投入运行了。数据库投入运行标志着开发任务的基本完成和维护工作的开始,并不意味着设计过程终结。由于应用环境在不断变化,数据库运行过程中物理存储也会不断变化,因此在数据库系统运行过程中,需要不断地对数据库结构性能进行评价、调整和修改。

综上所述,数据库设计中的前两个阶段需求分析和概念结构设计是面向用户的应用要求,面向具体的问题,可以独立于任何 DBMS;中间两个阶段逻辑结构设计和物理结构设计是面向 DBMS,与选用的 DBMS 密切相关;最后两个阶段是面向具体的实现方法。

从图 5-2 可以看出,数据库设计是分阶段完成的,每完成一个阶段,都要进行设计分析,评价一些重要的设计指标,把设计阶段产生的文档组织评审,与用户进行交流。如果设计的数据库不符合要求则进行修改,这种分析和修改可能要重复若干次,设计一个完善的数据库应用系统往往是六个阶段不断重复的过程。

在数据库设计过程中,只有认真对待每个具体实施细节,才能设计出性能良好的数据库,因此特别指出以下几点:

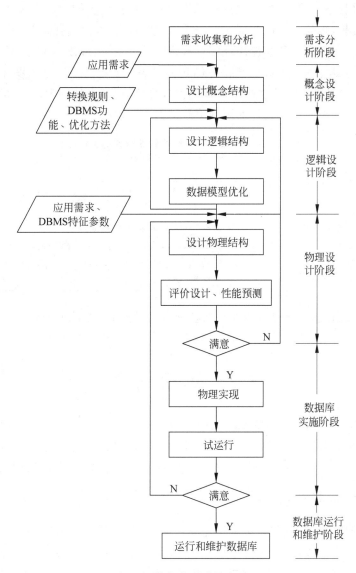

图 5-2 数据库设计的步骤

（1）数据库设计开始之前，首先必须选定参加设计的人员，包括系统分析人员、数据库设计人员、应用开发人员、数据库管理员和用户代表。系统分析和数据库设计人员是数据库设计的核心人员，应自始至终参与数据库设计，其对数据库系统的质量保证起到至关重要的作用；用户和数据库管理员在数据库设计中的作用也是举足轻重的，主要参加需求分析及数据库的运行和维护，其积极参与（不仅仅是配合）不但能加速数据库设计，而且也是决定数据库设计质量的重要因素；应用开发人员（包括程序员和操作员）分别负责编制程序和准备软硬件环境，他们在系统实施阶段参与进来。

（2）如果所设计的数据库应用系统比较复杂，还应该考虑是否需要使用数据库设计工具以及选用何种工具，以提高数据库设计质量并减少设计工作量。

（3）图 5-2 所示的设计步骤既是数据库设计的过程，也包括了数据库应用系统的设计过程。在设计过程中,把数据库的设计和对数据库中数据处理的设计紧密结合起来,将这两个方面的需求分析、抽象、设计、实现在各个阶段同时进行,相互参照,相互补充,以完善两方面的设计。事实上,如果不了解应用环境对数据的处理要求,或没有考虑如何去实现这些处理要求,是不可能设计一个良好的数据库结构的。表 5-1 概括地给出了设计过程各个阶段关于数据特性的设计描述。有关处理特性的设计描述,包括设计原理、采用的设计方法及工具等,在软件工程和信息系统设计的课程中有详细介绍,这里不再讨论。

表 5-1　数据库设计各个阶段数据特性的设计描述

设 计 阶 段	设 计 描 述
需求分析	数据字典、系统中数据项、数据流、数据存储的描述
概念结构设计	概念模型(E-R 图)、数据字典(完善)
逻辑结构设计	数据模型(关系或非关系数据模型)
物理结构设计	存储安排、存取方法的选择、存取路径的建立
数据库实施	创建数据库模式、加载数据、数据库试运行
数据库运行与维护	数据库性能监测、数据库转储与恢复、数据库重组与重构

以下将结合高校教学信息管理系统的数据库设计过程,探讨如何完成数据库设计各个阶段的任务。

5.2　需 求 分 析

为了开发出真正满足用户需求的软件产品,数据库设计首先必须了解用户的需求。需求分析是设计数据库的起点,对用户需求的深入理解是数据库设计获得成功的前提条件,不能真正满足用户需求的设计只会令用户失望,可能会导致整个数据库设计返工重做。

5.2.1　需求分析的任务

需求分析的任务不是确定系统怎样完成它的工作,而仅仅是确定系统必须完成哪些工作,通过详细的用户调查,充分了解原系统(手工系统或计算机系统)的工作现状,对目标系统提出完整、准确、清晰、具体的要求,最终形成系统需求分析报告,即软件需求规格说明书。

用户调查的重点是"数据"需求和围绕这些数据的业务"处理"需求。通过调查要从用户那里获得对数据库系统的下列要求。

(1) 信息需求。定义数据库应用系统用到的所有信息,明确用户将向数据库中输入什么样的数据,从数据库中要求获得哪些内容,将要输出哪些信息。也就是明确在数据库中需要存储哪些数据,对这些数据做哪些处理等,同时还要描述数据间的联系等。

(2) 处理需求。定义系统数据处理的操作功能,描述操作的优先次序,包括操作的执行频率和场合,操作与数据间的联系;还要明确用户要完成哪些处理功能,每种处理的执行频度,用户需求的响应时间以及处理方式(比如是联机处理还是批处理)等等。

(3) 安全性与完整性要求。安全性要求描述系统中不同用户对数据库的使用和操作情况,完整性要求描述数据之间的关联关系以及数据的取值范围要求。

(4) 将来可能提出的要求。应该明确地列出那些虽然不属于当前系统开发范畴,但是依据分析将来很可能会提出来的要求。这样做的目的是,在设计过程中对系统将来可能的扩充和修改做准备,以便一旦确实需要时能比较容易地进行这种扩充和修改。

在充分了解上述各项需求的基础上,系统分析员应该以书面形式准确地描述系统的各项需求,最终形成系统需求分析报告即软件需求规格说明书。其中描述系统数据特性的数据字典,是下一步进行概念结构设计的基础。

在分析软件需求和书写软件需求规格说明书的过程中,分析员和用户都起着关键的、必不可少的作用。只有用户才真正知道自己需要什么,但是他们并不知道怎样用软件实现自己的需求,用户必须把他们对软件的需求尽量准确、具体地描述出来;分析员知道怎样用软件实现人们的需求,但是在需求分析开始时他们对用户的需求并不十分清楚,必须通过与用户沟通获取用户对软件的需求。需求分析和规格说明是一项十分艰巨复杂的工作。用户与分析员之间需要沟通的内容非常多,在双方交流信息的过程中很容易出现误解或遗漏,也可能存在二义性。因此,不仅在整个需求分析过程中应采用行之有效的通信技术,集中精力细致工作,而且必须严格审查验证需求分析的结果。

5.2.2 需求分析的工具

需求规格说明书是需求分析阶段获得的最主要的文档,其中对于处理需求及数据需求的主要描述工具是数据流图(Data Flow Diagram,DFD)和数据字典(Data Dictionary,DD)。

1. 数据流图

数据流图是从“数据”和“对数据的加工”两方面表达数据处理过程的一种图形表示法,具有直观、易于被用户和软件人员双方都能理解的一种表达系统逻辑功能的描述方式。

数据流图包括数据流、加工、数据存储、数据的源点和终点共四部分,每部分都有相应的图形符号。

(1) 数据流

数据流表示流动的数据,数据流可以是一项数据,也可以是一组数据,也可以表示对数据文件的存储信息。通常用带箭头的直线表示数据流,在箭头上方标明数据流的名称。

(2) 加工

加工也称数据处理。通常用一个圆表示数据处理逻辑,圆的内部标明处理逻辑的名称。

(3) 数据存储

数据存储表示数据的静态存储,可以代表数据文件或文件的一部分。一般用两条平行横线来表示,横线上方或旁边注明文件的名称或内容。

(4) 数据源点和终点

数据源点和终点表示数据流动的开始和结束,通常用方框表示,方框的内部标明数据源头或终点的名称。

数据流图的每个部分都要命名以便区分,图 5-3 是一个简单的数据流图。其含义是数据流 Dl 从始点 S 流出,经过 P1 加工处理变成数据流 D2,Pl 加工时要调用文件 Fl 中的内容,数据流 D2 再经过 P2 加工处理,加工处理时要把部分结果存放到文件 F2 中,同时产生数据流 D3,数据流 D3 流往终点 E。

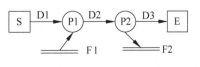

图 5-3 数据流图示例

2. 数据字典

数据流图主要描述数据在系统内变换处理的过程,但并没有具体说明相关的数据及处理的含义。只有在对每个组成成分进行确切的定义后,才能完整地描述系统的功能。因此数据库设计人员必须对数据流图中的每个数据流、数据存储、加工都给出具体定义并分别描述出来,描述后形成的文档称为"数据字典"。

数据字典是对系统中数据的详细描述,在需求分析阶段,数据字典是对数据流图中的有关成分数据流、加工和数据存储进行描述的产物,也就是对数据流图中包含的所有元素的定义的集合。数据字典中每个数据条目的定义内容集中描述在一个表中,因此,数据字典实际上是定义数据的表的集合。数据字典的建立,使数据库系统中的数据、加工和文件都有统一的名称、格式和含义,从而实现数据的标准化和统一化。数据字典的建立与完善贯穿于需求分析到数据库运行的全过程,在不同的阶段其内容被不断修改及完善。

数据字典通常包括数据项、数据结构、数据流、数据存储和处理过程几部分内容。其中数据项是数据的最小组成单位,若干个数据项可以组成一个数据结构。

（1）数据项

数据项也称为数据元素,是数据的最小单位。其具体内容描述为:

数据项＝｛数据项名,含义说明,别名,类型,长度,取值范围,与其他数据项的关系｝

其中,"取值范围"与"其位数据项的关系"这两项内容定义了完整性约束条件,是设计数据检验功能的依据。

（2）数据结构

数据结构的描述为:

数据结构＝｛数据结构名,含义说明,组成：｛数据项或数据结构｝｝

数据结构反映数据之间的组合关系,一个数据结构可以由若干个数据项组成,也可以由若干个数据结构组成,或若干个数据项和数据结构组合而成。

（3）数据流

数据流表示某一处理过程中数据在系统内传输的路径。每个数据流可以是数据项,也可以是数据结构。数据流的描述为:

数据流＝｛数据流名,说明,流出过程,流入过程,

组成：｛数据项或数据结构｝,平均流量,高峰期流量｝

其中,"流出过程"说明该数据流由哪个过程而来;"流入过程"说明该数据流到哪个过程;"流量"是指传输次数。

（4）数据存储

数据存储是处理过程中数据及其结构的存放场所,也是数据流的来源和去向之一。数据存储可以是手工凭证、手工文档或计算机文档。数据存储的描述为:

数据存储＝｛数据存储名,说明,编号,输入的数据流,输出的数据流,

组成：｛数据结构｝,数据,存取频度,存取方式｝

其中,"存取频度"是指每天(或每小时、或每周)存取次数、每次存取多少数据等信息;"存取方式"是指批处理还是联机处理,是检索还是更新,是顺序检索还是随机检索等;"输入的数据流"是指数据的来源;"输出的数据流"是指数据的去向。

（5）处理过程

对数据处理的定义用其他工具描述更方便,处理过程的处理逻辑通常用判定表或判定树来描述,数据字典中仅描述处理过程的说明性信息。

处理过程包括={处理过程名,说明,输入;{数据流},输出:
{数据流},处理:{简要说明}}

其中,"简要说明"主要说明该处理过程的功能和处理的要求,即说明该处理过程用来做什么及处理频度要求。

（6）数据定义

数据字典中数据的定义就是对数据自顶向下的分解。那么,应该把数据分解到什么程度呢?一般说来,当分解到不需要进一步定义,每个和工程有关的人也都清楚其含义的时候,分解过程就完成了。

由数据元素组成数据的方式只有下述 4 种基本类型:

① 顺序,即以确定的次序连接两个或多个分量;

② 选择,即从两个或多个可能的元素中选取一个;

③ 重复,即把指定的分量重复零次或多次;

④ 可选,即一个分量是可有可无的(重复零次或一次)。

虽然使用自然语言可以描述由数据元素组成数据的关系,但为了更加清晰简洁,人们为上述几种组成数据的方式赋予了简单的符号,如表 5-2 所示。

表 5-2　数据字典定义式中使用的符号

符号	含义	解释
=	等价于	定义为
+	与,连接符	连接左右两个分量
[ ]	或,选择符	对方括号中列举的分量任选其一
{ }	重复符	重复花括号内的分量,重复次数上下限可在左右两侧标明
( )	可选符	圆括号内的分量可有可无

5.2.3　需求分析的方法

依据需求分析的任务,需求分析阶段的工作主要分为两部分:第一部分是设计人员与用户共同协作,调查清楚用户的实际要求;第二部分是分析与表达这些需求并形成需求分析报告,即需求规格说明书。经过多年的探索,调查及分析用户的需求都形成了相应的流程及方法。

1. 调查用户需求的具体方法

调查用户需求是通过调查从用户那里获得对数据库系统的信息需求、处理需求、安全性与完整性要求及将来可能提出的要求。在调查过程中,可以根据不同的问题和条件使用不同的调查方法。常用的调查方法有如下几中。

（1）跟班作业。通过亲身参加业务工作来了解业务活动的情况。

（2）开调查会。通过与用户座谈来了解业务活动情况及用户需求。

（3）请专人介绍。

（4）询问。对某些调查中的问题可以找专人询问。

（5）设计调查表请用户填写。如果调查表设计合理,这种方法是很有效的。

（6）查阅记录。查阅与原系统有关的数据记录。

实际调查时往往需要同时采用上述多种方法才能完成需求分析的任务。

2. 分析和表达用户需求的方法

用户调查了解用户需求以后,还需要进一步分析和表达用户的需求。在众多分析方法中结构化分析(Structured Analysis,SA)方法是一种简单实用的方法。SA方法从最上层的系统组织机构入手,采用自顶向下逐层分解的方式分析系统。

结构化分析方法就是面向数据流自顶向下逐步求精进行需求分析的方法。最终的需求分析报告要把DFD中的数据流和数据存储在数据字典中定义到元素级。为了达到这个目标,通常从数据流图的输出端着手分析,这是因为系统的基本功能是产生这些输出,输出数据决定了系统必须具有的最基本的组成元素。

输出数据是由哪些元素组成的呢? 通过调查访问不难弄清这个问题。沿数据流图从输出端往输入端回溯,应该能够确定每个数据元素的来源,与此同时也就初步定义了有关的算法。沿数据流图回溯时常常遇到下述问题: 为了得到某个数据元素需要用到数据流图中目前还没有的数据元素,或者得出这个数据元素需要用的算法尚不完全清楚。为了解决这些问题,往往需要向用户和其他有关人员请教,他们的回答使分析员对目标系统的认识更深入、更具体了,系统中更多的数据元素被划分出来了,更多的算法被弄清楚了。通常把分析过程中得到的有关数据元素的信息记录在数据字典中,把对算法的简明描述记录在IPO图(描述处理过程的图形工具)中。通过分析而补充的数据流、数据存储和处理,应该添加到数据流图的适当位置上。

必须请用户对上述分析过程得出的结果仔细地复查,数据流图是帮助复查的极好工具。从输入端开始,分析员借助数据流图、数据字典和IPO图向用户解释输入数据是怎样一步一步地转变成输出数据的。这些解释集中反映了通过前面的分析员所获得的对目标系统的认识。用户应该注意倾听分析员的报告,并及时纠正和补充分析员的认识。复查过程验证了已知的元素,补充了未知的元素,填补了文档中的空白。

反复进行上述分析过程,分析员越来越深入地定义了系统中的数据和系统应该完成的功能。为了追踪更详细的数据流,分析员应该把数据流图扩展到更低的层次。通过功能分解可以完成数据流图的细化。对数据流图细化之后得到一组新的数据流图,不同的系统元素之间的关系变得更清楚了。对这组新数据流图的分析追踪可能产生新的问题,这些问题的答案可能又在数据字典中增加一些新条目,并且可能导致新的或精化的算法描述。随着分析过程的进行,经过提问和解答的反复循环,分析员越来越深入具体地定义了目标系统,最终得到对系统数据和功能要求的满意描述。

对用户需求进行分析之后,系统分析员汇总用户对系统的各项需求、数据流图及数据字典等,形成需求规格说明书。需求规格说明书必须提交给用户,征得用户的最终认可。

3. 需求分析工作的具体步骤

对于一个数据库应用系统,需求分析工作的具体步骤如下。

（1）调查分析应用系统的现状，产生业务流程图。

了解组织机构情况：应用系统的部门组成情况、各部门的职责等；调查各部门的业务活动情况：包括了解各部门输入和使用什么数据，如何加工处理这些数据，输出什么信息，输出到什么部门，输出结果的格式是什么等。

（2）确定系统范围，产生系统关联图。

（3）分析用户活动所涉及的数据，产生数据流图，确定新系统的边界。

在熟悉业务活动的基础上，协助用户明确对新系统的各种要求，包括信息要求、处理要求、安全性与完整性要求及未来可能的要求。

（4）分析系统数据产生数据字典

数据库设计人员必须对数据流图中的每个数据流、数据存储、加工都要给出具体定义，并用相应的条目来描述，即形成数据字典。

（5）形成系统需求规格说明书

下面通过一个简单的高校教学信息管理系统需求分析的实例，进一步理解需求分析阶段的工作步骤及分析方法。

【例1】 高校教学信息管理系统主要分为教师授课聘课与学生选课两个部分，试完成对该系统的需求分析。

解：依据上述需求分析的步骤，高校教学管理信息系统需求分析的具体过程：

（1）分析用户活动，产生业务流程图

如果系统比较复杂，可以从了解用户日常工作流程入手，通过座谈会、与职员共同工作、设计调查问卷、查阅历史业务记录等途径来搞清业务的处理过程。

图 5-4 是该学校的教学活动业务流程图。

（2）确定系统范围，产生系统关联图

分析业务流程，与用户充分协商确定系统范围：

① 这一步确定系统的边界，即确定用计算机处理的范围。

② 在与用户充分协商的基础上，确定计算机所能进行的数据处理的范围，确定哪些工作由人工完成，哪些工作由计算机系统完成，即确定人机界面。

③ 图 5.4 中虚线框内的部分属于计算机系统范围，而框外部分由人工处理。

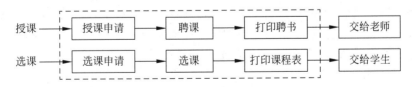

图 5-4 学校的教学活动业务流程图

（3）分析用户业务活动涉及的数据，产生数据流图

生成数据流图需要从初始数据流图开始逐层分解完成。

① 生成初始数据流图

深入分析用户的业务处理流程，以数据流图形式表示出数据的流向和对数据所进行的加工。高校教学管理系统的初始数据流图如图 5-5 所示。

教师提出授课请求，经教学信息管理系统处理后，形成教学任务书即聘书交给教师。

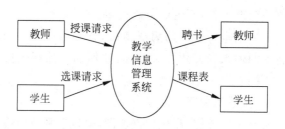

图 5-5　学校教学管理初始数据流图

学生提出选课请求后,经教学信息管理系统处理后,形成课程表交给学生。

② 逐步细化

在图 5-5 基础上细化的系统数据流图分为聘课与选课两部分,分别如图 5-6 及图 5-7 所示,两个图中都省略了数据的源点和终点(分别为"教师"和"学生")。

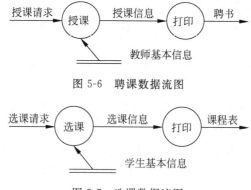

图 5-6　聘课数据流图

图 5-7　选课数据流图

当教师提出授课请求后,系统进行聘课处理时需要使用教师基本信息,然后产生授课信息,经打印处理后形成授课任务书,即聘书。

当学生提出选课请求后,系统进行选课处理时需要使用学生基本信息,然后产生选课信息,经打印处理后形成课程表。

(4) 分析系统数据,产生数据字典

数据库设计人员必须对数据流图中的每个数据流、数据存储、加工都要给出具体定义,并用相应的条目来描述,即形成数据字典。具体项目开发过程中,各类数据字典条目的定义应按照 5.2.2 节所述描述,每个条目完整的描述应该是一个表,表中包含全部需要描述的内容。以下给出的描述是各类数据主要组成部分的描述。

① 数据流的组成描述

定义数据流的组成,每个数据流通常包括若干个数据项。下面是对图 5-6 中的几个数据流的描述:

　　　　　　　　授课请求=教师号+教师姓名+课程号+课程名称+总学时+班级名称
　　　　　　　　聘书=教师姓名+课程名称+班级名称+上课时间+上课地点

② 数据存储的组成描述

　　　　　　　　教师基本信息=教师编号+教师姓名+性别+出生年月+单位名称

③ 数据项的描述

对数据项进行定义,主要包括对数据项的名称、类型、长度、取值范围等进行定义。如对

"学生基本信息"文件中的数据项,可按表 5-3 进行描述。

表 5-3　学生基本信息数据项的描述

数据项名	类型	长度(字节)	取值范围
学号	字符	10	
姓名	字符	10	
性别	字符	2	"男"或"女"
年龄	正整数	4	15～35
学院名称	字符	20	

数据项的组成,如:学号＝10{数字}10;性别＝[男/女]。

④ 加工的描述

对数据处理的处理逻辑通常用判定表或判定树来描述,数据字典中仅描述处理过程的说明性信息,包括过程名、过程说明、输入输出和过程功能说明等。如对"学生选课"处理过程描述如下:

过程名称:选课。

过程说明:主要说明该处理过程的功能及处理要求。例如:学生根据自己的需要选课。

输入:执行该处理过程需要输入的数据。例如"选课请求"和"学生基本信息"。

输出:执行该处理过程后输出的数据。例如"课程表"。

经过上述四个步骤,需求分析阶段的工作已基本完成,已经得到了"数据流图"和"数据字典"。汇总数据流图、数据字典、加工说明及相应的各项需求说明,即可形成系统需求规格说明书。至此,基本上明确了系统需要"做什么"的问题,下一阶段将开始解决系统"怎样做"的问题。

5.3　概念结构设计

需求分析阶段描述的用户需求是面向现实世界的具体需求,将需求分析得到的用户需求抽象为信息结构即概念模型的过程是概念结构设计。

概念模型独立于计算机的硬件,独立于支持数据库的 DBMS。设计概念模型的目的是向某种 DBMS 支持的数据模型转换,最终用 DBMS 实现用户需求。因此,概念模型是数据库逻辑设计的依据,概念结构设计是整个数据库设计的关键步骤。

数据库应用系统中通常采用 E-R 图来描述现实世界的概念模型,用 E-R 图描述的概念模型也称为 E-R 模型,有关 E-R 模型的基本概念,本书第 1 章已有介绍。本节介绍概念模型的特点、概念结构设计的方法及步骤。

5.3.1　概念模型的特点

在需求分析阶段,设计人员充分调查并描述了用户的需求,概念结构设计阶段要将这些用户需求抽象为信息世界的结构即概念模型。概念模型应具备的主要特点如下。

(1)具有丰富的语义表达能力

概念模型应能够表达用户的各种需求,充分反映现实世界,包括描述事物与事物之间的联系,能满足用户对数据的处理需求。

（2）易于交流和理解。

概念模型的表达应自然、直观和容易理解,便于数据库设计人员与不熟悉计算机的用户交换意见,用户的积极参与是数据库成功的关键。

（3）易于修改和扩充

概念模型应方便进行修改和补充,以便反映应用环境和应用要求发生的变化。

（4）易于向各种数据模型转换

概念模型应易于向关系、网状、层次等各种数据模型转换,易于导出与DBMS有关的逻辑模型。

5.3.2 概念结构设计的方法

常用的概念结构设计方法有以下四种:

（1）自顶向下的设计方法

首先定义全局概念结构,然后再逐步细化得到完整的概念结构。

（2）自底向上的设计方法

首先定义每个局部应用的概念结构,然后按一定的规则把它们集成起来,得到全局概念结构。

（3）由里向外逐步扩张的设计方法

首先定义最重要的核心概念结构,然后再逐步向外扩充,以滚雪球的方式逐步生成全局概念结构。

（4）混合策略的设计方法

采用自顶向下和自底向上方法相结合的方法。首先用自顶向下策略设计一个全局概念结构的框架,然后在这个框架下,集成由自底向上策略设计的各局部概念结构。

概念结构设计与需求分析关联起来,最常用的策略是自顶向下地分析需求,然后再自底向上地设计概念结构,其过程如图5-8所示。

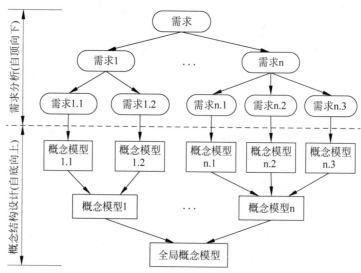

图 5-8   自顶向下分析需求与自底向上设计概念结构

5.3.3 概念结构设计的步骤

采用图 5-8 所示的设计策略,自底向上设计概念结构的方法分为两步:第一步是抽象数据并设计局部概念结构,即设计局部应用 E-R 图;第二步是集成局部概念结构,即将各局部应用 E-R 图综合起来设计得到全局 E-R 图,即全局概念结构。其设计步骤如图 5-9 所示。

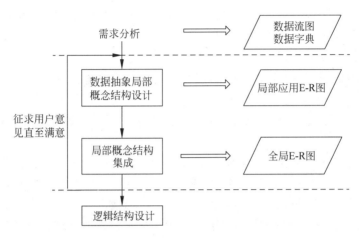

图 5-9　概念结构设计的步骤

1. 数据抽象与局部 E-R 图设计

概念结构设计首先是依据需求分析得到的数据流图和数据字典等数据分析结果,对现实世界进行抽象,然后进行各个局部 E-R 模型的设计。

(1) 数据抽象

所谓抽象是对实际的人、物、事和概念进行人为处理,抽取所关心的共同特性,忽略非本质细节,并把这些特性用各种概念准确地加以描述,由这些概念组成某种模型。

概念结构设计中设计局部 E-R 图的关键是正确地划分实体和属性。对现实世界中的事物进行数据抽象,可以得到实体和属性。常用的数据抽象技术有两种:分类和聚集。

① 分类(Classification)

分类是定义某一类概念作为现实世界中一组对象的类型,将一组具有某些共同特征和行为的对象抽象为一个实体。对象和实体之间是 is a member of 的关系。

例如在某教学管理系统中,"王阳"是一名学生,表示对象"王阳"是实体"学生"中的一员,具有学生共同的特性和行为。

② 聚集(Aggregation)

聚集是定义某一类型的组成成分,将对象类型的组成成分抽象为实体属性。组成成分与对象类型之间是 is a part of 的关系。在 E-R 模型中若干个属性的聚集就组成了一个实体型。

例如,学号、姓名、性别及专业等属性可聚集为"学生"实体。

(2) 局部 E-R 图设计

在需求分析阶段已经得到了系统的多层数据流图、数据字典及系统需求规格说明书。

建立局部 E-R 图,就是根据系统的具体情况,在多层数据流图中选择一个适当层次的数据流图,作为 E-R 图设计的出发点,在这组图中的每个部分对应一个局部应用,一般选取能够较好地反映系统中各局部应用组成部分的中层数据流图作为设计的依据,对于每个局部应用逐一设计局部 E-R 图。

在选好的某一层次的数据流图中,每个局部应用都对应了一组数据流图,与局部应用相关的数据信息在数据字典中已有详细描述。现在要将这些数据从数据字典中抽取出来,参照数据流图,确定每个局部应用包含的实体、属性及实体的码,并根据数据流图中表示的对数据的处理,确定实体之间的联系以及联系的类型。

在现实世界具体的应用环境中,实体和属性仅有大致的自然划分,没有确切的划分界限。经过数据抽象后得到的实体和属性,需要根据实际情况进行调整。在调整中应遵循以下两条原则。

① 实体具有描述信息,属性没有。即属性必须是不可再分的数据项,不能再由另一些属性组成。

② 属性不能与其他实体具有联系,E-R 图中的联系是指实体之间的联系。

例如,学生是一个实体,学号、姓名、性别、年龄和所属学院等是学生实体的属性。如果没有其他需求,则"学院"作为一个属性存在就可以了,但如果还需要存储"学院"的名称、学生人数、办公地点等,则"学院"就应该作为一个实体。图 5-10 说明"学院"调整为实体后 E-R 图的变化。

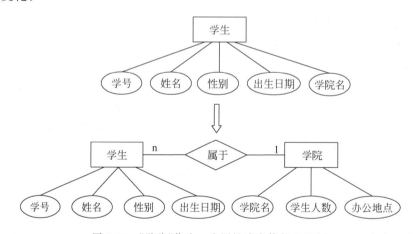

图 5-10 "学院"作为一个属性或实体的 E-R 图

【例 2】 高校教学管理系统局部 E-R 图的设计。

在某高校的教学管理系统中,依据对数据流图及数据字典的分析与抽象,具有如下语义描述。

① 一名学生可同时选修多门课程,一门课程也可被多名学生选修,学生和课程是多对多的联系;一名学生已选修的每门课程有一个教师授课,同时产生一个成绩。

② 一名教师可讲授多门课程,一门课程可由多名教师讲授,教师和课程是多对多的联系。

③ 一个学院可拥有多名学生,一名学生只属于一个学院,学院和学生是一对多的联系。

④ 一个单位(即部门)可有多名教师,一名教师只属于一个单位,单位和教师是一对多

的联系。

　　解：根据上述语义描述可知，该系统共有五个实体：学生、课程、教师、学院和单位。这五个实体的属性如下，其中的码属性用下画线标识：

学生：<u>学号</u>,姓名,性别,出生日期
课程：<u>课程编号</u>,课程名称,学分,学时,课程类别,课程性质
教师：<u>教师编号</u>,教师姓名,性别,职称
学院：<u>学院编号</u>,学院名称,学生人数,办公地点
单位：<u>单位名称</u>,教师人数,办公电话

　　依据以上分析设计的学生选修课程、教师讲授课程、学院拥有学生及教师所属单位的局部 E-R 图分别如图 5-11～图 5-14 所示。

图 5-11　学生选修课程的局部 E-R 图

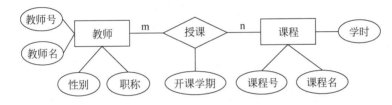

图 5-12　教师讲授课程的局部 E-R 图

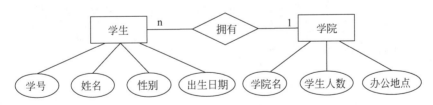

图 5-13　学院拥有学生的局部 E-R 图

图 5-14　教师所属部门的局部 E-R 图

　　局部 E-R 图设计完成后，数据库设计人员应该征求用户意见，修改完善以满足用户需求，然后进行全局 E-R 图设计。

　　2. 全局 E-R 图设计
　　集成各局部 E-R 图形成全局 E-R 图的集成方式有两种。

① 一次集成：将多个局部 E-R 图一次合并为全局 E-R 图。

② 逐步集成：首先集成两个重要的局部 E-R 图，以后用累加的方法逐步将一个新的 E-R 图集成进来。

在实际应用中，可以根据系统复杂性选用集成方式。一般采用逐步集成方式，即每次只综合两个局部 E-R 图，可降低复杂度。无论使用哪种集成方式，集成局部 E-R 图均分为两个步骤，如图 5-15 所示。

① 合并：合并局部 E-R 图，消除局部 E-R 图之间的冲突，生成初步 E-R 图。

② 优化：消除不必要的冗余，生成基本 E-R 图。

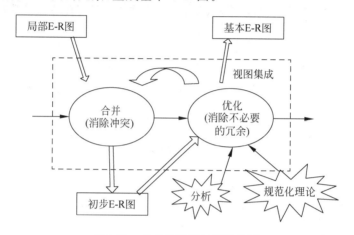

图 5-15　集成局部 E-R 图的步骤

下面通过实例详细介绍集成局部 E-R 图、生成基本 E-R 图的设计过程。

（1）合并局部 E-R 图，生成初步 E-R 图。

将局部 E-R 图集成为全局 E-R 图时，由于各个局部 E-R 图面向不同的问题，且由不同的设计人员进行局部设计，导致各个局部 E-R 图之间存在许多不一致，称之为冲突。因此，合理消除冲突是合并局部 E-R 图时需要完成的主要工作。

局部 E-R 图之间的冲突主要有三类：属性冲突、命名冲突和结构冲突。

① 属性冲突

属性冲突分为属性域冲突和属性取值单位冲突。

属性域冲突：即属性的类型、取值范围或取值集合不同。例如，在有些局部应用中将学号定义为字符型，在另外的局部应用中又将其定义为数值型；又如对学生出生日期，有些局部应用将其定义为日期型，有些则将其定义为字符型。

属性取值单位冲突：例如学生体重，有的以公斤为单位，有的以斤为单位。

② 命名冲突

命名冲突可能发生在实体名、属性名或联系名之间，其中属性的命名冲突更为常见。一般分为同名异义和异名同义。

同名异义：即不同意义的实体名、联系名或属性名在不同的局部应用中具有相同的名字。例如，"单位"在某些局部表示人员所在的部门，而在某些局部又表示物品的重量、长度等属性。

异名同义：具有相同意义的实体名、联系名和属性名在不同的局部应用中具有不同的名字。如科研项目,在财务部门称为项目,在科研处称为课题。

属性冲突和命名冲突通常可以通过讨论、与用户协商等方法解决。

③ 结构冲突

结构冲突分为三种情况:

第 1 种情况:同一数据项在不同应用中有不同的抽象,有的作为属性,有的作为实体。例如,教师的属性"职称"可能在某一局部应用中作为实体,而在另一局部应用中又作为属性。

解决这种冲突必须根据实际情况而定,是把属性转换为实体还是把实体转换为属性,应符合局部 E-R 图设计时调整的基本原则。

第 2 种情况:同一实体在不同的局部 E-R 图中属性组成不同,所包含的属性个数和属性次序不同。

解决这种冲突的办法是合并后实体的属性为各局部 E-R 图中属性的并集,然后再适当调整属性的次序。

第 3 种情况:两个实体之间的同一联系在不同的应用中呈现不同的类型,在某个应用中可能是一对多联系,而在另一个应用中是多对多联系。

这种冲突的解决办法是根据应用的环境综合分析,对实体间的联系进行相应调整。

【例 3】 高校教学管理系统局部 E-R 图合并生成初步 E-R 图。

解:教学管理系统局部 E-R 图合并的过程分为三步。

第一步,合并图 5-11 和图 5-13 所示的局部 E-R 图。这两个局部 E-R 图中不存在冲突,合并后的结果如图 5-16 所示。

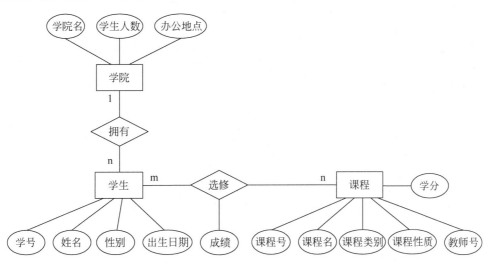

图 5-16　合并学生选修课程和学院拥有学生的局部 E-R 图

第二步,合并图 5-12 和图 5-14 所示的局部 E-R 图。这两个局部 E-R 图也不存在冲突,合并后的结果如图 5-17 所示。

第三步,将合并后的两个局部 E-R 图,即图 5-16 和图 5-17 合并为全局 E-R 图,如图 5-18 所示,合并时存在三个冲突。

① 两个局部 E-R 图中都有"课程"实体,但所包含的属性不完全相同,即存在结构冲突。

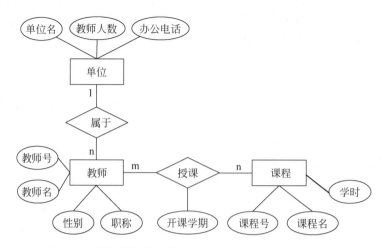

图 5-17　合并教师讲授课程和教师所属部门的局部 E-R 图

为了消除冲突合并后"课程"实体的属性是两个局部 E-R 图中"课程"实体属性的并集。图 5-18 所示的 E-R 图已消除该冲突。

②命名冲突："学院"实体和"单位"实体代表的含义基本相同,属于命名冲突异名同义,因此可将这两个实体合并为一个实体"学院"。原"学院"实体中有一个属性是"学院名",而在原"单位"实体中将这个含义相同的属性命名为"单位名",即存在异名同义属性。合并后可统一为"学院名"。

③结构冲突："学院"实体包含的属性是学院名、学生人数和办公地点,而"单位"实体包含的属性是单位名、教师人数和办公电话。因此在合并后的实体"学院"中应包含这两个实体的全部属性。

图 5-18 所示的 E-R 图消除以上三种冲突后,生成初步 E-R 图(图略)。

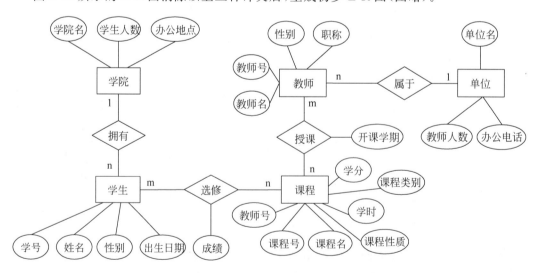

图 5-18　合并后的全局 E-R 图

(2)优化初步 E-R 图,生成基本 E-R 图。

合并局部 E-R 图消除冲突后,所形成的初步 E-R 图中可能存在一些冗余的数据和实体间冗余的联系。所谓冗余的数据是指可由基本数据导出的数据,冗余的联系是指可由其他联系导出的联系。冗余数据和冗余联系容易破坏数据库的完整性,给数据库维护增加困难,应当予以消除。消除了冗余后的初步 E-R 图称为基本 E-R 图。

消除冗余主要采用分析方法,即以数据字典和数据流图为依据,分析消除冗余数据及冗余联系。但并不是所有的冗余数据与冗余联系都必须加以消除,有时候适当的冗余可以提高数据查询效率。除分析方法外,还可以用规范化理论来消除冗余。

在例 3 教学管理系统中,全局 E-R 图(图 5-18)消除结构冲突与命名冲突后得到初步 E-R图。分析初步 E-R 图发现"课程"实体中的属性"教师号"可由联系"授课"导出,所以"课程"实体中的"教师号"属于冗余数据。这样,图 5-18 的全局 E-R 图在消除冲突及冗余数据后,得到优化后系统的基本 E-R 图,如图 5-19 所示。

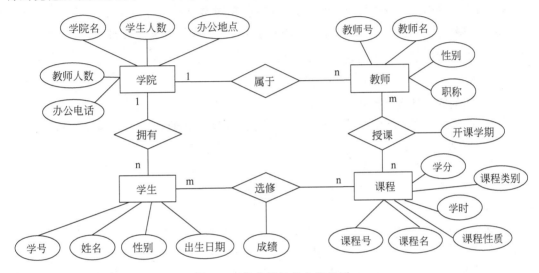

图 5-19　优化后的基本 E-R 图

基本 E-R 图是应用系统中数据库的概念模型,代表了用户的数据要求,是数据库逻辑结构设计的基础,是成功建立数据库的关键因素。因此,用户和数据库设计人员必须对概念模型反复讨论,直至得到用户最终确认的概念模型才能进入逻辑结构设计阶段。

5.4　逻辑结构设计

E-R 图所表示的概念模型是表达用户需求的信息模型,为了建立用户需求的数据库,需要将概念模型转换成某个具体的 DBMS 所支持的数据模型,如网状模型、层次模型、关系模型和面向对象模型等。逻辑结构设计的任务是把概念模型转换为与选用的 DBMS 所支持的数据模型相符合的逻辑结构。

目前的数据库应用系统大都采用支持关系数据模型的关系数据库管理系统,本节仅讨论关系数据库的逻辑结构设计问题,介绍 E-R 图向关系数据模型的转换原则与方法。

关系数据库的逻辑结构设计一般包含三部分内容:

(1) E-R 模型向关系模型的转换。

(2) 关系模型的优化。

（3）用户子模式的设计。

5.4.1 E-R模型向关系模型的转换

E-R模型是由实体、实体的属性以及实体之间的联系组成的,关系模型的逻辑结构是一组关系模式的集合。因此,E-R模型向关系模型的转换要解决的问题,是如何将实体以及实体间的联系转换为关系模式,如何确定这些关系模式的属性和码。

下面介绍转换中应遵循的原则及转换实例,实例中带下画线的属性是码。

1. 实体的转换原则

E-R图中的一个实体转换为一个关系模式,实体的属性就是关系的属性,实体的码就是关系的主码。

【例4】 将图5-19中的学生、学院两个实体分别转换为关系模式。

解：依据图5-19中的E-R图,学生、学院两个实体转换的关系模式如下：

学生(<u>学号</u>,姓名,性别,出生日期)
学院(<u>学院名</u>,教师人数,学生人数,办公地点,办公电话)

2. 实体间联系的转换原则

对于E-R图中实体间的联系转换为关系模式,依据联系的类型采取相应的转换原则,分为以下几种情况。

（1）1：1联系的转换方法

一个1：1联系可以转换为一个独立的关系模式,也可以与任意一端对应的关系模式合并。转换规则如下：

如果将1：1联系转换为一个独立的关系模式,则与该联系相连的各实体的码以及其本身的属性均转换为关系的属性,每个实体的码均是该关系的候选码。

如果将1：1联系与某一端实体对应的关系模式合并,则需要在该关系模式的属性中加入另一个关系模式的码和联系本身的属性,该关系模式的码不变。

【例5】 将图5-20所示的E-R图转换为关系模型。

解：实体"班长"与"班级"之间的联系属于1：1联系,有三种转换方案：

① 方案1："任职"联系转换为独立的关系模式。转换后的关系模型为：

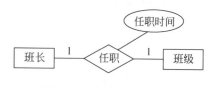

图5-20　班长任职E-R图

班长(<u>学号</u>,姓名,性别,出生日期,学院名)
班级(<u>班号</u>,人数)
任职(<u>学号</u>,<u>班号</u>,任职时间)

② 方案2：将关系"任职"与"班长"的关系合并。转换后的关系模型为：

班长(<u>学号</u>,姓名,性别,出生日期,学院名,班号,任职时间)
班级(<u>班号</u>,人数)

③ 方案3：将关系"任职"与"班级"的关系合并。转换后的关系模型为：

班长(<u>学号</u>,姓名,性别,出生日期,学院名)
班级(<u>班号</u>,人数,学号,任职时间)

（2）1∶n 联系的转换方法

一个 1∶n 联系可以转换为一个独立的关系模式,也可以与 n 端实体对应的关系模式合并。转换规则如下:

如果将 1∶n 联系转换为一个独立的关系模式,则与该联系相连的各实体的码以及联系本身的属性均转换为关系的属性,而关系的码为 n 端实体的码。

如果将 1∶n 联系与 n 端实体合并,则是将 1 端实体的主码纳入 n 端实体所对应的关系模式中,并将联系本身的属性也加入 n 端实体的关系模式中,n 端关系的码不变。

【例6】 将图 5-21 所示的 E-R 图转换为关系模型。

解: 实体"宿舍"与"学生"之间是 1∶n 的联系,依据转换规则有两种转换方案。

① 方案 1:"居住"联系转换为一个独立的关系模式。

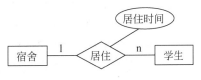

图 5-21　学生居住宿舍 E-R 图

学生(<u>学号</u>,姓名,性别,出生日期,学院名)
宿舍(<u>门牌号</u>,床位数)
居住(<u>学号</u>,门牌号,居住时间)

② 方案 2:"居住"联系与 n 端实体对应的关系模式合并。

宿舍(<u>门牌号</u>,床位数)
学生(<u>学号</u>,姓名,性别,出生日期,学院名,门牌号,居住时间)

（3）m∶n 联系的转换方法

一个 m∶n 联系只可转换为一个关系模式,与该联系相连的各实体的码以及联系本身的属性均转换为关系的属性,各实体的码组成关系的码或关系码的一部分。

【例7】 将图 5-11 所示的 E-R 图转换为关系模型。

解: 图 5-11 中实体"学生"与"课程"之间是 m∶n 的联系,依据转换规则转换后的关系模型包括以下关系模式。

① 每个实体转换为一个独立的关系模式。

学生(<u>学号</u>,姓名,性别,出生日期)
课程(<u>课程号</u>,课程名称,课程类别,课程性质,学分,教师号)

② m∶n 的联系转换为独立的关系模式。

选修(<u>学号,课程号</u>,成绩)

选修关系的主码是学生实体的主码和课程实体的主码的组合。

（4）多元联系的转换方法

三个或三个以上实体间的一个多元联系可以转换为一个关系模式。与该多元联系相连的各实体的码以及联系本身的属性均转换为关系的属性,各实体的码组成关系的码或关系码的一部分。

【例8】 将图 5-22 所示的 E-R 图转换为关系模型。

解:

① 分析各实体的属性为:

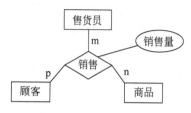

售货员：售货员编号,姓名,性别,年龄,工龄
顾客：顾客编号,顾客名称,住址,电话
商品：商品编号,商品名称,价格,进货时间

② 转换以后的关系模型为：

售货员(<u>售货员编号</u>,姓名,性别,年龄,工龄)
顾客(<u>顾客编号</u>,顾客名称,住址,电话)
商品(<u>商品编号</u>,商品名称,价格,进货时间)
销售(<u>售货员编号,顾客编号,商品编号</u>,销售量)

图 5-22　商品顾客售货员
多元联系 E-R 图

销售关系的主码为售货员编号、顾客编号及商品编号这三个属性的组合。

3. 关系合并规则

E-R 模型转换为关系模型后,关系模型中具有相同码的关系模式可根据实际需求合并为一个关系模式。如例 5 的方案 1,将任职联系转换成独立的关系模式,则候选码有学号、班号。如果选择学号作主码,则该独立的关系模式与学生关系模式具有相同的主码(学号),两个关系模式可以合并,合并的结果与方案 2 的结果相同。同理,如果选择班号作主码,则该独立的关系模式与班级关系模式具有相同的主码(班号),两个关系模式可以合并,合并的结果与方案 3 的结果相同。

【例 9】 将图 5-19 的基本 E-R 图转换为关系模型。

解：根据上述转换规则,转换过程可以分为三步。

① 实体的转换

每个实体转换为独立的关系模式,转换后的关系模式为：

学生(<u>学号</u>,姓名,性别,出生日期)
教师(<u>教师号</u>,姓名,性别,职称)
课程(<u>课程号</u>,课程名称,课程类别,课程性质,学时,学分)
学院(<u>学院名</u>,学生人数,教师人数,办公地点,办公电话)

② 1∶n 联系的转换

1∶n 联系与 n 端实体合并,联系"拥有"与实体"学生"合并,联系"属于"与实体"教师"合并,转换后实体"学生"与"教师"的关系模式变为：

学生(<u>学号</u>,姓名,性别,出生日期,学院名)
教师(<u>教师号</u>,姓名,性别,职称,学院名)

③ m∶n 联系的转换

m∶n 联系转换为独立的关系模式,联系"选修"及"授课"转换后的关系模式为：

选修(<u>学号,课程号</u>,成绩)
授课(<u>教师号,课程号,开课学期</u>)

授课关系的主码是教师号、课程号、开课学期三个属性的组合。

综上经过三步转换,图 5-19 的基本 E-R 图转换为具有"学生""教师""课程""学院""选修""授课"六个关系模式的关系模型。

5.4.2　关系模型的优化

为了满足用户对应用系统的功能需求及性能需求,根据具体情况,需要对由 E-R 模型转换形成的关系数据模型进行优化,关系规范化理论是优化关系模型有效的指南和工具。优化过程大致分为两步。

1. 确定关系模式的范式级别

首先分析确定每个关系模式中各属性之间的数据依赖关系以及不同关系模式中各属性之间的数据依赖关系。分析各关系模式是否存在部分函数依赖、传递函数依赖及多值依赖等,然后判断各关系模式分别属于第几范式。

2. 关系模式评价及改进

根据需求分析阶段得到的各项功能处理及性能指标要求,分析评价并确定各关系模式是否满足用户的功能要求,同时对性能进行预测,并判断各关系模式是否满足用户的需求,是否需要对某些模式进行分解或合并。对于一个具体的数据库应用系统,数据库模式到底规范到什么程度,需要设计人员综合考虑多种因素,权衡利弊,然后合理确定。

(1)合并

如果有若干个关系模式具有相同的码,并且对这些关系模式的处理经常是多关系的连接查询操作,那么可对这些关系模式进行合并以提高查询效率。

(2)分解

为了提高数据操作的效率和存储空间的利用率,最常用的关系模式优化方法就是分解,关系模式的分解有两种方式:水平分解和垂直分解。

① 水平分解

水平分解是把关系的元组以时间、空间、类型等属性取值为条件分为若干个子集合,由每个子集合构成一个子关系,对于经常进行大量数据的分类条件查询的关系进行水平分解,可以减少每次查询访问的记录数,提高了查询效率。

【例10】 某高校教学管理系统在查询学生信息时,经常查询在校生信息,有时也查询毕业生的相关信息。为改善信息系统性能,使单位时间内访问逻辑记录的个数尽量少,试完成对学生关系的水平分解。

解:原始学生关系为:

学生(学号,姓名,性别,出生日期,学院名)

将学生关系水平分解为两个关系。

一个关系用来存放在校生的信息,另一个关系用来存放毕业生的信息,两个关系模式如下:

在校生(学号,姓名,性别,出生日期,学院名)
毕业生(学号,姓名,性别,出生日期,学院名)

分解后,当查询在校生或毕业生的信息时,就只需在相应的关系中查找,显然单位时间内访问的记录数量大大减少了。

② 垂直分解

垂直分解是把关系模式的属性以非主属性所描述的数据特征为条件,分解为若干个子集合,形成若干个子关系模式,垂直分解的原则是把描述一类相同特征的属性划分在一个子集合中,形成一个子关系模式,垂直分解要保证分解后的关系具有无损连接性和函数依赖保持性。

190

【例11】 试完成对关系模式教师(教师号,姓名,性别,年龄,职称,家庭住址,联系电话)的垂直分解。

解：依据对各属性使用情况的分析,教师关系可垂直分解为两个关系模式：

教师基本信息(<u>教师号</u>,姓名,性别,年龄,职称)
教师家庭信息(<u>教师号</u>,家庭住址,联系电话)

分解后,当查询教师基本信息或教师家庭信息时,就只需在相应的关系中查找,与原始关系相比,查询时每条记录的属性减少了,因此减少了数据传递量,提高了查询速度。

经过对关系模式的评价及改进,最终确定的一组用户满意的符合规范化要求的关系模式,即为关系数据库的全局逻辑模型。

5.4.3 用户子模式的设计

数据库模式也称为逻辑模式,描述数据库的全局逻辑结构,综合考虑了所有用户的需求。外模式也称子模式或用户模式,描述与某一应用有关的数据的局部逻辑结构。由于不同的用户对数据的需求不同,因此不同用户的子模式描述的数据内容是不同的。将数据库系统的概念模型转换为全局逻辑模型后,还应该根据不同用户的局部应用需求,结合DBMS设计用户子模式。一个数据库只有一个模式,对应于同一数据库模式可以有任意多个子模式。

目前关系数据库管理系统一般都支持视图概念,可以利用这一功能实现用户子模式的设计。

设计数据库的模式主要考虑系统的功能、时间效率、空间效率、易维护等因素。外模式通常是模式的子集,同时与模式又是相对独立的,设计用户子模式时只需考虑用户对数据的使用要求、习惯及安全性要求。设计数据库的用户子模式时应考虑如下问题。

1. 使用更符合用户习惯的别名

在概念结构设计阶段集成各局部E-R图生成全局E-R图过程中,进行了消除命名冲突的工作,在设计数据库的全局结构时这项工作是非常必要的。但命名统一后会使某些局部用户感到不习惯,在设计用户子模式时,可以利用视图的功能,对用户子模式中的关系和属性名重新命名,使其与用户习惯一致,以方便用户的使用。

2. 为保证数据的安全,可以对不同级别的用户定义不同的子模式

由于视图能够对表中的行和列进行限制,因此对不同级别的用户定义不同的视图即子模式,可以保证系统数据的安全性。

【例12】 设有关系模式教师(教师号,姓名,性别,部门,职称,学历,专业,参加工作时间,基本工资,绩效工资,联系电话),试分析建立用户子模式。

解：为关系模式教师建立如下三个用户子模式(即三个视图)：

① 教师基本信息(<u>教师号</u>,姓名,性别,部门,职称,联系电话)
② 教师综合信息(<u>教师号</u>,姓名,性别,部门,学历,专业,参加工作时间,联系电话)
③ 教师工资信息(<u>教师号</u>,姓名,部门,基本工资,绩效工资)

其中①教师基本信息视图中包含普通办公人员可以查询的教师基本信息,②教师综合信息视图中包含人事部门可以查询的教师信息,③教师工资信息包含财务部门可以查询的教师信息。这样就可以防止用户非法访问不允许其查询的数据,从而在一定程度上保证了数据的安全性。

3. 简化用户对系统的使用步骤

实际应用系统中经常要使用某些很复杂的查询,这些查询包括多表连接、限制、分组及统计等。利用子模式可以简化查询步骤,为了方便用户,可以将这些复杂查询定义为视图,用户每次只对定义好的视图进行查询,从而避免每次查询对其进行重复描述,大大简化了用户对系统的使用步骤。

5.5 物理结构设计

数据库的物理结构指的是数据库在物理设备上的存储结构与存取方法,它依赖于给定的数据库管理系统。数据库的物理结构设计是指对于给定的逻辑数据模型选取一个最适合应用环境的物理结构。

由于不同的数据库产品所提供的物理环境、存取方法和存储结构各不相同,供设计人员使用的设计变量、参数范围也各不相同,所以数据库的物理结构设计没有通用的设计方法可以遵循,仅有一般的设计内容和设计原则供数据库设计人员参考。数据库设计人员都希望自己设计的数据库物理结构能满足事务在数据库上运行时的各项要求,如响应时间少、存储空间利用率高和事务吞吐率大等。因此设计人员应该详细地分析将要运行的事务,获取数据库物理设计所需要的参数,并且应当全面了解给定的 DBMS 的功能、提供的物理环境和工具,尤其是存储结构和存取方法。

数据库的物理结构设计一般分为两步:

(1)确定数据库的物理结构。

(2)评价物理结构。

其中,确定数据库的物理结构,在关系数据库中主要指存取方法和存储结构;评价物理结构,评价的重点是时间和空间效率。

5.5.1 确定数据库的物理结构

关系数据库物理结构设计的内容,主要包括为关系模式选择存取方法,以及确定关系、索引等数据库文件的物理存储结构,即形成数据库的内模式。

1. 关系模式存取方法的选择

设计人员在为关系模式选择存取方法时,首先应该对将要运行的事务进行详细分析,获得所需要的信息及参数,主要包括三个方面。

(1)数据库查询事务需要获取的信息

① 查询所涉及的关系。

② 查询条件所涉及的属性。

③ 连接条件所涉及的属性。

④ 查询列表中涉及的属性。

（2）数据库更新事务需要获取的信息

① 更新所涉及的关系。

② 每个关系上的更新条件所涉及的属性。

③ 更新操作所涉及的属性。

（3）每个事务在各关系上运行的频率和性能要求

以上这些事务信息对于关系模式存取方法的选择都有直接影响，是选择存取方法的依据。数据库上运行的事务会不断变化，数据库运行后需要根据事务信息的变化调整数据库的物理结构。

存取方法是快速存取数据库中数据的技术，数据库管理系统一般提供多种存取方法。物理结构设计的任务之一是根据关系数据库管理系统支持的存取方法确定选择哪些存取方法。

常用的存取方法为索引（indexing）方法和聚簇（clustering）方法。

（1）索引存取方法的选择

为关系模式选择索引存取方法，实际上就是根据应用要求确定对关系的哪些属性建立索引，哪些属性建立组合索引，哪些索引建立唯一索引等。建立索引的基本原则如下。

① 如果某个（或某些）属性经常在查询条件中出现，则考虑在这个（或这些）属性上建立索引（或组合索引）。

② 如果某个（或某些）属性经常在连接操作的连接条件中出现，则考虑在这个（或这些）属性上建立索引（或组合索引）。

③ 如果某个属性经常作为分组的依据列，则考虑在这个属性上建立索引。

由于系统为维护索引及查找索引都要付出代价，因此在关系模式上建立的索引数并不是越多越好。例如，在更新频率很高的关系上定义的索引，数量就不能太多。因为更新一个关系时，必须对这个关系上有关的索引作相应的修改。总之，在为数据库中的关系建立索引时，应权衡数据操作的类型。如果查询多，并且对查询的性能要求较高，则应考虑多建一些索引；如果数据更新多，并且对更改的效率要求较高，则应考虑少建一些索引。

（2）聚簇存取方法的选择

在一个关系模式中，为了提高某个属性或属性组的查询速度，把这个属性或属性组上具有相同值的元组集中存放在连续的物理块上的处理称为聚簇，这个属性或属性组称为聚簇码。

聚簇功能同样适用于经常进行连接操作的多个关系，即把多个具有连接关系的元组按连接属性值聚集存放，连接属性成为聚簇码，可以大大提高连接操作的效率。

一个数据库可以建立多个聚簇，但一个关系模式只能加入一个聚簇。选择聚簇存取方法就是确定需要建立多少个聚簇，确定每个聚簇中包括哪些关系。

聚簇设计可分两步进行：首先根据规则确定候选聚簇，然后从候选聚簇中去除不必要的关系。

设计候选聚簇的原则如下。

① 对经常进行连接操作的关系可以建立聚簇。

② 如果某个关系的一组属性经常出现在相等、比较条件中，则该单个关系可建立聚簇。

③ 如果某个关系的一个（或一组）属性上的值重复率很高，则此单个关系可建立聚簇。

即对应每个聚簇码值的平均元组数不能太少,太少则聚簇的效果不明显。

检查候选聚簇中的关系,取消其中不必要的关系,主要方法分为以下几种。

① 从聚簇中删除经常进行全表扫描的关系。

② 从聚簇中删除更新操作远多于连接操作的关系。

③ 不同的聚簇中可能包含相同的关系,一个关系可以在某一个聚簇中,但不能同时加入多个聚簇。应从多个聚簇方案(包括不建立聚簇)中选择一个较优的方案,即在这个聚簇上运行各种事务的总代价最小的方案。

建立聚簇时应注意以下三个问题。

① 聚簇虽然提高了某些应用的性能,但是建立与维护聚簇的代价较大。

② 对已有的关系建立聚簇,将导致关系中的元组移动其物理存储位置,这样会使关系上原有的索引无效,要想使用原索引就必须重建原有索引。

③ 当一个元组的聚簇码值改变时,该元组的存储位置也要做相应移动,所以聚簇码值应当相对稳定,以减少修改聚簇码值所引起的维护代价。

综合以上因素,一个关系是否选择聚簇存取方法应根据实际情况综合分析确定。

2. 数据库文件存取结构的确定

关系数据库物理结构的设计除了选择关系模式的存取方法,还包括确定关系、索引、聚簇、日志及备份等数据库文件的存放安排和存储结构,确定系统配置等。确定数据的存放位置和存储结构要综合考虑存取时间、存储空间利用率和维护代价三方面的因素,需要综合考虑,以选择合理的方案。

(1) 确定数据的存放位置

为了提高系统性能,应该根据应用情况将数据的易变部分与稳定部分、经常存取部分和存取频率较低部分分开存放。对于有多个磁盘的计算机,可以采用下面几种存取位置的分配方案。

① 将表和索引放在不同的磁盘上,这样在查询时,由于两个磁盘驱动器并行工作,可以提高物理 I/O 读写的效率。

② 将比较大的表分别放在两个磁盘上,以加快存取速度,这在多用户环境下特别有效。

③ 将日志文件、备份文件与数据库对象(表、索引等)放在不同的磁盘上以改进系统的性能。

④ 对于经常存取或存取时间要求高的对象(如表、索引)应放在高速存储器(如硬盘)上,对于存取频率小或存取时间要求低的对象(如数据库的数据备份和日志文件备份等只在故障恢复时才使用),如果数据量很大,可以存放在低速存储设备上。

由于各个系统所能提供的对数据进行物理安排的手段、方法差异很大,因此设计人员应仔细了解给定的 DMBS 提供的方法和参数,针对具体应用环境的要求,对数据进行适当的物理安排。

(2) 确定系统配置

在数据库物理设计阶段,设计人员需要确定系统配置参数。DBMS 产品一般都提供了一些系统配置变量和存储分配参数,供设计人员对数据库进行物理优化。在初始状态下,DBMS 为这些变量赋予了合理的默认值,但是这些默认值不一定适合每一种应用环境,在进行数据库的物理设计时还需要根据应用需求重新对这些变量赋值,以改善系统的性能。

系统配置变量很多,例如:同时使用数据库的用户数,同时打开的数据库对象数,内存分配参数,缓冲区分配参数(使用的缓冲区长度、个数),存储分配参数,物理块的大小,物理块装填因子,时间片大小,数据库的大小及锁的数目等,这些参数值对存取时间和存储空间的分配都有影响,物理设计时需要根据应用环境确定这些参数值,以优化系统的性能。在物理设计阶段对这些系统配置变量调整后,在数据库运行阶段还要根据实际运行情况做进一步的参数调整,以改进系统的性能。

5.5.2 评价物理结构

物理结构设计过程中需要权衡时间效率、空间效率、维护代价和各种用户要求等多种因素,因此会产生多种设计方案,数据库设计人员应该对这些方案进行全面细致的评价,从中选择一个较优的方案作为数据库的物理结构。

对物理结构设计方案的评价方法完全依赖于具体的关系数据库管理系统。首先需要定量估算各种方案的存储空间、存取时间和维护代价,然后对估算结果进行比较和权衡,选择出一个合理可行的物理结构方案。具体需要考虑的量化指标主要有如下几类。

(1)查询和响应时间。响应时间是从查询开始到查询结果显示之间所需要的时间。一个完好的应用程序设计可以减少 CUP 时间和 I/O 时间。

(2)更新事务的时间。主要是修改索引、重写物理块或文件以及写校验码等方面的时间需求量。

(3)生成报告的时间。主要包括索引、重组、排序和结果显示的时间需求量。

(4)主存储空间的需求量。包括程序和数据所占用的空间。对数据库设计者来说,一般可以对缓冲区做适当的控制,如缓冲区个数和大小。

(5)辅助存储空间的需求量。辅助存储空间分为数据块和索引块两种,设计人员可以控制索引块的大小、索引块的充满度等。

在具体实施过程中,数据库设计人员只能对 I/O 和辅助空间进行有效控制。其他方面只能是有限的控制或者根本就不能控制。如果评价结果满足原设计的要求,则可以进入数据库实施阶段,否则应该重新设计或修改物理结构,甚至可能要返回逻辑设计阶段修改数据模型。

5.6 数据库的实施和维护

依据数据库设计的步骤,数据库物理结构设计完成后,即可进入数据库实施阶段,数据库实施后试运行结果满意,即可进入数据库运行与维护阶段。

5.6.1 数据库实施

数据库实施是指根据逻辑设计和物理设计的结果,在计算机上建立实际的数据库结构、加载数据、进行测试和试运行的过程。数据库实施主要包括加载数据、应用程序调试和数据库试运行等工作。

1. 加载数据和应用程序调试

向数据库中装入数据又称为数据库加载(Loading),是数据库实施阶段的主要工作。在数据库加载前,首先根据逻辑设计和物理设计的结果,在计算机上建立实际的数据库结构;在数据库结构建好之后,就可以向数据库中加载数据了。

实际数据库应用系统中的原始数据量一般都很大,来源于一个企业(或组织)中各个部门的数据文件、报表或多种形式的单据,存在着许多交叉重复现象,并且数据的组织方式、格式和结构一般都不符合数据库系统的要求。必须把这些数据从各个局部应用中抽取出来,汇总整理,去掉冗余,并转换成符合数据库中数据结构的形式,这样处理之后才能装入数据库。因此,数据入库之前的处理工作需要耗费大量的人力、物力,是一种非常单调乏味而又非常重要的工作。特别是原来用手工处理数据的系统,各类数据分散在各种不同的原始表单、凭据和单据之中。在向新的数据库系统中输入数据时,需要处理大量的纸质数据,工作量就更大了。

对于一个具体的数据库应用系统,在数据库实施阶段,为了提高数据输入工作的效率和质量,应该针对具体的应用环境设计一个数据录入子系统,用来解决数据转换和输入问题。为了保证数据库中的数据正确,必须十分重视数据的校验工作。在数据入库前应该采用多种方法对数据进行多次校验。对于重要数据的校验更应该反复进行,确认无误后再输入到数据库中。

目前,很多 DBMS 都提供了数据导入的功能,有些 DBMS 还提供了功能强大的不同系统之间的数据转换功能。比如 SQL Server 就提供了功能强大、方便易用的数据导入和导出功能。

5.1 节已论述了数据库设计的特点之一,是数据库结构设计与数据库应用系统的程序设计应相互结合同时进行,因此在组织数据入库的同时还要调试系统的应用程序。应用程序的设计及编码、调试程序的方法及步骤在软件工程等课程中有详细讲解,本书第 10 章通过一个完整的应用实例,论述了数据库应用系统的程序设计与数据库设计相结合的开发过程。

2. 数据库的试运行

数据库实施过程中,各类数据有一小部分加载入库后,并且应用程序的功能调试已初步完成,就可以开始对数据库系统进行联合调试了,这称为数据库的试运行。试运行期间主要完成两方面的工作。

(1) 功能测试

实际运行数据库应用程序,执行对数据库的各种操作,测试应用程序的功能是否满足设计要求。如果应用程序的功能不能满足设计要求,则需要对应用程序进行修改及调整,直到达到设计要求为止。

(2) 性能测试

测试系统的性能指标,分析其是否符合设计目标,由于对数据库进行物理设计时考虑的性能指标是近似的估计,与实际系统运行产生的指标有一定的差距,因此必须在试运行阶段实际测量和评价系统性能指标。如果测试的结果与设计目标不符,则要返回物理设计阶段,重新调整物理结构,修改系统参数,某些情况下甚至要返回逻辑设计阶段,修改逻辑结构。

数据库试运行期间注意两点。

(1) 数据库的试运行操作应分步进行,前面已经讲到组织数据入库是十分繁杂、费时费力的事,如果试运行后还需要修改数据库的设计,就会导致数据的重新入库,因此应分期分批地组织数据入库,首先输入小批量数据做调试用,在试运行结束基本合格后,再大批量输入数据,逐步增加数据量,逐步完成运行指标的评价。

(2) 数据库的实施和调试是不可能一次完成的,在数据库试运行阶段,由于系统运行还不稳定,随时可能发生软件故障。同时,由于系统的操作人员对新系统还不够熟悉,也可能发生误操作。因此,在数据库试运行时,应首先调试运行数据库的转储和恢复功能,如果发生故障,能够尽快恢复数据库中数据,尽量减少对数据库的破坏。

5.6.2 数据库的运行和维护

数据库实施后若系统试运行结果满意,则数据库就可以投入正式运行了,即进入数据库运行与维护阶段。数据库投入运行标志着开发工作的基本完成和维护工作的开始,在此阶段,需要不断地对数据库进行评价、调整和维护。

在数据库运行与维护阶段,对数据库的日常维护主要由数据库管理员(DBA)完成,其主要工作包括以下四个方面。

1. 数据库的转储和恢复

数据库的转储和恢复是系统正式运行后最重要的维护工作之一。需要 DBA 针对不同的应用要求制定不同的转储计划,以保证一旦发生故障能够利用备份文件尽快将数据库恢复到某种一致的状态,使数据库被破坏程度降为最低,以保证数据库系统的正常运行。

2. 数据库的安全性和完整性控制

随着数据库应用环境的变化,对数据库的安全性和完整性要求也会发生变化。比如,要增加或修改某些用户的权限,增加或删除用户,或者某些数据的取值范围发生变化等,都需要 DBA 对数据库中相应的部分进行适当的调整,以反映这些新的变化,实现对数据库的安全性与完整性的控制。

3. 数据库性能的监督、分析和改造

在数据库运行过程中,DBA 的另一项重要任务是监督系统运行、对监测数据进行分析并找出改进系统性能的方法。目前有些 DBMS 产品提供了监测系统性能的参数工具,DBA 可以利用这些工具方便地监测系统运行的性能参数,判断系统运行状况,并确定如何改进。

4. 数据库的重组织与重构造

数据库正式运行后,随着数据的不断增加、删除和修改,数据库的存取效率会逐步降低,这就要求 DBA 改变数据库数据的组织方式,通过增加、删除或调整部分索引等方法,改善系统的性能。数据库的重组织并不改变原数据库设计的逻辑结构与物理结构。

数据库应用环境的变化可能导致数据库的逻辑结构发生变化,例如,需要增加新的实体,增加某些实体的属性,或实体之间的联系发生了变化,这样使原有的数据库设计不能满足新的要求,必须对原来的数据库进行重新构造,适当调整数据库的模式和内模式,例如,增加新的数据项,增加或删除索引,修改完整性约束条件等。数据库的重构造需要部分修改原数据库的模式和内模式。

DBMS 一般都提供了重新组织和构造数据库的应用程序,以帮助 DBA 完成数据库的重组和重构工作。

只要数据库系统在运行,就需要不断地进行修改、调整和维护。一旦应用变化太大,数据库重组织和重构造都解决不了,就表明数据库应用系统的生命周期结束了,应该重新设

计、建立新的数据库系统,同时标志着一个新的数据库应用系统生命周期的开始。

5.7 小 结

本章主要讨论基于关系数据库管理系统的关系数据库设计问题。数据库设计的基本步骤大致分为六个阶段:需求分析、概念结构设计、逻辑结构设计、物理结构设计、数据库实施、数据库运行与维护。本章详细讨论了每一设计阶段的任务、方法和步骤。重点论述了概念结构设计和逻辑结构设计的方法和步骤,这是数据库设计过程中最重要的两个环节。本章以高校教学信息管理系统为例讨论了数据库设计各阶段的设计方法和步骤。

需求分析是整个数据库设计过程的基础,数据库设计人员(系统分析员)和用户双方共同收集与分析数据库所需要的信息,准确了解用户对系统的需求,弄清系统的目标和将要实现的功能,并以需求规格说明书的形式确定下来,作为数据库系统开发和验证的依据。

概念结构设计是数据库设计人员对需求分析阶段获得的用户需求进行综合、归纳与抽象,形成反映应用系统信息需求的数据库概念结构,即概念模型(E-R 模型)。这一阶段主要介绍了采用自底向上的策略设计概念结构的两个步骤:第一步是抽象数据并设计局部概念结构;第二步是集成局部概念结构,得到全局概念结构。概念模型独立于计算机的硬件,独立于支持数据库的 DBMS。

逻辑结构设计的任务是将概念模型转换为与选用的 DBMS 所支持的数据模型相符合的逻辑结构。目前的数据库应用系统大都采用支持关系数据模型的关系数据库管理系统,这一阶段主要讨论了关系数据库的逻辑结构设计问题,详细介绍了 E-R 模型向关系模型的转换、关系模型的优化及用户子模式的设计。

物理结构设计就是为给定的逻辑模型选取一个适合应用环境的物理结构,物理结构设计包括确定物理结构和评价物理结构两部分。这一阶段介绍了关系数据库物理结构设计的内容,主要包括为关系模式选择存取方法,以及确定关系、索引等数据库文件的物理存储结构,即形成数据库的内模式。

数据库实施阶段的任务,是根据逻辑设计和物理设计的结果,在计算机上建立起实际的数据库结构,加载数据并试运行整个数据库应用系统。

数据库的运行与维护是数据库设计的最后阶段。对数据库的日常维护主要由数据库管理员(DBA)完成,这一阶段介绍了 DBA 维护工作的主要内容:数据库的转储和恢复,数据库的安全性和完整性控制,数据库性能的监督、分析和改造,数据库的重组织与重构造。只要数据库系统在运行,就需要不断地对其进行修改、调整和维护。

学习本章应努力掌握书中讨论的每个设计阶段的基本方法,学会在实际应用系统中设计符合应用需求的概念结构、逻辑结构及物理结构,构建数据库的模式、外模式及内模式,将数据库设计与应用系统程序设计结合起来,形成满足用户需求的数据库应用系统。

习 题

1. 简述数据库设计的特点。
2. 简述数据库设计的基本步骤。

3. 试述数据库设计过程中形成的数据库三级模式。

4. 简述需求分析阶段的任务。

5. 数据字典的内容和作用是什么？

6. 数据库概念结构设计的策略是什么？

7. 简述数据库的逻辑结构设计步骤。

8. 把 E-R 模型转换为关系模式的转换规则有哪些？

9. 数据模型的优化包含哪些方法？

10. 简述数据库物理结构设计的内容和步骤。

11. 简述数据库实施阶段的主要任务。数据输入在实施阶段的重要性是什么？

12. 什么是数据库的重组织和重构造？为什么要进行数据库的重组织和重构造？

13. 设某商场有商业销售记账数据库。一个顾客(顾客姓名,单位,电话号码)可以买多种商品,一种商品(商品名称,型号,单价)供应多个顾客。试画出对应的 E-R 图。

14. 某工厂生产若干产品,每种产品由不同的零件组成,每种零件可用在不同的产品上。这些零件由不同的原材料制成,不同零件所用的材料可以相同。这些零件按所属的不同产品分别放在仓库中,原材料按照类别放在若干仓库中。请画出 E-R 图描述此工厂产品、零件、材料、仓库的概念模型。

15. 假定一个部门的数据库包括以下的信息：

• 职工的信息：职工号、姓名、住址和所在部门。

• 部门的信息：部门所有职工、经理和销售的产品。

• 产品的信息：产品名、制造商、价格、型号及产品内部编号。

• 制造商的信息：制造商名称、地址、生产的产品名称、价格。

试画出描述这个数据库概念结构的 E-R 图。

16. 将图 5-23 所示的 E-R 图转换为关系模型。

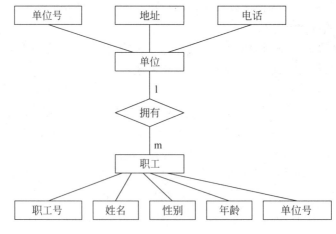

图 5-23　单位拥有职工的 E-R 图

17. 将图 5-24 所示的 E-R 图转换为符合 3NF 的关系模式,并指出每个关系模式的主码和外码。

18. 某医院病房计算机管理中需要如下信息：

科室信息：科名,科地址,科电话,医生姓名
病房信息：病房号,床位号,所属科室名
医生信息：姓名,职称,所属科室名,年龄,工作证号
病人信息：病历号,姓名,性别,诊断,主管医生,病房号

其中,一个科室有多个病房、多个医生,一个病房只能属于一个科室,一个医生只属于一个科室,但可负责多个病人的诊治,一个病人的主治医生只有一个。

试完成如下设计：

(1) 设计该医院病房计算机管理系统的 E-R 图；

(2) 将该 E-R 图转换为关系模型；

(3) 指出转换结果中每个关系模式的候选码。

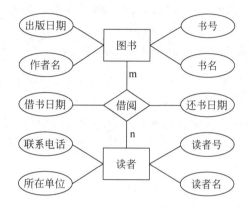

图 5-24　读者借阅图书的 E-R 图

第6章 数据库安全性

【本章主要内容】

1. 简要介绍计算机系统的安全标准以及数据库安全性控制的常用方法。

2. 重点阐述存取控制方法（DAC 和 MAC）。

3. 简单讨论了审计、视图及加密机制在数据库安全性方面的作用。

计算机系统的可靠性一般是指系统正常地无故障运行的概率。数据库的可靠性概念则是指数据库的安全性（Security）与完整性（Integrity）。

首先介绍一些有关数据库安全性与完整性的专用名词与基本概念。

数据库的安全性是指对数据库进行安全控制，保护数据库以防止不合法的使用所造成的数据泄露、更改或破坏。

数据库的完整性是指数据的正确性和相容性。即完整性保证数据的准确和一致，使数据库中的数据在任何时刻都是有效的。

数据的完整性与安全性是数据库保护的两个方面。安全性是防止用户非法使用数据库，包括恶意破坏数据和越权存取数据。完整性则是防止合法用户使用数据库时向数据库中加入不合语义的数据。也就是说，安全性措施的防范对象为非法用户和非法操作，完整性措施防范的对象是错误无效的数据。

数据库的特点之一是由数据库管理系统提供统一的数据保护功能来保证数据的安全可靠和正确有效。数据库的数据保护主要包括数据的安全性和完整性。本章主要介绍数据库的安全性，第 7 章将讨论数据库的完整性。

6.1 数据库安全性概述

安全性问题不是数据库系统所独有的，它和计算机系统的安全性紧密相连、相互支持。所有计算机系统都存在不安全因素。数据库是计算机系统中大量数据集中存放的场所，它保存着长期积累的信息资源，而且这些资源为众多最终用户所共享，但数据共享必然带来数据库的安全性问题。那么如何保护这些信息，使之不受来自外部的破坏与非法使用是DBMS 的重要任务。因此，数据库系统中的数据共享不能是无条件的共享，而必须是在DBMS 统一严格的控制之下，只允许有合法使用权限的用户访问允许其存取的数据。

数据库中数据的安全保护是多方面的，包括：

① 计算机系统内部的保护；

② 网络中数据传输时数据保护；

③ 计算机硬件系统的数据保护；

④ 操作系统中的数据保护；

⑤ 数据库系统中的数据保护；

⑥ 应用系统中的数据保护；

⑦ 计算机系统外部的保护；

⑧ 环境的保护：如加强警戒、防火、防盗等；

⑨ 社会的保护：如建立各种法规、制度，进行安全教育等；

⑩ 设备保护：如及时进行设备检查、维修以及更新等。

在这些保护中，数据库系统中的数据保护是至关重要的。数据库的安全性是衡量一个数据库管理系统优劣的重要技术指标之一。

6.1.1 数据库的不安全因素

对数据库安全性产生威胁的主要因素来自于以下几方面。

1. 非授权用户对数据库的恶意存取和破坏

一些黑客(Hacker)和犯罪分子在用户存取数据库时猎取用户名和用户口令，然后假冒合法用户窃取、修改甚至破坏用户数据；或者写一段合法的程序绕过 DBMS 及权限机制的检查；可以直接存取、修改或备份数据库中的数据；编写应用程序执行非授权操作等。因此，必须阻止有损数据库安全的非法操作，以保证数据免受未经授权的访问和破坏，数据库管理系统提供的安全措施主要包括用户身份鉴别、存取控制和视图等技术。

2. 数据库中重要或敏感的数据被泄露

再有就是别有用心的人千方百计盗窃数据库中的重要数据，一些机密信息被暴露。为防止数据泄露，数据库管理系统提供的主要技术有强制存取控制、数据加密存储和加密传输等。

此外，在安全性要求较高的部门(如政府部门、军事部门等)提供审计功能，通过分析审计日志，首先可以对潜在的威胁提前采取措施加以防范；其次也可以对非授权用户的入侵行为及信息破坏情况能够进行跟踪，防止对数据库安全责任的否认。

3. 安全环境的脆弱性

之前说过，安全性问题不是数据库系统所独有的，它和计算机系统的安全性，包括计算机的硬件、操作系统、网络系统等的安全性是紧密联系的。所有计算机系统都存在不安全因素。操作系统安全的脆弱、网络协议安全保障的不足等也会造成数据库安全性的破坏。因此，必须加强计算机系统的安全性保证。那么如何才能规范和指导安全计算机系统部件的生产，较为准确地测定产品的安全性能指标？为此，在计算机安全技术方面逐步发展建立了一套可信(Trusted)计算机系统的概念和标准。以下讨论计算机安全标准的相关问题。

6.1.2 计算机系统安全性

计算机系统安全性是指为计算机系统建立和采取的各种安全保护措施，以保护计算机系统中的硬件、软件及数据，防止因偶然或恶意的原因使系统遭到破坏，数据遭到更改或泄露等。

如图 6-1 是一个计算机系统的多级安全模型，是数据库安全保护的一个存取控制流程。

其中的网络安全控制是数据库应用的外部环境和基础,是外部入侵数据库安全的第一道屏障。网络系统层的安全防范技术有多种,大致可以分为防火墙、入侵检查、数字签名与认证技术。

其次,数据库管理系统对提出 SQL 访问要求的数据库用户进行身份鉴别,防止不可信用户使用系统。

第三,在 SQL 处理层进行自主存取控制和强制存取控制,进一步还可以进行推理控制;为监控恶意访问,可根据具体安全需求配置审计规则,对用户访问行为和系统关键操作进行审计;通过设置简单入侵检测规则,对异常用户行为进行检查和处理。

第四,操作系统安全保护的相关控制(该部分内容超出本书范围,有兴趣的同学可参考相关书籍)。

最后,在数据存储层,数据库管理系统不仅存放用户数据,还存储与安全有关的标记和信息(称为安全数据),提供存储加密功能等。

计算机系统安全性分为三大类:技术安全类、管理安全类、政策法律类。本章介绍技术安全类。

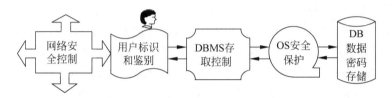

图 6-1　计算机系统安全模型

6.1.3　安全标准

为降低进而消除对系统的安全攻击,在计算机安全技术方面逐步建立了一套可信标准。计算机以及信息安全技术方面有一系列的安全标准。在目前各国所引用或制定的一系列安全标准中,最有影响也是最基础的当推 1985 年美国国防部(Department of Defense,DoD)正式颁布的《DoD 可信计算机系统评估准则》(Trusted Computer System Evaluation Criteria,TCSEC 或 DoD85),TCSEC 又称为桔皮书。制定该标准的目的主要有以下几点。

(1) 提供一种标准,使用户可以对其计算机系统内敏感信息安全操作的可信程度作评估。

(2) 给计算机行业的制造商提供一种可循的指导规则,使其产品能够更好地满足敏感应用的安全需求。

在 TCSEC 推出后的 10 年里,不同的国家都开始启动开发建立在 TESEC 概念上的评估准则,如欧洲的信息技术安全评估准则(Information Technology Security Evaluation Criteria,ITSEC)、加拿大的可信计算机产品评估准则(Canadian Trusted Computer Product Evaluation Criteria,CTCPEC)、美国的信息技术安全联邦标准(Federal Criteria,FC)草案等。这些准则比 TCSEC 更加灵活,适应了 IT 技术的发展。

为满足全球 IT 市场互认标准化安全评估结果的需要,CTCPEC、FC、TCSEC 和 ITSEC 的发起组织于 1993 年起开始联合行动,解决原标准中概念和技术上的差异,将各自独立的准则集合成一组单一的、能被广泛使用的 IT 安全准则,这被称为通用准则(Common Criteria,CC)项目。项目发起组织的代表建立了专门的委员会开发通用准则,历经多次讨论和修订,CC V2.1 版于 1999 年被 ISO 采用为国际标准,2001 年被我国采用为国家标准。

目前 CC 已经基本取代了 TCSEC,成为评估信息产品安全性的主要标准。

1991 年 4 月美国 NCSC(国家计算机安全中心)颁布了《可信计算机系统评估标准关于可信数据库系统的解释》(TCSEC/Trusted Database Interpretation,TCSEC/TDI,简称 TDI,即紫皮书),将 TESEC 扩展到数据库管理系统。TCSFC/TDI 中定义了数据库管理系统的设计与实现中需满足和用以进行安全性级别评估的标准。从 4 个方面来描述安全性级别划分的指标,即安全策略、责任、保证和文档。每个方面又分为若干项。

上述一系列标准的发展历史如图 6-2 所示。

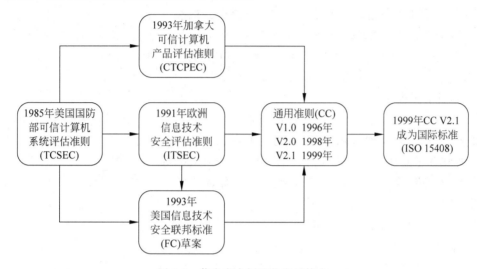

图 6-2　信息安全标准的发展简史

根据计算机系统对各项指标的支持情况,TCSEC/TDI 标准中将数据安全划分为四组七个等级。依次为 D、C(C1、C2)、B(B1、B2、B3)、A(A1),安全性级别划分如表 6-1 所示。

表 6-1　安全级别

安全级别	定　义
A1	验证设计(verified design)
B3	安全域(security domains)
B2	结构化保护(structural protection)
B1	标记安全保护(labeled security protection)
C2	受控的存取保护(controlled access protection)
C1	自主安全保护(discretionary security protection)
D	最小保护(minimal protection)

这里要说明的是:数据库安全常用的级别是 C2 级、B1 级和 B2 级。

1. TCSEC/TDI 标准

TCSEC/TDI 标准是目前常用的标准,现介绍如下。

(1) D 级标准:该级是最低级别,为基本无安全保护的系统。

保留 D 级的目的是为了将一切不符合更高标准的系统统归于 D 组。如 DOS 就是操作系统中安全标准为 D 级的典型例子,它具有操作系统的基本功能,如文件系统、进程调度等,但在安全性方面几乎没有什么专门的机制来保障。

(2) C1 级标准。该级只提供了非常初级的自主安全保护,满足该级别的系统必须具有如下功能:

① 用户和数据的分离;

② 身份标识与鉴别;

③ 自主存取控制(Discretionary Access Control,DAC);

④ 保护或限制用户权限的传播。

其核心是自主存取控制。C1 级安全适合于单机工作方式,现有的商业系统往往稍作改进,即可满足要求。目前国内使用的系统大都符合此标准。

(3) C2 级标准。满足该级别的系统必须具有如下功能:

① 满足 C1 标准的全部功能,并将 C1 级的 DAC 进一步细化;

② 以个人身份注册负责;

③ 审计和资源隔离。

C2 级安全的核心是审计。该级实际上是安全产品的最低档,提供受控的存取保护。很多商业产品已得到 C2 级别的认证。达到 C2 级的产品在其名称中往往不突出"安全"这一特色。如操作系统中的 Windows 2000,数据库产品中的 Oracle 7 等。

(4) B1 级标准。满足该级别的系统必须具有如下功能:

① 满足 C2 标准的全部功能;

② 实施强制存取控制(Mandatory Access Control,MAC);

③ 审计。

B1 级安全的核心是强制存取控制,该安全级别适于网络工作方式。只有具有该级别的产品才被认为是真正意义上的安全产品,满足此级别的产品前一般多冠以"安全"(Security)或"可信的"(Trusted)字样,作为区别于普通产品的安全产品出售。B1 级能够较好地满足大型企业或一般政府部门对于数据的安全需求,数据库系统中符合 B1 级标准者称为安全数据库系统或可信数据库系统。例如,数据库产品有 Oracle 公司的 Oracle 9i,IBM 公司的 DB2 V8.2 等。

(5) B2 级标准。满足该级别的系统必须具有如下功能:

① 满足 B1 标准的全部功能;

② 预防隐蔽通道;

③ 数据库安全的形式化。

B2 级是结构化保护。建立形式化的安全策略模型,并对系统内的所有主体和客体实施 DAC 和 MAC。B2 级安全核心是预防隐蔽通道与安全的形式化,它适合于网络工作方式。

目前,经过认证的、B2 级以上的安全系统非常少。例如,符合 B2 级标准的操作系统有 Trusted Information Systems 公司的 Trusted XENIX 产品等。现国内外均尚无符合此类标准的数据库产品,其主要的难点是数据库安全的形式化表示困难。

(6) B3 级标准。满足该级别的系统必须具有如下功能:

① 满足 B2 级标准的全部功能;

② 访问监控器。

B3 级安全核心是访问监控器,它适合于网络工作方式。该级的 TCB(Trusted

Computing Base)必须满足访问监控器的要求,审计跟踪能力更强,并提供系统恢复过程。目前国内外均尚无符合此类标准的系统。

（7）A级标准。满足该级别的系统必须具有如下功能：

① 满足 B3 级标准的全部功能；

② 较高的形式化要求。

此级为安全最高等级,即提供 B3 级保护的同时给出系统的形式化设计说明和验证,以确保各安全保护真正实现。该级别应具有完善的形式化要求,目前尚无法实现,仅是一种理想化的等级。

2. 我国国家标准

1996 年国际标准化组织 ISO 颁布了"信息技术安全-信息技术安全性评估准则"(Information Technology Security Techniques-Evaluation Criteria for IT Security),简称 CC 标准。其 CC V2.1 版本于 1999 年被 ISO 采用为国际标准。2001 年被我国作为国家标准,该标准与 TESEC 标准比较,有近似对应的级别,如表 6-2 所示。

表 6-2　TCSEC 标准与国标的级别对照

TCSEC 标准	我国标准（CC 评估保证级）
A1 级标准	EAL7：形式化验证的设计和测试
B3 级标准	EAL6：半形式化验证的设计和测试
B2 级标准	EAL5：半形式化设计和测试
B1 级标准	EAL4：系统地设计、测试和复查
C2 级标准	EAL3：系统地测试和检查
C1 级标准	EAL2：结构测试
	EAL1：功能测试

6.2　数据库安全性控制

在一般计算机系统中,安全措施是一级一级层层设置的。例如,在图 6.1 所示的安全模型中,用户要求进入计算机系统时,系统首先根据输入的用户标识进行用户身份鉴定,只有合法的用户才准许进入计算机系统；对已进入系统的用户,数据库管理系统还要进行存取控制,只允许用户执行合法操作。

DBMS 的安全子系统主要包括两部分。

① 定义用户权限：定义用户使用数据库的权限,并将用户权限登记到数据字典中。

② 合法权限检查：若用户的操作请求超出了定义的权限,系统将拒绝执行此操作。

在数据库系统中,控制的数据对象不仅有数据本身,如表、属性列等,还有模式、外模式、内模式等数据字典中的内容,定义存取权限为授权。操作系统也会有自己的保护措施,数据最后还可以以密码的形式存储到数据库中。

关于操作系统的安全保护措施,例如：强力逼迫透露口令、盗窃物理存储设备等行为、对出入机房登记以及加锁等而采取的保护措施,不在数据库安全的讨论之列。读者如果想了解相关内容,可参考有关书籍,这里不再赘述。

采用的数据库安全性控制的一般方法有用户标识与鉴别、存取控制、视图机制、数据加密和跟踪审计等。下面分别讨论各个方面的内容。

6.2.1 用户标识与鉴别

任何系统软件的安全性控制都从用户管理开始,因此用户标识和鉴定是系统提供的最外层安全保护措施,是界定用户是否可以使用该系统的第一层认证。

其方法是由系统提供一定的方式让每个用户在系统中都有一个用户标识用来标识自己的名字或身份。用户标识由用户名(User name)和用户标识号(UID)两部分组成。

UID 在系统的整个生命周期内是唯一的。系统内部记录着所有合法用户的标识,每次用户要求进入系统时,由系统将用户提供的身份标识与系统内部记录的合法用户标识进行核对,通过鉴定后才提供机器使用权。用户标识和鉴别的方法有很多种,而且在一个系统中往往是多种方法的结合,以获得更强的安全性。

(1) 增加口令的复杂度,并从口令的管理、存储及传输等多方面保障口令的安全可靠。例如,要求口令长度至少是 8 个(或者更多)字符;口令要求是字母、数字和特殊字符混合,其中,特殊符号是除空白字符、英文字母、单引号和数字外的所有可见字符。在此基础上,管理员还能根据应用需求灵活地设置口令强度,例如,设定口令中数字、字母或特殊符号的个数;设置口令是否可以是最简单的常见单词,是否允许口令与用户名相同;设置重复使用口令的最小时间间隔;有的数据库系统支持用户在口令中使用非打印字符或在口令的末尾加入空格,这样即使有人看到口令,也是不完整的,仍然无法进入系统等。

(2) 有的数据库系统对用户口令进行加密保存,在存储和传输过程中口令信息不可见,这样即使有人看到数据库中用户信息,也无法破解原始密码。用户身份鉴别可以重复多次。

(3) 动态口令鉴别。它是目前较为安全的鉴别方式。这种方式的口令是动态变化的,每次鉴别时均需使用动态产生的新口令登录数据库管理系统,即采用一次一密的方法。每次登录数据库管理系统采取"询问-回答"的机制,即每个用户都预先约定好一个计算函数,验证用户身份时,系统提供一个随机数,用户根据自己预先约定的计算函数进行计算,系统根据用户的计算结果是否正确来判断用户身份是否合法。这种方法没有口令在系统中保存或在网络上传送,增加了口令被窃取或破解的难度,不存在口令泄漏问题。

(4) 生物特征鉴别。这是一种安全性较高的认证技术。它是通过生物特征进行认证的,这些生物特征包括签名、指纹、虹膜、声音和掌纹等。它们都是生物体唯一具有的、可测量、识别和验证的稳定生物特征。这种方式通过采用图像处理和模式识别等技术实现了基于生物特征的认证,与传统的口令鉴别相比,无疑产生了质的飞跃。但需要昂贵的鉴别装置,因而影响了这种鉴别方法的推广。但随着电子设备价格的下降,生物特征鉴别方法会越来越得到广泛的应用。

(5) 智能卡鉴别。智能卡是一种不可复制的硬件,内置集成电路的芯片,具有硬件加密功能。智能卡由用户随身携带,登录数据库管理系统时用户将智能卡插入专门的读卡器进行身份验证。由于每次从智能卡中读取的数据是静态的,通过内存扫描或网络监听等技术还是可能截取用户的身份验证信息,并且智能卡也有丢失的危险,这种方法同样存在安全隐患。因此,实际应用中一般采用个人身份识别码(PIN)和智能卡相结合的方式。这样,即使PIN 或智能卡中有一种被窃取,用户身份仍不会被冒充。

6.2.2 存取控制

为了保证数据库的安全性,数据库系统最重要的就是确保只授权给有资格的用户访问数据库的权限,同时令所有未被授权的人员无法接近数据,即要保证用户只能存取其有权存取的数据。这主要通过数据库系统的存取控制机制实现。

存取控制是指对用户访问数据库各种资源的权利的控制。这里的资源是指基本表、视图、各种目录以及实用程序等数据库对象,而权利是指对各种数据库对象进行创建、撤销、查询、增、删、改等。

存取控制机制主要包括定义用户权限和合法权限检查两部分。

(1) 定义用户权限。定义一个用户的存取权限就是定义一个用户可以在哪些数据对象上进行哪些类型的操作。在数据库系统中,定义存取权限称为授权(authorization)。

在 SQL 中,有两种授权方式:

① 由 DBA 授予某类数据库用户的特权;

② 由 DBA 或由数据对象的创建者授予对某些数据对象进行某些操作的特权。

用户对某一数据对象的操作权利称为权限。数据库管理系统的功能是保证这些决定的执行。为此,数据库管理系统必须提供适当的语言来定义用户权限,这些定义经过编译后存储在数据字典中,被称作安全规则或授权规则。

在数据目录中,有一张授权表,记录了每个数据库的授权情况。在数据库中,许多用户的权限相同,如分别授权,十分繁琐。可以为每个用户定义一个角色,然后对角色授权,某用户承担某种角色就拥有该角色的权限,这样就简单了。当然,一个用户可以拥有多个角色和其他权限。关于数据库角色的介绍将在 6.2.3 节进行。

用户在数据对象上的存取权限有以下几种。

① read 权限允许读取数据,但不允许修改数据。

② insert 权限允许插入新数据,但不允许修改已经存在的数据。

③ update 权限允许修改数据,但不允许删除数据。

④ delete 权限允许删除数据。

⑤ index 权限允许创建和删除索引。

⑥ resource 权限允许创建新关系。

⑦ alteration 权限允许添加或删除关系中的属性。

⑧ drop 权限允许删除关系。

注意:delete 权限和 drop 权限的区别在于 delete 权限只允许对关系中的元组进行删除,即使删除了关系中所有的元组,关系仍然存在。drop 权限删除的是整个关系,删除后关系不再存在。

具有 resource 权限的用户在创建新关系后自动获得该关系上的所有权限。

(2) 合法权限检查。每当用户发出存取数据库的操作请求后,DBMS 查找数据字典,根据每个用户的存取权限进行合法性检查,若用户的操作请求超出了定义的权限,系统将拒绝执行该操作。

常用的存取控制方法有如下两类。

① 自主存取控制(DAC)。用户对不同的数据对象有不同的存取权限,不同用户对同一对象也有不同的存取权限,用户还可以将其拥有的存取权限授予其他用户。因此,自主存取

控制非常灵活。该方法详见 6.2.3 节中关于如何实现授权和回收权限问题的讨论。之前讨论的 C1 和 C2 级的数据库管理系统支持自主存取控制。

② 强制存取控制(MAC)。每一个数据库对象被标以一定的密级,每一个用户被授予某一个级别的许可证。对任意一个对象,只有具有合法许可证的用户才可以存取,强制存取控制因此相对比较严格。B1 级的数据库管理系统支持强制存取控制。强制存取控制的相关内容介绍见 6.2.4 节。

6.2.3 自主存取控制方法

大型数据库管理系统都支持自主存取控制,SQL 标准也对自主存取控制提供支持,自主存取控制的实现主要通过 SQL 的 GRANT 语句和 REVOKE 语句来实现。

存取权限是由两个要素组成的:数据库对象和操作类型。定义一个用户的存取权限就是要定义这个用户可以在哪些数据库对象上进行哪些类型的操作。在数据库系统中,这些授权定义经过编译后存放在数据字典中。对于获得上机权后又进一步发出存取数据库对象操作请求的用户,DBMS 查找数据字典,根据其存取权限对操作的合法性进行检查,若用户操作请求超出了定义的权限,系统将拒绝执行此操作。首先讨论用户的分类以及关系数据库系统的存取权限。

1. 用户分类与权限

为了实现访问控制,需要对数据库的用户分类。一般可对数据库的用户分为 4 类:系统用户(DBA)、数据对象的属主(Owner)、一般用户、公共用户(Public)。

① 系统用户:一般是指系统管理员或数据库管理员 DBA,他们拥有数据库系统可能提供的全部权限。

② 数据对象的属主:是创建某个数据对象的用户,如一个表属主创建了某个表,他就具有对该表的更新、删除、建索引等所有的操作权限。

③ 一般用户:是指那些经过授权被允许对数据库进行某些特定数据操作的用户。

④ 公共用户:是为了方便共享数据操作而设置的,它代表全体数据库用户。

不同用户(或应用程序)对数据库的使用方式是不同的,用户对数据库的使用方式称为"权限"。

在关系数据库系统中,存取控制的对象不仅有数据本身(基本表中的数据、属性列上的数据),还有数据库模式(包括数据库、基本表、视图和索引的创建等),表 6-3 列出了关系数据库系统中通常拥有的几种存取权限。

表 6-3 关系数据库系统中的存取权限

对象类型	对象	操作类型
数据库模式	模式	CREATE SCHEMA
	基本表	CREATE TABLE,ALTER TABLE
	视图	CREATE VIEW
	索引	CREATE INDEX
数据	基本表和视图	SELECT, INSERT, UPDATE, DELETE, REFERENCES, ALL PRIVILEGES
	属性列	SELECT,INSERT,UPDATE,REFERENCES,ALL PRIVILEGES

另外,衡量授权机制是否灵活的一个重要指标是授权粒度,即可以定义的数据对象范围。授权定义中数据对象的粒度越细,授权子系统就越灵活,能够提供的安全性就越完善;但系统定义与检查权限的开销也会相应增大。

在关系数据库中,授权的数据对象粒度包括表、属性列、元组。另外,还可以在存取谓词中引用系统变量。如终端设备号、系统时钟等,这就是与时间、地点有关的存取权限,这样用户只能在某段时间内的某台终端上存取有关数据。

2. 授权:授予与收回

自主存取控制的实施主要通过授权来进行。授权就是给予用户一定的访问数据库的特权。一个用户可以把他所拥有的权限转授给其他用户,也可以把已转授给其他用户的权限收回。

上节谈到,自主存取控制的实现主要通过 SQL 的 GRANT 语句和 REVOKE 语句来实现向用户授予和收回对数据的操作权限。GRANT 语句向用户授予权限,REVOKE 语句回收已经授予用户的权限。DBMS 必须具有以下功能。

- 把授权的决定告知系统,这是由 SQL 的 GRANT 和 REVOKE 语句来完成的。
- 把授权的结果存入数据字典。
- 当用户提出操作请求时,根据授权情况进行检查,决定是否执行操作请求。

下面将详细介绍这两条语句。

(1) GRANT

GRANT 语句的一般格式为:

```
GRANT <权限>[,<权限>]…|ALL PRIVILIGES
ON <对象类型> <对象名>[,<对象类型><对象名>]…
TO <用户>[,<用户>]…
[WITH GRANT OPTION];
```

其语义为:将对指定操作对象的指定操作权限授予指定的用户。其中:

① 权限:可以是 SELETE、INSERT、UPDATE、DELETE、ALTER、INDEX、ALL,对于视图特权只有 SELETE、INSERT、UPDATE 和 DELETE。ALL PRIVILIGES 指所有的对象特权。

② 对象名指操作的对象标识,它包括表名、视图名和过程名等。

③ 接受权限的用户可以是一个或多个具体用户,也可以是 PUBLIC,PUBLIC 指所有的用户。

④ WITH GRANT OPTION 指允许用户再将该操作权授予别的用户。

发出该 GRANT 子句的可以是数据库管理员,也可以是该数据库对象创建者,还可以是已经拥有该权限的用户。

SQL 标准允许具有 WITH GRANT OPTION 的用户把相应权限或其子集传递授予其他用户,但不允许循环授权,即被授权者不能把权限再授回给授权者或其祖先,如图 6-3 所示。

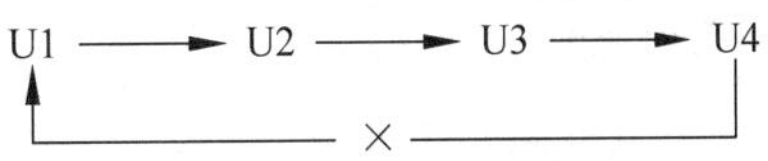

U1 ⟶ U2 ⟶ U3 ⟶ U4

图 6-3 不允许循环授权

【**例 1**】 把查询 Student 表的权限授给用户 U1。

```
GRANT SELECT
```

```
ON TABLE Student
TO U1;
```

解题说明：

本题不允许用户 U1 将得到的权力再赋予别的用户。

【例 2】 把修改学生学号和查询学生表的权力授予用户 U2。

```
GRANT UPDATE (Sno)SELECT
ON TABLE Student
TO U2;
```

解题说明：

实际上要授予 U2 用户的是对基本表 Student 的 SELECT 权限和对属性列 Sno 的 UPDATE 权限。对属性列授权时必须明确指出相应的属性列名。

【例 3】 把对 Student 表和 Course 表的全部操作权限授予用户 U3 和 U4。

```
GRANT ALL PRIVILEGES
ON TABLE Student, Course
TO U3, U4;
```

解题说明：

ALL PRIVILEGES 指所有的对象特权。把对基本表 Student 和 Course 所有的对象特权付给用户 U3 和 U4。

【例 4】 把对表 SC 的查询权限授予所有用户。

```
GRANT SELECT
ON TABLE SC
TO PUBLIC;
```

解题说明：

PUBLIC 指所有用户。

【例 5】 把对表 SC 的 INSERT 权限授予 U5 用户，并允许将此权限再授予其他用户。

```
GRANT INSERT
ON TABLE SC
TO U5
WITH GRANT OPTION;
```

解题说明：

执行此 SQL 语句后，U5 不仅拥有了对表 SC 的 INSERT 权限，还可以传播此权限，即由 U5 用户发上述 GRANT 命令给其他用户。例如 U5 可以将此权限授予 U6。

【例 6】

```
GRANT INSERT
ON TABLE SC
TO U6;
```

解题说明：

U6 不能再传播此权限。

【例 7】 DBA 把在数据库 Stud 中建立表的权限授予用户 U7。

```
GRANT CREATETAB
ON DATABASE Stud
TO U7;
```

GRANT 语句可以：

① 一次向一个用户授权；

② 一次向多个用户授权；

③ 一次传播多个同类对象的权限；

④ 一次可以完成对基本表、视图和属性列这些不同对象的授权。

注意：授予关于 DATABASE 的权限必须与授予关于 TABLE 的权限分开，因为对象类型不同。

（2）REVOKE

数据库管理员 DBA、数据库拥有者 DBO（建立数据库的人）或数据库对象拥有者 DBOO（数据库对象主要是基本表）可以通过 REVOKE 语句将其他用户的数据操作权收回。

REVOKE 语句的一般格式为：

```
REVOKE <权限> [,<权限>]… | ALL PRIVILIGES
ON <对象类型><对象名>[,<对象类型><对象名>]…
FROM <用户>[, <用户>]… | PUBLIC
[CASCADE|RESTRICT];
```

其中：ON 子句用于指定被收回特权的对象；ALL PRIVILIGES 指收回所有特权；PUBLIC 指所有用户；CASCADE 指级联，即删除或修改目标表的元组时，同时删除或修改依赖表中对应候选码所指定的元组，且收回权限操作会级联下去，但系统只收回直接或间接从某处获得的权限。

【例 8】 将用户 U2 可以在学生表中修改学生学号的权力收回。

```
REVOKE UPDATE(Sno)
ON TABLE Student
FROM U2;
```

【例 9】 收回所有用户对表 SC 的查询权限。

```
REVOKE SELECT
ON TABLE SC
FROM PUBLIC;
```

【例 10】 把用户 U5 对 SC 表的 INSERT 权限收回。

```
REVOKE INSERT
ON TABLE SC
FROM U5 CASCADE;
```

解题说明：

将用户 U5 的 INSERT 权限收回的同时，级联（CASCADE）收回了 U6 的 INSERT 权限,否则系统将拒绝执行该命令。因为在例 6 中,U5 将对 SC 表的 INSERT 权限授予了 U6。

另外要注意的是:这里默认值为 CASCADE,有的数据库管理系统默认值为 RESTRICT,将自动执行级联操作。如果 U6 还从其他用户处获得对 SC 表的 INSERT 权限,则它仍具有此权限,系统只收回直接或间接从 U5 处获得的权限。

SQL 提供了非常灵活的授权机制。数据库管理员拥有对数据库中所有对象的所有权限,并可以根据实际情况将不同的权限授予不同的用户。

用户对自己建立的基本表和视图拥有全部的操作权限,并且可以用 GRANT 语句把其中某些权限授予其他用户。被授权的用户如果有"继续授权"的许可,还可以把获得的权限再授予其他用户。

所有授予出去的权限在必要时又都可以用 REVOKE 语句收回。

可见,用户可以"自主"决定将数据的存取权限授予何人,决定是否也将"授权"的权限授予别人。因此称这样的存取控制为自主存取控制。

3. 授权图

在处理复杂的授权与回收问题时,通常通过授权图来明确用户之间的授权关系。在授权图中,根节点表示数据库管理员(DBA)节点,节点表示用户,图中的有向边 $U_i \rightarrow U_j$ 表示用户 U_i 将某权限授予用户 U_j。一个用户拥有某种权限的充要条件是在授权图中从根节点到该用户节点存在一条路径。

【**例 11**】 假设数据库管理员(DBA)把某权限授予用户 U1、U2。U1 再将权限授予用户 U3 和 U4,U2 将权限授予 U4。该授权过程的授权图如图 6-4 所示。

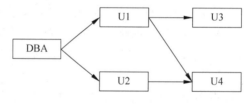

图 6-4 例 11 授权图

如果 DBA 将 U1 的权限回收,那么 U3 的权限也同时被回收,但是 U4 的权限同时从 U1 和 U2 两处获得,回收 U1 的权限不会影响到 U4 的权限,U4 的权限仍被保留。只有当 U2 的权限也被回收时,U4 的权限才被回收。

4. 数据库角色

使用角色的目的是为了简化授权的过程。一个数据库角色是被命名的一组与数据库操作相关的权限,角色是权限的集合。在 SQL 中,授权一个角色给一个用户,则允许该用户使用被授权的角色所拥有的每一个权限。用户与角色之间存在多对多的联系;一个用户允许被授予多个角色,同一个角色可被授予多个用户。一个角色也可以被授予另一个角色的权限。因此,可为一组具有相同权限的用户创建一个角色,使用角色来管理数据库权限可简化授权的过程。

在 SQL 中先用 CREATE ROLE 语句创建角色,然后用 GRANT 语句给角色授权,用 REVOKE 语句收回授予角色的权限。

（1）角色的创建

用 CREATE ROLE 语句创建角色。其 SQL 语句格式是：

```
CREATE ROLE <角色名>
```

刚刚创建的角色是空的，没有任何内容。可以用 GRANT 为角色授权。

（2）给角色授权

用 GRANT 语句将权限授予某一个或几个角色。其 SQL 语句格式是：

```
GRANT <权限>[,<权限]…
ON <对象类型> <对象名>
TO <角色>[,<角色>]…
```

数据库管理员和用户可以利用 GRANT 语句将权限授予某一个或几个角色。

（3）将一个角色授予其他的角色或用户

用 GRANT 语句将角色授予其他的角色或用户。其 SQL 语句格式是：

```
GRANT <角色 1>[,<角色 2>]…
TO <角色 3>[,<用户 1>]…
[WITH ADMIN OPTION]
```

该语句功能是：把角色授予某用户，或授予另一个角色。这样，一个角色（例如角色 3）所拥有的权限就是授予它的全部角色（例如角色 1 和角色 2）所包含的权限的总和。

授予者或者是角色的创建者，或者拥有在这个角色上的 ADMIN OPTION。

其中，若指定了 WITH ADMIN OPTION 子句，则获得某种权限的角色或用户还可以把这种权限再授予其他的角色。

因此，一个角色包含的权限包括直接授予这个角色的全部权限加上其他角色授予这个角色的全部权限。

5. 角色权限的收回

用 REVOKE 可回收角色的权限，或改变角色拥有的权限。其 SQL 语句格式是：

```
REVOKE <<权限>[,<权限>]…
ON   <对象类型> <对象名>
FROM<<角色>[,<角色>]…
```

用户可以收回角色的权限，从而修改角色拥有的权限。

REVOKE 动作的执行者或者是角色的创建者，或者拥有在这个（些）角色上的 ADMIN OPTION。

下面通过角色来实现将一组权限授予某些用户以及修改、回收权限。

步骤如下：

① 创建一个角色 R1；

② 用 GRANT 语句，使角色 R1 拥有 Student 表的查询、修改和插入数据权限；

③ 将这个角色授予 U1、U2、U3。使他们具有角色 R1 所包含的全部权限；

④ 一次性通过 REVOKE R1 来回收 U1 拥有该角色的所有权限；

⑤ 增加角色的权限。使角色 R1 在原基础上增加删除数据权限；

⑥ 减少角色的权限。去除角色 R1 其查询数据的权限。

实现过程见例 12～例 17。

【例 12】 创建一个角色 R1。

```
GREATE    ROLE R1;
```

【例 13】 给角色授权。

用 GRANT 语句,使角色 R1 拥有 Student 表的 SELECT、UPDATE、INSERT 权限。

```
GRANT SELECT,UPDATE, INSERT
ON TABLE Student
TO R1;
```

【例 14】 将这个角色授予 U1、U2、U3,使他们具有角色 R1 所包含的全部权限。

```
GRANT R1
TO U1,U2,U3;
```

【例 15】 一次性地通过 R1 来收回 U1 的这三个权限。

```
REVOKE R1
FROM U1;
```

【例 16】 角色的权限修改(增加角色的权利)。

```
GRANT DELETE
ON TABLE Student
TO R1;
```

解题说明:
使角色 R1 在原来的基础上增加了对 Student 表的 DELETE 权限。

【例 17】 角色的权限修改(减少角色的权限)。

```
REVOKE SELECT
ON TABLE Student
FROM R1;
```

解题说明:
使 R1 减少了对 Student 表的 SELECT 权限。

可以看出,数据库角色是一组权限的集合。使用角色来管理数据库权限可以简化授权的过程,使自主授权的执行更加灵活、方便。

6.2.4 强制存取控制方法

上一节介绍了自主存取控制。自主存取控制方法尽管有效,但是对数据对象的安全性保障存在一定的隐患。特别是在自主访问机制中,一个被授权用户可以利用授权用户,令其泄露机密数据,这是因为虽然可以通过授权机制有效地控制对敏感数据的存取,但是由于用户对数据的存取权限是“自主”的,用户可以自由地决定将数据的存取权限授予何人,以及决定是否也将“授权”的权限授予别人。在这种授权机制下,就有可能存在数据的“无意泄露”。比如,甲将自己权限范围内的某些数据存取权限授权给乙,甲的意图是仅允许乙本人操纵这些数据。但甲的这种安全性要求并不能得到保证,因为乙一旦获得了对数据的权限就可以将数据备份,获得自身权限内的副本,并在不征得甲同意的前提下传播副本。造成这一问题的根本原因就在于,这种机制仅仅通过对数据的存取权限来进行安全控制,而数据本身并无安全性标记。

显然,还需要某些安全机制来消除这类漏洞,强制存取控制(MAC)机制是为了防止DAC的安全漏洞而出现的。

所谓强制存取控制是指一种系统级的策略。系统为保护更高程度的安全性,按照TDI/TCSEC标准中安全策略的要求所采取的强制存取检查手段,它不是用户能直接感知或进行控制的。

在该机制中,每一个数据库对象都被赋予了一个敏感度标记(也称为密级),每一个用户也被赋予了某种安全级别的敏感度标记(也称为访问许可级别),并且制定了用户读、写数据库对象的规则。DBMS根据读、写规则,比照用户的访问许可级别和用户要访问对象的安全级别来决定是否允许用户的此次读、写操作。这些规则是为了确保机密数据永远不会被没有相应访问许可的用户得到,消除数据对象的安全隐患。下面介绍MAC涉及的相关术语及强制存取控制规则。

在强制存取控制方法中,有如下几类对象。

主体是系统中的活动实体,既包括数据库管理系统所管理的实际用户,也包括代表用户的各进程。客体是系统中的被动实体,是受主体操纵的,包括文件、基本表、索引、视图等。另外,对于主体和客体,数据库管理系统为它们每个实例(值)指派一个敏感度标记(Lable)。敏感度标记被分成若干级别,例如绝密(Top Secret,TS)、机密(Secret,S)、可信(Confidential,C)、公开(Public,P)等。密级的次序是TS>=S>=C>=P。主体的敏感度标记称为许可证级别(Clearance Level),客体的敏感度标记称为密级(Classification Level)。将主体或客体A的级别标记为Class(A),因此当A>B时表示A级别数据的安全性要高于B级别的数据。强制存取控制机制就是通过对比主体的Lable和客体的Lable,最终确定主体是否能够存取客体,如图6-5所示。

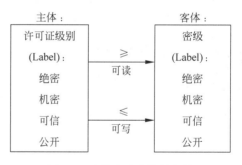

当某一主体以标记Label注册入系统时,系统要求他对任何客体的存取必须遵循如下规则。

图6-5　主体存取客体的条件

(1)仅当主体的许可证级别大于或等于客体的密级时,该主体才能读取相应的客体。例如访问许可级别为TS的主体能够读取安全级别为C的客体,但是访问许可级别为C的主体不能够读取安全级别为TS的客体。

(2)仅当主体的许可证级别小于或等于客体的密级时,该主体才能写相应的客体。例如访问许可级别为S的主体只能写安全级别为S或TS的客体。

规则(1)的意义是明显的,而规则(2)需要解释一下。按照规则(2),用户可以为写入的数据对象赋予高于自己的许可证级别的密级。这样一旦数据被写入,该用户自己也不能再读该数据对象了。如果违反了规则(2),就有可能把数据的密级从高流向低,造成数据的泄漏。例如,某个TS密级的主体把一个密级为TS的数据恶意地降低为P,然后把它写回。这样原来是TS密级的数据大家都可以读到了,造成了TS密级数据的泄漏。

强制存取控制是对数据本身进行密级标记,无论数据如何复制,标记与数据是一个不可分的整体,只有符合密级标记要求的用户才可以操纵数据,从而提供了更高级别的安全性。

由于较高安全性级别提供的安全保护要包含较低级别的所有保护,因此在实现 MAC 时要首先实现 DAC,即 DAC 与 MAC 共同构成 DBMS 的安全机制,如图 6-6 所示。系统首先进行 DAC 检查,对通过 DAC 检查的允许存取的数据对象再由系统自动进行 MAC 检查,只有通过 MAC 检查的数据对象方可存取。

图 6-6　DAC+MAC 安全检查示意图

强制存取控制的特点: 比较严格、安全。

6.3　视图机制

通过之前的介绍了解到,视图是作用于一个或多个基本表的运算的动态结果,是一个虚表,在数据库中并不实际存在,它根据某个用户的请求并在请求的那一刻才通过计算产生。

视图机制可以为不同的用户定义不同的视图,这样可以向某些用户隐藏数据库的一部分信息,并且用户不会知道未在视图中出现的任何属性或元组是否存在,即把数据对象限制在一定的范围内。也就是说,当用户被授予适当的权限后就可以使用视图,具有对视图使用权限的用户只能访问该视图而不能访问视图所依赖的基本表。通过视图机制把要保密的数据对无权存取的用户隐藏起来,这样一来,使用视图机制就比简单地将基本表的使用权授予用户更具有限制性,从而更加安全。

视图机制间接地实现支持存取谓词的用户权限定义。通过为不同的用户定义不同的视图,可以限制各个用户的访问范围。例如,在学校中假定 U1 只能检索计算机系学生的信息,系主任 U2 具有检索和增删改计算机系学生信息的所有权限。这就要求系统能支持"存取谓词"的用户权限定义。在不直接支持存取谓词的系统中,可以先建立计算机系学生的视图 CS_Student,然后在视图上进一步定义存取权限。

【例 18】　建立计算机系学生的视图,把对该视图的 SELECT 权限授予 U1,把该视图的所有操作权限授予 U2。

```
CREATE VIEW CS_Student
AS
SELECT *
FROM Student
WHERE Sdep = 'CS';

GRANT SELECT
ON   CS_Student
TO   U1;
```

解题说明: U1 只能检索计算机系学生的信息。

```
GRANT ALL PRIVILEGES
ON   CS_Student
```

```
TO   U2;
```

解题说明：

系主任 U2 具有检索和增删改计算机系学生信息的所有权限。

6.4　审　　计

前面介绍的用户身份鉴别、存取控制以及视图机制都是数据库安全保护的重要技术（安全策略方面），但不是全部。为了使数据库管理系统达到一定的安全级别，还需要在其他方面提供相应的支持。例如按照 TDI/TCSEC 标准中安全策略的要求，审计功能就是数据库管理系统达到 C2 以上安全级别必不可少的一项指标。

因为任何系统的安全保护措施都不是完美无缺的，蓄意盗窃、破坏数据的人总是想方设法打破控制，而审计跟踪（Audit Trail）是一种监视措施。数据库在运行中，DBMS 跟踪用户对一些敏感性数据的存取活动，审计功能把用户对数据库的所有操作自动记录下来放入审计日志（Audit Log）文件中。一旦发现有窃取或破坏数据库的企图，有的 DBMS 会发出警报信息，多数 DBMS 虽无警报功能，审计员可以利用审计日志监控数据库中的各种行为，重现导致数据库现有状况的一系列事件，找出非法存取数据的人、时间和内容等，找出原因，追究责任。还可以通过对审计日志分析，对潜在的威胁提前采取措施加以防范。跟踪审计由 DBA 控制，或者由数据的属主控制。

审计通常是很费时间和空间的，所以数据库管理系统往往都将审计设置为可选特征，允许数据库管理员根据具体应用对安全性的要求灵活地打开或关闭审计功能。审计功能主要用于安全性要求较高的部门。

1. 审计跟踪日志文件记录内容

审计跟踪日志文件记录一般包括下列内容：

请求（源文本）；
操作类型（例如修改、查询等）；
操作终端标识与操作者标识；
操作日期和时间；
所涉及的数据对象（如表、视图、记录、属性等）；

数据的前映像和后映像。

审计跟踪在几个方面加强了"安全性"。例如，如果发现一个账户的余额不正确，银行也许会跟踪所有在这个账户上的更新来找到错误，同时也会找到执行这个更新的人。然后银行就可利用审计跟踪日志文件跟踪这个人所做的所有更新以找到其他错误。

审计跟踪可通过在关系更新操作上定义适当的触发器来实现，也可利用数据库系统提供的内置机制来实现。

2. 审计功能的设置与取消

利用 AUDIT 语句和 NOAUDIT 语句来设计审计功能和取消审计功能。

审计一般可以分为用户级审计和系统级审计。用户级审计是任何用户都可设置的审计，主要是用户针对自己创建的数据库表或视图进行审计，记录所有用户对这些表或视图的一切成功和（或）不成功的访问要求以及各种类型的 SQL 操作。

系统级审计只能由数据库管理员设置,用以监测成功或失败的登录要求、监测授权和收回操作以及其他数据库级权限下的操作。

【例 19】 对修改 SC 表结构或修改 SC 表数据的操作进行审计。

```
AUDIT ALTER, UPDATE
ON SC;
```

【例 20】 取消对 SC 表的一切审计。

```
NOAUDIT ALTER, UPDATE
ON SC;
```

审计设置以及审计日志一般都存储在数据字典中。必须把审计开关打开(即把系统参数 Audit_trail 设为 true),才可以在系统表 SYS_AUDITTRAIL 中查看到审计信息。

数据库安全审计系统提供了一种事后检查的安全机制。安全审计机制将特定用户或者特定对象相关的操作记录到系统审计日志中,作为后续对操作的查询分析和追踪的依据。

通过审计机制,可以约束用户可能的恶意操作。

6.5　数 据 加 密

对于高度敏感性数据,例如国家机密、军事数据、财务数据,除以上安全性措施外还可以采用数据加密技术。以密文形式存储和传输数据。

数据加密是防止数据库中数据在存储和传输中失密的有效手段。加密的基本思想是根据一定的算法将原始数据(术语为明文,Plain Text)变换为不可直接识别的格式(术语为密文,Cipher Text)。这样如果企图通过不正常渠道获取数据,例如利用系统安全措施的漏洞非法访问数据或者在通信线路上窃取数据,那么只能看到一些无法辨认的二进制代码(密文)。用户正常检索数据时,首先要提供密码钥匙,由系统进行译码后,才能得到可识别的数据(明文)。

另外,所有提供加密机制的系统必然也提供相应的解密程序。这些解密程序本身也必须具有一定的安全性保护措施,否则数据加密的优点也就遗失殆尽了。

加密方法主要有两种:一种是替换方法,该方法使用密钥(Encryption Key)将明文中每一个字符转换为密文中的一个字符;另一种是置换方法,该方法仅将明文的字符按不同的顺序重新排列。单独使用这两种方法的任意一种都是不够安全的。但是将这两种方法结合起来就能提供相当高的安全程度。采用这种结合算法的例子是美国国家数据加密标准(Data Encryption Standard,DES)。

目前有些数据库产品提供了数据加密例行程序,可根据用户的要求自动对存储和传输的数据进行加密处理。另一些数据库产品虽然本身未提供加密程序,但提供了接口,允许用户用其他厂商的加密程序对数据加密。

与审计一样,数据加密也是比较费时的操作,而且数据加密、解密程序也会占用大量系统资源,增加了系统的开销,影响了系统查询的效率。因此 DBMS 通常将数据加密功能作为可选特征,允许 DBA 根据应用对安全性的要求,灵活地打开或关闭其功能,允许用户选择对高度机密的数据加密。跟踪审计与数据加密技术一般用于安全性要求较高的数据库系统。

有关加密技术及密钥管理问题等已超出本书范围,这里不再讨论。

6.6 小 结

数据库的安全性是指保护数据以防止非法使用造成的数据泄密、更改和破坏。数据库的安全管理涉及用户的访问权限问题,通过设置用户标识、用户的存取控制权限、定义视图、数据加密等技术来保证数据不被非法使用。

三种常用的存取控制方法是自主存取控制、强制存取控制、基于角色存取控制。自主存取控制的实施主要通过授权来进行。

随着数据库应用的深入和计算机网络的发展,数据的共享日益加强,数据的安全保密越来越重要,数据库管理系统是管理数据的核心,因而其自身必须具有一整套完整而有效的安全性机制。

习 题

1. 什么是数据库的安全性? 数据库安全性控制的常用方法有哪些?
2. 数据库安全性和计算机系统的安全性有什么关系?
3. 什么是数据库中的自主存取控制方法和强制存取控制方法?
4. 试述信息安全标准的发展历史,试述 CC 评估保证级划分的基本内容。
5. 什么是数据库的审计功能,为什么要提供审计功能?
6. 举例说明强制存取控制机制是如何确定主体能否存取客体的。
7. 对于下面的两个关系模式:

Student (Sno,Sname,Sage,Ssex,Sdept)(学号,姓名,年龄,性别,所属学院)
Class(Cno,Cname,Cmonitor)(班级号,班级名,班长)

使用 GRANT 语句完成下列授权功能。
(1) 授予用户 U1 对两个表的所有权限,并可给其他用户授权。
(2) 授予用户 U2 对学生表具有查看权限,对所属学院具有更新权限。
(3) 将对班级表查看权限授予所有用户。
(4) 将对学生表的查询、更新权限授予角色 R1。
(5) 将角色 R1 授予用户 U1,并且 U1 可继续授权给其他角色。
8. 针对习题 8 中(1)~(3)的每一种情况,撤销各用户所授予的权限。

第7章 数据库的完整性

【本章主要内容】

1. 简单讨论了完整性的基本概念及完整性控制机制。

2. 重点介绍实体完整性、参照完整性及用户定义完整性的定义、完整性检查以及违约处理。

3. 简介完整性约束命名子句、断言的定义方法以及触发器相关知识。

数据库的安全性和完整性(Integrity)是两个不同的概念,但它们之间还存在着一定的联系。数据的完整性是为了防止数据库中存在不符合语义的数据,也就是防止数据库中存在不正确的数据,即要保证数据库中数据的正确性、有效性和相容性。数据库的安全性是指保护数据库以防止不合法使用造成的数据泄漏、更改或破坏。完整性检查的目的是防止错误数据进入数据库。安全性控制的防范对象是非法用户和非法操作,防止他们对数据库数据的非法存取。

用户无意中对数据库造成破坏,导致不合语义的数据进入系统的现象是不可避免的,因此数据库管理系统必须提供一种机制,来保证数据库中的数据是正确且符合语义的,这就是数据库完整性要实现的功能。

完整性受到破坏的常见原因有错误的数据、错误的更新操作、各种硬软件故障、并发访问及人为破坏等。

为维护数据库的完整性,DBMS 必须提供一种机制来检查数据库中的数据,看其是否满足语义规定的条件,这些加在数据库数据之上的语义约束条件称为数据库的完整性约束条件,它们作为模式的一部分存入数据字典中。DBMS 中检查数据是否满足完整性条件的机制称为完整性控制机制。

数据库的完整性保障是 DBMS 的主要功能之一。数据库中数据应满足的条件称为"完整性约束条件",也称"完整性约束规则"。而检查数据库中数据是否满足完整性约束条件的过程称为"完整性检查"。DBMS 中执行完整性检查的子系统称为"完整性子系统"。

完整性子系统,负责处理数据库的完整性语义约束的定义和检查,防止因错误的更新操作产生的不一致性。用户可以使用完整性保护机制,对某些数据规定一些语义约束。当进行数据操作时,DBMS 就由某个完整性语义约束的触发条件激发相应的检查程序,进行完整性语义约束检查。若发现错误的更新操作,立即采取措施处理,或是拒绝执行该更新操作,或是发出警告信息,或者纠正已产生的错误。

鉴于目前大多数商业数据库产品采用关系数据模型,本章主要围绕关系数据库完整性的基本概念、完整性约束和完整性约束的分类展开讨论。

7.1　完整性基本概念

数据库的完整性包括数据库的正确性、有效性和相容性。

正确性：指数据的合法性，是否能符合现实世界语义、反映当前实际状况；如学生的学号必须唯一，性别只能是男或女。

有效性：指数据要属于定义域的有效范围内，如本科学生年龄的取值范围为 $14 \sim 50$ 的整数。

相容性：指数据库同一对象在不同关系表中的数据是符合逻辑的。即同一事物的两个数据应该一致，不一致即为不相容。学生所选的课程必须是学校开设的课程，学生所在的院系必须是学校已成立的院系等。

数据库管理系统必须提供一种功能使得数据库中的数据合法，以确保数据的正确性；要避免不符合语义的错误数据的输入和输出，以确保数据的有效性；同时还要检查先后输入的数据是否一致，以确保数据的相容性。

数据是否具备完整性关系到数据库系统能否真实地反映现实世界，因此维护数据库的完整性是非常重要的。

7.2　完整性约束

完整性约束是数据库中用来确保数据的正确性、有效性和相容性的方法，是对数据的正确性、有效性和相容性的一种保证。

7.2.1　完整性约束机制

数据库管理系统中保障数据满足完整性约束条件的机制称为完整性控制机制，完整性控制机制必须能够实现以下功能。

（1）定义功能，即提供定义完整性约束条件的机制。

DBMS 要提供定义完整性约束条件的功能。完整性约束条件也称为完整性规则，完整性约束条件是数据库中的数据必须满足的语义约束条件。它表达了给定的数据模型中数据及其联系所具有的制约和依存规则，用以限定符合数据模型的数据库状态以及状态的变化，以保证数据的正确、有效和相容。SQL 标准使用了一系列概念来描述完整性，包括关系模型的实体完整性、参照完整性和用户定义完整性。

（2）检查功能，即检查用户发出的操作请求是否违背了完整性约束条件。

DBMS 中检查数据是否满足完整性约束条件的机制称为完整性检查。一般在 INSERT、UPDATE、DELETE 语句执行后开始检查，也可以在事务提交时检查。检查这些操作执行后数据库中的数据是否违背了完整性约束条件。

（3）违约处理，如果发现用户的操作请求使数据违背了完整性约束条件，则采取一定的措施来保证数据的完整性。如拒绝（NO ACTION）执行操作、级联（CASCADE）执行其他操作等，以保证数据库完整性。

7.2.2 完整性约束条件分类

完整性约束条件可以从作用对象的粒度和状态两个方面进行分类,在关系数据库中,完整性约束条件的作用对象可分为属性级、元组级和关系级三种粒度,这三类对象的状态可以是静态的,也可以是动态的。

静态约束是指数据库中每一确定状态时的数据对象所应满足的约束条件,它是反映数据库状态合理性的约束。如在教务教学系统中,学生的成绩为 0~100;动态约束指数据库从一个状态变为另一个状态时,新旧值应该满足的约束条件。如图书馆管理系统中,读者借书数目不能超过其能够借阅的图书总数。

根据以上两个方面,可以将完整性约束条件分为以下 6 类。

(1) 静态属性级约束

静态属性级约束是施加于单属性数据上的约束,是对一个属性的取值域的说明,它主要包括对数据类型的约束、对数据格式的约束、对取值范围的约束及对于空值的约束。

- 数据类型约束:如某个属性的类型应为字符串、整型或者浮点型。
- 数据格式约束:如邮政编码为 6 位数字。
- 取值范围约束:如学生可借阅图书的数目为 1~5 本,教师可借阅图书的数目为 1~10。
- 空值约束:空值表示未定义或者未知的值,有的属性可以为空,而有的属性则不可以。

(2) 静态元组级约束

静态元组级约束是施加于单个关系元组上的约束,它规定组成一个元组的各属性之间的约束关系,如图书库存数目=图书总数-借出数目。

(3) 静态关系级约束

静态关系级约束是施加于一个关系的各个元组或者不同关系之间的约束,常见的静态关系级约束有以下几种。

- 实体完整性约束指关系的主码约束,即构成关系主码的一个或多个属性的取值不能为空。
- 参照完整性约束:维护关系间的外码参照关系不被破坏。
- 函数依赖约束维护用户规定的函数依赖。如用户定义了函数依赖 Name→Address,则在数据库中,一个用户只能保存一个地址,如果对于同一个姓名插入多个不同的地址,系统将拒绝执行。
- 统计约束:指一个关系的某个属性值与该关系多个元组的统计值之间的关系。如经理的工资不得高于职工的平均工资,教授的工资必须高于教工的平均工资等等。

(4) 动态属性级约束

动态属性级约束指修改属性定义或者属性值时应该满足的约束条件。

- 修改定义时的约束:例如将原来允许空值的属性列改为不允许空值时,如果该属性列已经存在空值,则拒绝这种修改。
- 修改属性值时的约束:修改属性值有时需要参考修改属性的旧值,且新值和旧值之间需要满足某种约束条件。如职工的工龄只能增长。

（5）动态元组级约束

动态元组级约束指修改某个元组的值时要参照该元组的旧值,且新值和旧值之间需要满足某种约束条件。例如,职工表中有职称和工资属性,规定调整工资时教授的工资不得低于 10000 元。

（6）动态关系级约束

动态关系级约束指加在关系变化前后状态上的限制条件,如事务的一致性、原子性等约束均属于动态表级约束。

在上面的完整性约束分类中,最重要的约束是实体完整性约束和参照完整性约束,其他约束均可归类为用户定义完整性约束。因此,多数教材中将完整性约束分为实体完整性、参照完整性、用户定义完整性三大类。在后面的章节中,会对这三类完整性进行详细介绍。

7.2.3 完整性约束的定义方法

现代数据库技术采用对数据完整性的语义约束和检查来保护数据库的完整性,其实现方式有两种。

声明式定义:即通过声明的方式定义完整性约束条件,例如一般实体完整性、简单的列定义都是通过这种方式完成的。

过程式定义:即通过编写特殊的程序,如触发器(Trigger)和存储过程(Stored Procedure)来定义和实现完整性控制。关于触发器的具体内容,将在 7.8 节中进行详细介绍。

早期的数据库管理系统不支持完整性检查,因为完整性检查不仅费时而且浪费资源。目前商用数据库管理系统都支持完整性控制,即完整性定义和检查控制由关系数据库系统实现,而不必由应用程序完成,以减轻程序员的负担。更重要的是,关系数据库管理系统使得完整性控制成为其核心支持的功能,从而能够为所有用户和应用提供一致的数据库完整性。因为由应用程序来实现完整性控制是有漏洞的,有的应用程序定义的完整性约束条件可能被其他应用程序破坏,数据库数据的正确性仍然无法保障。

数据是否具备完整性关系到数据库系统能否真实地反映现实世界,因为维护数据库的完整性是非常重要的

在 2.3 节中已经介绍了关系数据库三类完整性约束的基本概念。用 SQL 实现完整性约束主要分三类:通过定义主码实现实体完整性;通过定义外码满足参照完整性;通过定义域约束、检查约束和断言等实现用户定义的完整性。接下来将介绍 SQL 语言中实现这些完整性控制功能的方法。

7.3 实体完整性

7.3.1 定义实体完整性

在关系模型中,实体完整性是指对关系中码的约束。在关系中,码用来唯一标识一个元组,因此要确保码不重复,且不能为空值。关系的码可以是一个属性,也可以是一组属性,是一组属性时,属性组中的任何一个属性都不能取空值。在 SQL 中,码在创建表时使用

PRIMARY KEY 来定义。定义码有两种方式：列级约束条件和表级约束条件。对于单属性组成的码，上述两种方式均可；而对于由多属性组成的码，只能采用表级约束条件。

关系模型的实体完整性在 CREATE TABLE 中用 PRIMARY KEY 定义。实体完整性定义示例如下。

【例 1】 将 Student 表中的 Sno 属性定义为码。

```
CREATE TABLE Student
(Sno CHAR(9) PRIMARY KEY,                /*在列级定义主码*/
 Sname CHAR (20) NOT NULL,
 Ssex CHAR (2),
 Sage SMALLINT,
 Sdept CHAR (20)
);
```

或者

```
CREATE TABLE Student
(Sno CHAR (9),
Sname CHAR (20) NOT NULL,
Ssex CHAR (2),
Sage SMALLINT,
Sdept CHAR (20),
PRIMARY KEY (Sno)                       /*在表级定义主码*/
);
```

解题说明：

例中将 Student 表的 Sno 属性定义为主码，是单属性构成的主码，可以采用列级定义和表级定义两种方式。

【例 2】 将 SC 表中的 Sno、Cno 属性组定义为码。

```
CREATE TABLE SC
( Sno CHAR (9) NOT NULL,
 Cno CHAR (4) NOT NULL,
 Grade SMALLINT,
 PRIMARY KEY (Sno,Cno)                  /*只能在表级定义主码*/
);
```

解题说明：

例中将 SC 表的 Sno 和 Cno 属性组定义为主码，是属性组构成的主码，只能采用表级定义的方式。

7.3.2 实体完整性检查和违约处理

关系中定义了主码之后，当在表中插入一个元组或对某个元组的主码进行修改时，都会自动进行实体完整性检查，检查的内容包括：

（1）检查要插入或修改的元组的主码在表中是否已经存在，如存在则拒绝插入或修改；

（2）检查主码的各个属性是否为 NULL，主码中的任一属性为 NULL 都应拒绝插入或修改。

检查元组中的主码是否唯一的一种方法是进行全表扫描,依次判断表中每个元组的主码与将要插入或修改的元组主码是否相同,如图 7-1 所示。

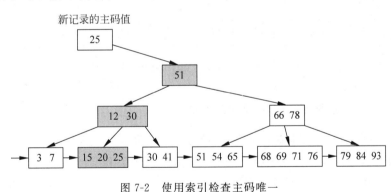

待插入记录

| Key*i* | F2*i* | F3*i* | F4*i* | F5*i* |

基本表

Key1	F21	F31	F41	F51
Key2	F22	F32	F42	F52
Key3	F23	F33	F43	F53
⋮				

图 7-1　用全表扫描方法检查主码唯一性

但全表扫描的系统开销很大,因此数据库管理系统中一般都在主码上自动建立索引,通过索引查找表中是否有重复的主码,大大提高了查找的效率。如图 7-2 的 B+树索引,通过索引查找基本表中是否已经存在新的主码值将大大提高效率。例如,如果新插入记录的主码值是 25,通过主码索引,从 B+树的根节点开始查找,只要读取三个节点就可以知道该主码值已经存在,所以不能插入这条记录。这三个节点是根节点(51)、中间节点(12 30)和叶节点(15 20 25)。如果新插入记录的主码值是 86,也只要查找三个节点就可以知道该主码值不存在,所以可以插入该记录。

新记录的主码值

| 25 |

```
            51
      ┌──────┴──────┐
   12  30         66  78
```

| 3 7 | → | 15 20 25 | → | 30 41 | → | 51 54 65 | → | 68 69 71 76 | → | 79 84 93 |

图 7-2　使用索引检查主码唯一

7.4　参照完整性

7.4.1　参照完整性定义

在关系模型中,参照完整性是相关联的两个或两个以上表之间的约束。如果属性或属性组 F 是基本关系 R 的外码,它与基本关系 S 的主码 K_S 相对应(R、S 不一定是两个不同的关系),则对于 R 中某个元组,在 F 上的取值应满足:

① 或者取空值,即 F 的每个属性值均为空值;

② 或者为 S 中某个元组的主码值。

这里将 R 称为参照关系(Referencing Relation),S 称为被参照关系(Referenced Relation)。

具体地说,就是参照关系中每个元组外码的值要么是被参照关系中存在的,要么为空。因此,如果在两个表之间建立了关联关系,则对一个关系进行的操作要影响到另一个表中的元组。在 SQL 中,关系模型的参照完整性在 CREATE TABLE 中用 FOREIGN KEY 短语定义哪些列为外码,用 REFERENCES 短语指明这些外码参照哪些表的主码。与实体完整性中主码的定义类似,外码的定义也有两种方式:列级定义和表级定义。参照完整性定义示例如下。

【例 3】 定义 SC 中的参照完整性(关系 SC 中一个元组表示一个学生选修的某门课程的成绩,(Sno,Cno)是主码,Sno、Cno 分别参照引用 Student 表的主码和 Course 表的主码)。

```
CREATE TABLE SC
    (Sno CHAR (9) FOREIGN KEY(Sno) REFERENCES Student(Sno),   /* 在列级定义参照完整性 */
    Cno CHAR (4) ,
    Grade SMALLINT,
    PRIMARY KEY (Sno, Cno),                                    /* 在表级定义实体完整性 */
    FOREIGN KEY(Cno) REFERENCES Course(Cno)                    /* 在表级定义参照完整性 */
    );
```

解题说明:

例中定义 SC 表中的参照完整性中,SC 是参照关系,Student 和 Course 是被参照关系,参照关系如图 7-3 所示;参照关系 Sno 采用的是列级定义,而 Cno 采用的是表级定义,这两种方式都是可以的。

图 7-3 参照关系与被参照关系

7.4.2 参照完整性检查和违约处理

参照完整性将两个表中相应的元组联系起来了,参照表中的某一属性参照被参照表中的主码进行验证,因此对参照表和被参照表进行插入、删除和修改都有可能破坏参照完整性,都必须进行检查以保证这两个表的相容性。以 Student 表和 SC 表为例,如表 7-1 所示,对表 Student 和表 SC 有 4 种情况可能破坏参照完整性。

表 7-1 可能破坏参照完整性的情况及违约处理

被参照表(例如 Student)		参照表(例如 SC)	违 约 处 理
可能破坏参照完整性	←	插入元组	拒绝
可能破坏参照完整性	←	修改外码值	拒绝
删除元组	→	可能破坏参照完整性	拒绝/级联删除/设置为空值
修改主码值	→	可能破坏参照完整性	拒绝/级联删除/设置为空值

(1) 在 SC 表中增加一个元组,该元组的 Sno 属性的值与 Student 表中任意一个元组的 Sno 属性都不相同。

（2）修改 SC 表中的一个元组，修改后该元组的 Sno 属性的值与 Student 表中任意一个元组的 Sno 属性都不相同。

（3）从 Student 表中删除一个元组，造成 SC 表中存在一个或多个元组，其 Sno 属性的值与 Student 表中任意一个元组的 Sno 属性都不相同。

（4）修改 Student 表中一个元组的 Sno 属性，造成 SC 表中存在一个或多个元组，其 Sno 属性的值与 Student 表中任意一个元组的 Sno 属性都不相同。

上述任何一种情况发生时，都违反了参照完整性，系统都应做出相应的处理。处理的方式有如下 4 种。

（1）拒绝执行（NO ACTION）

不允许执行该操作，在未给出显式说明的情况下，系统默认采用拒绝执行的处理方式。

（2）级联执行（CASCADE）

当删除或修改被参照表中（在此为 Student 表）的元组违反了参照完整性时，级联删除或修改参照表中（在此为 SC 表）所有不一致的元组，例如，删除 Student 表中 Sno 值为"1703070101"的元组，则从要 SC 表中级联删除 SC.Sno='1703070101'的所有元组。

（3）设置为空值方式

当删除或修改被参照表中的元组违反了参照完整性时，将参照表中所有不一致元组的对应属性设置为 NULL。

例如，有下面两个关系：

Student(Sno,Sname,Ssex,Mcode,Sage)(学生关系)
Major(Mcode,Mname)(专业关系)

在上述两个关系模式中，表 Student 中的 Mcode（专业代码）属性参照表 Major 中的 Mcode 属性，因为 Mcode 属性是 Major 关系的主码，所以学生关系的"Mcode"属性是外码。假设删除 Major 表中的某个专业，该专业的 Mcode 的值为"1"（即 1 专业），按照设置为空值方式，Student 表中所有 Mcode='1'的元组的 Mcode 属性将被设置为 NULL，即原来 1 专业学生处于等待分配专业的状态。并表达了这样的语义：1 专业删除了，该专业的所有学生的专业未定，等待重新分配专业。

（4）设置默认值方式

与设置为空值方式类似，只是将外码值设置为预先定义好的默认值。

对于上面的 4 种处理方式，给出如下几点说明。

（1）在创建表时未给出显式定义的情况下，系统默认采用拒绝执行的方式保证参照完整性。

（2）对于设置为空值方式，并不是所有的情况都适用。下面讲解一下外码能否接受空值的两种情况。

① 学生表中"专业号"是外码，按照应用的实际情况可以取空值，表示这个学生的专业尚未确定。

② 但在学生-选课数据库管理系统中，关系 Student 为被参照关系，其主码为 Sno；SC 为参照关系，Sno 为外码，它能否取空值呢？答案是否定的。可以举例来说明这个问题。

现在从 Student 表中删除某个学生，如果采用设置为空值方式，则 SC 表中会出现 Sno

为 NULL 的元组,表示尚不存在的某个学生,或者某个不知道学号的学生选修了某门课程,其成绩记录在 Grade 列中,这与学校的实际应用环境不符。这是因为 Sno 为 SC 的主属性,按照实体完整性 SC 的 Sno 属性列不能取空值。同样,SC 的 Cno 是外码,也是 SC 的主属性,也不能取空值。

因此对于参照完整性,除了应该定义外码,还应定义外码属性是否允许空值。

(3) 对于同一属性的修改和删除操作,可以分别采用不同的策略,如删除采用拒绝执行的方式,而修改采用级联执行的方式。

一般地,当对参照表和被参照表的操作违反了参照完整性时,系统选用默认策略,即拒绝执行。如果想让系统采用其他策略则必须在创建参照表时显式地加以说明。下面看一个现实定义操作完整性的例题。

【例 4】 显式说明参照完整性的违约处理示例。

```
CREATE TABLE SC
    ( Sno CHAR (9) NOT NULL,
      Cno CHAR (4) NOT NULL,
      Grade SMALLINT,
      PRIMARY KEY(Sno,Cno),                    /* 在表级定义实体完整性,Sno、Cno 都不能取空值 */
      FOREIGN KEY(Sno) REFERENCES Student(Sno)        /* 在表级定义参照完整性 */
      ON DELETE CASCADE
          /* 当删除 Student 表中的元组时,级联删除 SC 表中相应的元组 */
      ON UPDATE CASCADE,
          /* 当更新 Student 表中的 Sno 时,级联更新 SC 表中相应的元组 */
      FOREIGN KEY (Cno) REFERENCES Course (Cno)       /* 在表级定义参照完整性 */
      ON DELETE NO ACTION
          /* 删除 Course 表中的元组造成与 SC 表不一致时,拒绝删除 */
      ON UPDATE CASCADE
          /* 当更新 Course 表中的 Cno 时,级联更新 SC 表中相应的元组 */
    );
```

解题说明:

从例中可以看出,Sno 和 Cno 都定义为 NOT NULL,因此不能对这两个属性进行设置为空值操作;对 DELETE 和 UPDATE 可以采用不同的策略。当删除被参照表 Student 表中的元组,造成与参照表(SC 表)不一致时,级联删除 SC 表中相应的元组;而对更新操作也采取级联更新的策略。当删除被参照表 Course 表中的元组,造成与参照表(SC 表)不一致时,拒绝删除被参照表的元组;而对更新操作采取级联更新的策略。

从上面的讨论可以了解,关系数据库管理系统在实现参照完整性时,除了要提供定义主码、外码的机制外,还需要提供不同的策略供用户选择。具体选择哪种策略,要根据应用环境的要求确定。

7.5 用户定义的完整性

在关系模型中,用户定义完整性是指针对某一具体应用,数据必须满足用户的某种语义要求。目前的关系数据库管理系统都提供了定义和检验这类完整性的机制。用户定义完整性根据对象粒度不同,可分为属性上约束条件的定义和元组上约束条件的定义。

7.5.1 属性上的约束条件

1. 属性上约束条件的定义

在创建表的时候即可根据用户需要,定义属性上的约束条件,包括以下几种情况。

- 列值非空(NOT NULL)
- 列值唯一(UNIQUE)
- 检查列值是否满足一个条件表达式(CHECK 短语)。

(1) 不允许取空值

【例5】 在定义 SC 表时,说明 Sno、Cno、Grade 属性不允许取空值。

```
CREATE TABLE SC
    (Sno CHAR(9)   NOT NULL,              /* Sno 属性不允许取空值 */
     Cno CHAR(4)    NOT NULL,             /* Cno 属性不允许取空值 */
     Grade SMALLINT   NOT NULL,           /* Grade 属性不允许取空值 */
     PRIMARY KEY(Sno,Cno)                 /* 在表级定义实体完整性 */
    );
```

解题说明:

该例在表级定义实体完整性,隐含了 Sno、Cno 不允许取空值,在列级不允许取空值的定义可不写。

(2) 列值唯一

【例6】 建立部门表 DEPT,要求部门名称 Dname 列取值唯一,部门编号 Deptno 列为主码。

```
CREATE TABLE DEPT
( Deptno   NUMERIC (2),
 Dname CHAR(9) UNIQUE NOT NULL,
 Location CHAR (10),
 PRIMARY KEY (Deptno)
);
```

解题说明:

该题的属性 Dname 的值唯一,且不能取空值。

(3) 用 CHECK 短语指定列值应该满足的条件

【例7】 创建 Student 表,要求学生的性别只能取男或女,学生的年龄为10~50岁。

```
CREATE TABLE Student
 (Sno VARCHAR (20 ) PRIMARY KEY,              /* 在列级定义主码 */
  Sname VARCHAR (40) NOT NULL,                /* Sname 属性不允许取空值 */
  Ssex CHAR ( 2 ) CHECK(Ssex IN ('男','女')),   /* 性别属性 Ssex 只允许取'男'或'女' */
  Sage   SMALLINT CHECK (Sage> = 10 AND Sage< = 50 )  /* 年龄属性 Sage 为10~50 */
 );
```

2. 属性上约束条件的检查和违约处理

当向表中插入元组或修改属性的值时,关系数据库管理系统将检查属性上的约束条件是否被满足,如果不满足则操作被拒绝执行。

7.5.2 元组上的约束条件

1. 元组上约束条件的定义

与属性上约束条件的定义类似,在创建表的时候,可以用 CHECK 语句定义元组上的约束条件。与属性上的约束条件相比,元组上的约束条件可以设置不同属性取值间的相互约束关系。

【例 8】 当学生的性别是男时,其名字不能以"Ms."开头。

```
CREATE TABLE Student
    ( Sno  CHAR (9), PRIMARY KEY (Sno),
     Sname CHAR (8) NOT NULL,
     Ssex CHAR (2) CHECK ( Ssex IN ('男','女') ),
     Sage SMALLINT,
     Sdept CHAR (20),
     CHECK (Ssex = '女' OR Sname NOT LIKE'Ms. % ')
); / * 定义了元组中 Sname 和 Ssex 两个属性值之间的约束条件 * /
```

解题说明:

性别是女性的元组都能通过该项 CHECK 检查,因为 Ssex＝'女'成立;当性别是男性时,要通过检查则名字一定不能以 Ms. 打头,因为 Ssex＝'男'时,条件要想为真值,Sname NOT LIKE'Ms. %'必须为真值。

2. 元组上约束条件的检查和违约处理

向表中插入元组或修改属性值的时候,系统会对属性上的约束条件和元组上的约束条件进行检查,如不满足条件,则拒绝执行操作。

7.6 完整性约束命名子句

上面介绍的完整性约束条件的定义都是在创建表时进行的。在实际应用中经常会遇到在数据表创建完毕后对原表增加新的约束或删除表中的某些约束条件。为了处理这些情况,SQL 还在 CREATE TABLE 语句中提供了完整性约束命名子句 CONSTRAINT,用来对完整性约束条件命名,从而更加灵活方便地对某个完整性约束条件进行操作。

1. 完整性约束命名子句

CONSTRAINT <完整性约束条件名><完整性约束条件>

<完整性约束条件>包括 NOT NULL、UNIQUE、PRIMARY KEY、FOREIGN KEY、CHECK 短语等。

【例 9】 建立学生登记表 Student,要求学号为 10000～19999,姓名不能取空值,学生的年龄为 10～30 岁,性别只能是"男"或"女"。

```
CREATE TABLE Student
(Sno NUMERIC (6),
Sname CHAR (20),
Sage NUMERIC (3),
```

```
Ssex CHAR (2),
CONSTRAINT C1 CHECK (Sno BETWEEN  10000  AND 19999),
CONSTRAINT C2 NOT NULL,
CONSTRAINT C3 (Sage >  = 10 AND Sage <  = 30 ),
CONSTRAINT C4 CHECK (Ssex IN ('男','女'),
CONSTRAINT  StudentKey  PRIMARY KEY (Sno));
```

解题说明：

在 Student 表上建立了 5 个约束条件，包括主码约束（命名为 StudentKey）以及 C1、C2、C3、C4 这 4 个列级约束。

例 9 中所有的完整性约束均采用 CONSTRAINT 短语进行定义。

2. 修改表中的完整性限制

可以使用 ALTER TABLE 语句修改表中的完整性限制。

【例 10】 例 9 中去掉 Student 表中对性别的限制。

```
ALTER TABLE Student
DROP CONSTRAINT C4
```

【例 11】 修改表 Student 中的约束条件，要求学号改为 100000～199999，年龄由 10～30 改为 10～40。

可以先删除原来的约束条件，再增加新的约束条件。

```
ALTER TABLE Student
DROP CONSTRAINT C1;
ALTER TABLE Student
ADD CONSTRAINT C1 CHECK (Sno BETWEEN 100000 AND 199999);
ALTER TABLE Student
DROP CONSTRAINT C3;
ALTER TABLE Student
ADD CONSTRAINT C3 CHECK(Sage >  = 10 AND Sage <  = 40 );
```

7.7 断   言

若完整性约束涉及多个关系或与聚合操作有关，则可采用 SQL 的断言机制来完成。断言（Assertion）是完整性约束的一个特殊类型。一个断言可以对基本表的单独一行或整个基本表定义有效值集合，或定义存在于多个基本表中的有效值集合。断言创建以后，任何对断言中所涉及关系的操作都会触发关系数据库管理系统对断言的检查，任何使断言不为真值的操作都会被拒绝执行。

1. 创建断言的语句格式

断言可以用 CREATE ASSERTION 语句创建，其形式为：

CREATE ASSERTION <断言名> CHECK(,<条件表达式>)

每个断言都被赋予了一个名字，< CHECK 子句>中的约束条件与 WHERE 子句的条件表达式类似。

【例 12】 限制每门课程最多只能 100 名学生选修。

```
CREATE ASSERTION Assert1
    CHECK(100 > = (SELECT count(Sno)          /* 此断言的谓词涉及聚集操作 count 的 SQL 语句 */
                   FROM SC
                   GROUP BY Cno)
                   );
```

解题说明:

每当学生选修课程时,将在 SC 表中插入一条元组(Sno,Cno,NULL),Assert 断言被触发检查。如果选修数据库课程的人数已经超过 100 人,CHECK 子句返回值为"假",对 SC 表的操作被拒绝。

2. 删除断言的语句格式

```
DROP ASSERTION <断言名>
```

【例 13】 删除上述 Assert1 断言。

```
DROP  ASSERTION  Assert1;
```

如果断言很复杂,则系统在检测和维护断言上的开销较高,这是在使用断言时应该注意的。

7.8　数据库触发器

7.8.1　触发器机制

触发器(Trigger)在数据库系统中起着特殊的作用,它是定义在关系表上的一类有事件驱动的特殊过程,可用触发器完成很多数据库完整性保护的功能。其中触发事件即是完整性约束条件,而完整性约束检查即是触发条件的检查过程,最后处理过程的调用即是完整性检查的处理。

从根本上讲触发器是用户定义在关系表上的一类由事件驱动的特殊过程。其特殊性表现在一旦定义,无须用户调用,任何对表的更新操作(即增、删、改操作)均由系统自动激活触发器执行定义的 SQL 语句,在 RDBMS 核心层进行集中的完整性控制。触发器的功能类似于约束条件,但是比约束条件功能更为强大,也更加灵活,能够实现由主码和外码所不能保证的、更为复杂的检查和操作,具有更精细和更强大的数据控制能力,实现复杂的完整性要求。

一般而言,在完整性约束功能中,当系统检查数据中有违反完整性约束条件时,仅仅给用户必要的提示信息;而触发器不仅给出提示信息,还会引起系统内部自动进行某些操作,以消除违反完整性约束条件所引起的负面影响。另外,触发器除了具有完整性保护功能外,还具有安全性保护功能。

在 SQL Server 2008 中,触发器分为两类。

(1) DML(Data Manipulatiom Language)触发器:该触发器是当数据库服务器中发生数据操作语言事件时执行的存储过程。

（2）DDL 触发器（Data Definition Language）触发器：该触发器是在响应数据定义语言事件时执行的存储过程，一般用于执行数据库中的管理任务、审核和规范数据库操作、防止数据库表结构被修改等。

人们使用触发器加强一些商用规则，以维护日志或在约束规则太严格之处代替约束。目前，在 SQL 99 标准中引进了"触发器"的概念，但是很多关系数据库管理系统很早就支持触发器，因此不同的关系数据库管理系统实现的触发器语法各不相同、互不兼容。请读者在定义触发器时注意阅读所用系统的使用说明。

7.8.2　触发器的三要素

触发器有时候也称作事件-条件-动作规则（Event-Condition-Action Rule，ECA 规则）。一个触发器由以下 3 部分组成。

（1）事件：引起触发器动作的事件，通常是更新操作。当数据库程序员声明的事件发生时，触发器开始工作。

（2）条件：当触发器被事件激活时，不是立即执行，而是首先测试条件是否满足。如果条件满足，就执行相应操作，否则什么也不做。

（3）动作：如果触发器测试满足预订的条件，那么与该触发器相关联的动作（Action）由数据库管理系统执行（即对数据库的操作）。这些动作可以阻止事件发生（即撤销事件，如删除刚才插入的元组），可以是一系列对于数据库的操作，甚至可以是与触发事件毫无关联的其他操作。

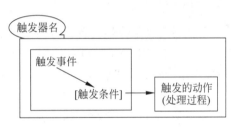

图 7-4　触发器模型示意图

触发器的事件-条件-动作模型如图 7-4 所示。

7.8.3　SQL 触发器的要求及规则

SQL 触发器是一个 SQL 数据更新语句引起的链式反应，触发事件大多局限于 UPDATE、DELETE 和 INSERT 等操作。触发器一经定义便存放在数据字典中并被长期保存，它可被所有的数据库操作访问。它规定了在表中进行更新之前或之后执行的一个 SQL 语句集合。

触发体只能包含用户本身定义的 SQL 程序。实际上，当在表 Table 上创建一个触发器时，实际上是每当发生改变表的事件发生，将执行下一步的 SQL 语句。

例如，可以创建一个触发器，每当表被更新时，则使总计表的一个计数器增值。

SQL 触发器在事件、条件、动作三要素中为用户提供了多种选择，主要有以下 5 种。

（1）事件包括插入数据、删除数据和更新数据，更新事件可以局限到某个特定的属性或某些属性。

（2）动作可以在触发事件之前或之后执行。

（3）在被触发的事件中，动作既可以指向被插入、删除、修改元组的新值，也可以指向其旧值。

（4）条件由 WHEN 语句声明。仅仅当规则被触发且触发事件的发生使条件成立时，动

233

第 7 章

数据库的完整性

作才被执行。

(5) 数据库程序员可以选择动作执行的声明方式,一次只针对一个更新元组或一次针对在数据库操作中被改变的所有元组。

创建一个触发器,使用 CREATE TRIGGER 语句。要撤销一个触发器,使用 DROP TRIGGER 语句。要更新现存一个触发器,需先撤销再重新定义。

7.8.4 定义触发器

当特定的系统事件(如对一个表的增、删、改操作或事务的结束等)发生时,对规则的条件进行检查,如果条件成立则执行规则中的动作,否则不执行该动作。规则中的动作体可以很复杂,可以涉及其他表和其他数据库对象,通常是一段 SQL 存储过程。

SQL 使用 CREATE TRIGGER 命令建立触发器,其一般格式为:

```
CREATE TRIGGER<触发器名>              /*每当触发事件发生时,该触发器被激活*/
{BEFORE|AFTER}<触发事件> ON <表名>    /*指明触发器激活的时间是在执行触发事件前或后*/
REFERENCING NEW|OLD ROW AS<变量>     /* REFERENCING 指出引用的变量*/
FOR EACH { ROW |STATEMENT}           /*定义触发器的类型,指明动作体执行的频率*/
[WHEN<触发条件>]<触发动作体>          /*仅当触发条件为真时才执行触发动作体*/
```

下面对定义触发器的各部分语法进行详细说明。

(1) 如果 CREATE TRIGGER 语句作为一个单独的 SQL 语句被执行,当前<授权 ID>(是标识用户和该用户所拥有的特权集的字符串)必须是这个新触发器所属的模式的拥有者,即只有模式的拥有者才能为这个模式创建触发器,且一个表上定义的触发器数量是有限的。触发器的具体数量由具体的关系数据库管理系统在设计时确定。

(2) 触发器名:一个<触发器名>是一个<标识符>,可以包含模式名,也可以不包含模式名。在其所属的模式里是唯一的,且触发器名称和表名必须在同一模式下。

- 如果在一个 CREATE SCHEMA 语句中没有限定<触发器名>,则默认的限定符是正创建的模式名。
- 如果在一个模块中的其他 SQL 语句中找到了未限定的<触发器名>,则默认的限定符是在定义模块的 MODULE 语句中的 SCHEMA 子句或 AUTHORIZATION 子句标识的模式名。

(3) 表名(目标表):CREATE TRIGGER 语句的 ON 子句命名了触发器的表,即当其中数据被更新时(被插入、删除或修改)引起触发器动作的基本表。因此该表也称为触发器的目标表。另外,触发器只能定义在基本表上,不能定义在视图上。

(4) 触发器动作时间:定义了何时想要执行触发器动作。如果您要触发器动作在触发事件之前出现,则触发器动作时间是 BEFORE,如果想要在之后出现,则触发器动作时间是 AFTER。

BEFORE 在触发事件进行之前,测试 WHEN 条件是否满足,若满足,则先执行动作部分的操作,然后再执行触发事件的操作(此时可不管 WHEN 条件是否满足)。

AFTER 在触发事件完成之后,测试 WHEN 条件是否满足,若满足则执行动作部分的操作。

INSTEAD OF 在触发事件发生时,只要满足 WHEN 条件,就执行动作部分的操作,而触发事件的操作不再执行。

（5）触发事件：触发事件定义了在触发器表上的 SQL 数据更新语句,它的执行将激活触发器;可以是 INSERT、DELETE 或 UPDATE 三类事件,也可以是这几个事件的组合,如 INSERT OR DELETE 等,只有在 UPDATE 情况下,可以增加一个可选项子句以标出触发列,即为 UPDATE OF <触发属性列表,…>(只有在 UPDATE 时允许后面跟 OF <触发属性列表,…>),即进一步指明修改哪些属性时激活触发器。如果省略这个可选项子句,其作用范围是命名的触发器表的每一个属性。DELETE 和 INSERT 都是对整个元组的操作,不允许后面跟"OF <属性列表>"。

（6）REFERENCING 子句。CREATE TRRGGER 语句的 REFERENCING 子句定义了具有 1～4 个特殊值的变量名(或别名)的清单:

- 触发器在其上进行操作的旧行的变量名;
- 触发器在其上进行操作的新行的变量名;
- 触发器在其上进行操作的旧表名;
- 触发器在其上进行操作的新表名。

每一个只能被规定一次。如果既没有规定 ROW,也没有规定 TABLE,则默认为 ROW。如果触发动作包含了对触发器的<表名>或其任何一个<列名>的引用,则触发器的定义必须包含有 REFERENCING 子句。OLD 值是在 UPDATA/DELETE 触发事件之前的值,NEW 值是在 UPDATE/DELETE 触发事件之后的值。如果触发动作时间是 BEFORE,REFERENCING 子句不能规定 OLD TABLE 或 NEW TABLE。

每个触发事件都具有其本身的"执行上下文",包括触发器的表的旧行值和/或新行值。如果触发事件是 INSERT,则没有旧行值,因为没有现存的行受 INSERT 的影响。如果触发事件是 DELETE,则没有新行值,因为 DELETE 的操作是从表中删除一行。如果是 UPDATE,则有三种情况:

- 在触发器的表中数据的实际行;
- 实际行的"旧值行"拷贝;
- 实际行的"新行值"拷贝。它包含了 DBMS 在 UPDATE 语句执行完后准备将实际行改变成的值,称之为"新行",所有新行的集合称为"新表"(注意即使是 BEFORE 触发,DBMS 也知道"新行值")。

（7）触发器类型。触发器按照所触发动作的间隔尺寸可以分为元组级触发器(FOR EACH ROW)和语句级触发器(FOR EACH STATEMENT)(默认)。前者对于每一个修改的元组都要执行一次,而后者对 SQL 语句的执行结果去检查。

例如,假设表 Student 有 10000 行记录,设为其创建了 AFTER UPDATE OF Sno ON Student 触发器,如果动作间隔尺寸为语句级触发器,那么执行完 UPDATE 语句后触发动作体只执行一次;如果是元组级触发器,触发动作体将执行 10000 次(触发表一行一次)。虽然默认值为 FOR EACH STATEMENT,但是 FOR EACH ROW 间隔更常见。实际上,触发器定义包含有 OLD ROW 或 NEW ROW 的 REFERENCING 子句,必须含有一个动作间隔尺寸 FOR EACH ROW。

(8) 触发条件

触发器被激活时,只有当触发条件为真时触发动作体才执行,否则触发动作体不执行。触发条件用 WHEN 语句来定义,它可以是任意的条件表达式。如果省略 WHEN 触发条件,则触发动作体在触发器激活后立即执行。

(9) 触发动作体:触发动作是当触发器被激活时想要执行的语句。它既可以是一组 SQL 语句,也可以是对已创建存储过程的调用。如果是元组级触发器,在两种情况下,用户都可以在过程体中使用 NEW 和 OLD 引用 UPDATE/INSERT 事件之后的新值和 UPDATE/INSERT 事件之前的旧值。如果是语句级触发器,则不能在触发动作体中使用 NEW 和 OLD 进行引用。

如果触发动作体执行失败,激活触发器的事件(即对数据库的增、删、改操作)就会终止执行,触发器的目标表或触发器可能影响的其他对象不发生任何变化。

【例 14】 当对表 SC 的 Grade 属性进行修改时,若分数增加了 30%,则将此次操作记录到另一个表 SC_U(Sno、Cno、Oldgrade、Newgrade)中,其中 Oldgrade 是修改前分数,Newgrade 是修改后的分数。

```
CREATE TRIGGER   T_ SC_G                          /* T_ SC_G 是触发器的名字 */
AFTER UPDATE OF Grade ON SC                        /* UPDATE OF Grade ON SC 是触发事件 */
     /* AFTER 是触发的时机,表示当对 SC 的 Grade 属性修改完后再触发下面的规则 */
REFERENCING
     OLDROW AS OldTuple,
     NEWROW AS NewTuple
FOR EACH ROW              /* 行级触发器,即每执行一次 Grade 的更新,下面的规则就执行一次 */
WHEN(NewTuple. Grade> = 1.3 × OldTuple. Grade)        /* 触发条件,只有该条件为真时才执行 */
     INSERT INTO SC_U (Sno, Cno, OldGrade, NewGrade)  /* 下面的 Insert 操作 */
     VALUES(OldTuple. Sno, OldTuple. Cno, OldTuple. Grade, NewTuple. Grade)
```

解题说明:

在本例中 REFERENCING 指出引用的变量,如果触发事件是 UPDATE 操作并且有 FOR EACH ROW 子句,则可以引用的变量有 OLDROW 和 NEWROW,分别表示修改之前的元组和修改之后的元组。若没有 FOR EACH ROW 子句,则可以引用的变量有 OLDTABLE 和 NEWTABLE,OLDTABLE 表示表中原来的内容,NEWTABLE 表示表中变化后的部分。

【例 15】 将每次对表 Student 的插入操作所增加的学生个数记录到表 Student-InsertLog 中。

```
CREATE TRIGGER Student _Count
AFTER INSERT ON Student   /* 指明触发器激活的时间是在执行 INSERT 后 */
REFERENCING
NEW TABLE AS DELTA
NEWROW AS NewTuple
FOR EACH STATEMENT     /* 语句级触发器,即执行完 INSERT 语句后下面的触发动作体才执行一次 */
     INSERT INTO StudentlnsertLog (Numbers)
     SELECT COUNT ( * ) FROM DELTA
```

解题说明:

在本例中出现的 FOR EACH STATEMENT,表示触发事件 INSERT 语句执行完成后才执行一次触发器中的动作,这种触发器叫作语句级触发器。例 14 中的触发器是元组级触发器。默认的触发器是语句级触发器。DELTA 是一个关系名,其模式与 Student 相同,包含的元组是 INSERT 语句增加的元组。

7.8.5 激活触发器

触发器的执行是由触发事件激活,并由数据库服务器自动执行的。一个数据表上可能定义了多个触发器,如多个 BEFORE 触发器、多个 AFTER 触发器等,同一个表上的多个触发器激活时遵循如下的执行顺序。

(1) 执行该表上的 BEFORE 触发器。

(2) 激活触发器的 SQL 语句。

(3) 执行该表上的 AFTER 触发器。

对于同一个表上的多个 BEFORE(AFTER)触发器,遵循"谁先创建谁先执行"的原则,即按照触发器创建的时间先后顺序执行。但是不同的 DBMS 有不同的规定,例如有些关系数据库管理系统是按照触发器名称的字母排序顺序执行触发器。

7.8.6 触发器的修改与删除

1. 修改触发器的语句格式为:

```
ALTER TRIGGER <触发器名>
{BEFORE|AFTER}<触发事件> ON <表名>
REFERENCING NEW|OLD ROW AS <变量 >
FOR EACH { ROW |STATEMENT}
[WHEN <触发条件>] <触发动作体>
```

除了使用关键字 ALTER 替换关键字 CREATE,修改触发器的语句与创建触发器的语句基本相同。

2. 删除触发器的 SQL 语法如下:

```
DROP TRIGGER <触发器名> ON <表名> ;
```

【例 16】 将例 15 中创建的触发器删除

```
DROP TRIGGER Student _Count ON Student;
```

触发器只能由具有相应权限的用户删除一个已经创建的触发器。

触发器是一种功能强大的工具,但在使用时要慎重,因为在每次访问一个表时都可能触发一个触发器,这样会影响系统的性能。

7.9 小 结

本章对数据库完整性进行了详细的讲解。数据库的完整性是为了保证数据库中存储的数据是正确的、相容的,即要符合现实世界语义。本章介绍了关系数据库管理系统完整性实现的机制,包括完整性约束定义机制、检查机制和违背完整性约束条件时关系数据库管理系统应采取的动作等。

在关系系统中,最主流的完整性约束分类方法是将完整性约束分为实体完整性、参照完整性和用户定义完整性三大类。最重要的完整性约束是实体完整性和参照完整性,其他完整性约束条件则可以归入用户定义的完整性。

数据库完整性的定义一般由 SQL 的数据定义语言来实现。它们作为数据库模式的一部分存入数据字典中,在数据库数据修改时关系数据库管理系统的完整性检查机制将按照数据字典中定义的这些约束进行检查。目前的关系数据库管理系统都提供了定义和检查实体完整性、参照完整性和用户定义的完整性的功能。

对于违反完整性的操作一般的处理是采用默认方式,如拒绝执行。对于违反参照完整性的操作,本书讲解了不同的处理策略。用户要根据应用语义来定义合适的处理策略,以保证数据库的正确性。

最后介绍了触发器,触发器比约束条件功能更为强大和灵活,能够实现由主码和外码所不能保证的、更为复杂的完整性要求。

不过要特别注意的是,一个触发器的动作可能激活另一个触发器,最坏的情况是导致一个触发链,从而造成难以预见的错误。

习　　题

1. 什么是数据库的完整性?
2. 试论述数据库完整性的基本概念与数据库安全性概念的关系。
3. 试分别论述关系数据库 3 类完整性的概念,并举例说明。
4. 关系数据库管理系统在实现参照完整性时需要考虑哪些方面?
5. 试述 DBMS 的完整性约束机制应具有哪些功能?
6. 假设有下面两个关系模式:

职工(职工号,姓名,年龄,职务,工资,部门号),其中职工号为主码;
部门(部门号,名称,经理名,电话),其中部门号为主码。

用 SQL 语言定义这两个关系模式,要求在模式中完成以下完整性约束条件的定义:
(1)定义每个模式的主码;(2)定义参照完整性;(3)定义职工年龄不得超过 60 岁。

7. 在关系系统中,当操作违反实体完整性、参照完整性和用户定义的完整性约束条件时,一般是如何分别进行处理的?

第8章 | 数据库恢复技术

【本章主要内容】

1. 重点阐述事务的概念及四个特性。
2. 简单介绍数据库故障的分类及恢复的实现技术。
3. 详细介绍数据库的恢复策略。
4. 简述检查点恢复技术和数据库镜像的概念。

本章及下一章将讨论事务处理(Transaction Processing)的相关技术。事务处理技术主要包括数据库恢复技术和并发控制技术。数据库恢复机制和并发控制机制是数据库管理系统的重要组成部分。

之所以 DBMS 要采用数据库恢复技术,是由于 DBMS 中并不是每一个对数据库的完整操作都可以用一条命令来完成的,多数情况下都可能需要一组命令来完成一个完整的操作。但是,由于计算机系统及其外部环境的不可抗拒因素造成的故障,将可能导致数据库系统遭到破坏。常见故障产生的原因包括电源掉电、软件错误和人为失误等。当这些错误或意外发生时,会使正在进行的操作强制中断,这时候对数据的更新可能尚未完成,数据既不是当前的正确状态,也不是在此之前某一时刻的正确状态,数据处于"未知"状态,"未知"状态的数据是不可靠的,也是不能使用的。因此,数据库管理系统应具有恢复机制,保证数据库在破坏之后,能够将数据的错误状态恢复到某个已知的正确状态,保持数据在某一时刻的正确性,将各类故障给数据库带来的损失降到最低。为此,DBMS 中引入了数据库恢复技术以解决上述问题。

另外由于数据库是一种共享资源,因此可能存在多个用户同时使用数据库资源的情况。DBMS 允许多个事务并发执行,但是,当多个事务并发执行时,即使每个事务都正确执行,数据库的一致性也可能遭到破坏。为了防止并发执行产生的问题,DBMS 还需要具备并发控制能力。

恢复和并发控制是保证事务正确执行的两项基本措施,它们合称为事务管理。

通过本章的学习,读者应该掌握、了解事务的基本概念、特性以及数据库恢复技术的方法与技术;下一章将着重介绍并发控制的相关理论。这样才能对数据库的事务管理有一个基本认识。

8.1 事务的基本概念

在讨论数据库恢复技术及并发控制之前,首先了解事务的基本概念及其特性。

8.1.1 事务的概念

所谓事务(Transaction)是数据库环境中的一个不可分割的逻辑工作单元。它是用户定义的一个数据库操作序列,这些操作要么全做,要么全不做(即不对数据库留下任何影响),是一个不可分割的工作单位。例如,在关系数据库中,一个事务可以是一条 SQL 语句、一组 SQL 语句或整个程序。

事务和程序是两个概念。一般地讲,一个程序中包含多个事务。

一般事务的开始与结束可以由用户显式控制。如果用户没有显式地定义事务,则由 DBMS 按默认规定自动划分事物。在 SQL 中,定义事务的语句一般有三条:

```
BEGIN TRANSACTION
COMMIT
ROLLBACK
```

事务通常是以 BEGIN TRANSACTION 开始,以 COMMIT 或 ROLLBACK 结束。其中:

(1) BEGIN TRANSACTION:事务开始语句。此语句表示事务从此句开始执行,此语句也是事务回滚的标志点,对数据库的每个操作都包含着一个事务的开始。但在大多数情况下,可省略此语句。

(2) COMMIT:事务提交语句。即提交事务的所有操作。具体地说就是将事务中所有对数据库的更新写回到磁盘上的物理数据库中去,事务正常结束。如果省略"事务开始"语句,则同时表示开始一个新的事务。

(3) ROLLBACK:事务回滚语句。即在事务运行的过程中发生了某种故障,事务不能继续执行,系统将事务中对数据库的所有已完成的操作全部撤销,回滚到事务开始时的状态。这里的操作指对数据库的更新操作。

有时对事务还可以作分类,它们是按事务的读/写类型分类。一般事务是由"读"与"写"语句组成,而当事务仅由"读"语句组成时则此事务的最终提交变得十分简单。因此,有时可以将事务分成"读写"型与"只读"型两种,以方便事务的不同处理。

8.1.2 事务的状态与特性

1. 事务的状态

一个事务从开始到成功地完成或者因故中止,可分为三个阶段:即事务初态→事物执行→事务完成,事务的三个阶段如图 8-1(a)所示。

一个事务从开始到结束,中间可经历以下不同的状态。

- 活动状态(Active)。
- 局部提交状态(Partially Committed)。
- 失败状态(Failed)。
- 中止状态(Aborted)。
- 提交状态(Committed)。

事务定义语句与状态的关系如图 8-1(b)所示。

2. 事务的特性

事务具有以下 4 个特性:原子性(Atomicity)、一致性(Consistency)、隔离性(Isolation)和持续性(Durability)。这 4 个特性简称为 ACID 特性。

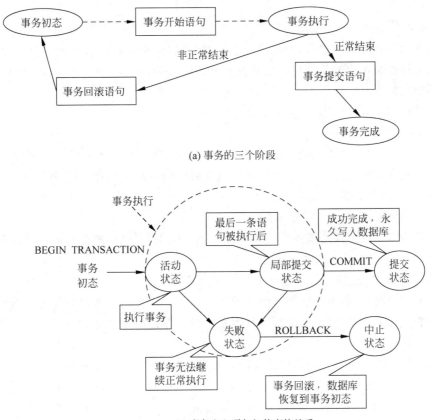

(a) 事务的三个阶段

(b) 事务定义语句与状态的关系

图 8-1　事务的执行及状态

（1）执行的原子性

从终端用户的角度看，事务是数据库的不可再分的逻辑工作单位。

从系统的角度看，事务在执行时，应遵守"要么不做，要么全做"的原则，即不允许事务部分地完成，即使因为故障而使事务未能完成，在恢复时也要消除其对数据库的影响。

保证原子性是数据库系统本身的职责，由 DBMS 的事务管理子系统实现。

（2）功能上的保持一致性

事务执行的结果必须是使数据库从一个一致性状态变到另一个一致性状态。因此当数据库只包含成功事务提交的结果时，就说数据库处于一致性状态。如果数据库系统运行中发生故障，有些事务尚未完成就被迫中断，这些未完成的事务对数据库所做的修改有一部分已写入物理数据库，这时数据库就处于一种不正确的状态，或者说是不一致的状态。例如一个账户的收支之差应等于其余额。如果对这个账户只拨款，不修改余额，则数据库就不一致，这样的数据库操作序列就不能成为事务。只有既拨款又修改余额，才能构成一个完整的事务。因此，系统一旦查出数据库的完整性受到破坏，则撤销该事务并清除该事务对数据库的任何影响。

可见一致性与原子性是密切相关的。

功能上的保持一致性可由编写事务程序的应用程序员完成，也可由系统测试完整性约束自动完成。

（3）彼此的隔离性

如果多个事务并发地执行,应像各个事务独立执行一样,不能被其他事务干扰,即一个事务的内部操作及使用的数据对其他并发事务是隔离的、不可见的。并发控制就是为了保证事务间的隔离。

隔离性由 DBMS 的并发控制子系统实现。

（4）作用的持续性

持续性也称永久性（Permanence）。一个成功执行的事务一旦提交,其工作的结果就会永远保存在数据库中,它对数据库中数据的改变就应该是永久性的,即使数据库因故障而受到破坏,DBMS 也能保持或恢复。

事务的持续性由 DBMS 的子系统实现。

保证事务 ACID 特性是事务管理的重要任务。ACID 特性可能遭到破坏的因素有:

- 事务在运行过程中被强行停止;
- 多个事务并发运行时,不同事务的操作交叉执行。

在第一种情况下,数据库管理系统必须保证被强行终止的事务对数据库和其他事务没有任何影响。在第二种情况下,数据库管理系统必须保证多个事务的交叉运行不影响这些事务的原子性。

在系统故障时保障事务 ACID 特征的技术为数据库恢复技术;保障事务在并发执行时 ACID 特征的技术被称为并发控制。恢复技术和并发控制是保证事务正确执行的两项基本措施,它们合称为事务管理（Transaction Management）。

这些就是数据库管理系统中恢复机制和并发控制机制的责任。

事务是恢复和并发控制的基本单位,所以以下的讨论均以事务为对象。

8.2 数据库恢复概述

尽管数据库系统中采取了各种保护措施来防止数据库的安全性和完整性被破坏,保证并发事务的正确执行,但是计算机系统与任何其他系统一样,故障是不可避免的。发生故障的原因多种多样,例如计算机系统中磁盘硬件故障、软件错误、操作员的输入错误以及别有用心的人的恶意破坏等。一旦这些故障发生,就会给系统造成影响,轻则造成正在运行事务的非正常中断,影响数据库中数据的正确性,重则破坏数据库（如磁盘损坏等介质故障）,使数据库中全部或部分数据丢失。因此,DBMS 必须预先采取措施,使数据库具有从错误状态恢复到某一已知的正确状态的功能,保证事务的 ACID 特性,这就是数据库的恢复。只有当数据库恢复至一致状态,才允许用户访问数据库。本节主要讨论事务执行过程中发生故障后恢复数据库为一致状态的技术,即数据库的事务恢复技术。

恢复子系统是数据库管理系统的一个重要组成部分,而且还相当庞大,常常占整个系统代码的 10% 以上。数据库系统所采用的恢复技术是否行之有效,不仅对系统的可靠程度起着决定性作用,而且对系统的运行效率也有很大影响,是衡量系统性能优劣的重要指标。

数据库恢复机制包括一个数据库恢复子系统和一套特定的数据结构。实现可恢复性的基本原理是重复存储数据,即"数据冗余"（Date Redundancy）。

恢复机制涉及的两个关键问题是：

- 如何建立冗余数据；
- 如何利用这些冗余数据实施数据库恢复。

数据库恢复的基本方法有定期备份数据库、建立日志文件，即建立冗余数据。它们是数据库恢复的基本技术，通常在一个数据库系统中，这两种方法是一起使用的。以下分别介绍故障的种类、故障的恢复策略以及这些故障恢复的实现技术。

8.3 故障的种类

数据库系统中可能发生各种各样的故障，大致可以分以下几类：事务内部的故障、系统故障、介质故障、计算机病毒。

1. 事务内部的故障

事务是对数据库的操作集合，事务故障是指事务在运行至正常结束点前被中止。事务故障又分为可预期故障和非预期故障。可预期故障可由应用程序发现并让事务滚回，撤销已作的修改，恢复数据库到正确状态；而非预期故障是指不能由事务程序处理的故障，这时事务因无法执行而被迫停止。

事务内部较多的故障是非预期的，是不能由应用程序处理的。例如，数据库中没有要访问的数据、输入数据类型不对、除数为零、并发事务发生死锁而被选中撤销该事务、违反了某项完整性限制而被终止、超时、申请资源过多、人工操作干预等。

本书后续内容中，事务故障仅指这类非预期的故障。

下面举例说明预期故障情况。

例如，银行转账事务，这个事务把一笔金额从一个账户甲转给另一个账户乙。

```
BEGIN TRANSACTION
读账户甲的余额 BALANCE;
BALANCE = BALANCE – AMOUNT;          / * AMOUNT 为转账金额 * /
IF (BALANCE < 0) THEN
{打印"金额不足,不能转账";            / * 事务内部可能造成事务被回滚的情况 * /
ROLLBACK; }                          / * 撤销刚才的修改,恢复事务 * /
ELSE
{读账户乙的余额 BALANCE1;
BALANCE1 = BALANCE 1 + AMOUNT;
写回 BALANCE1;
COMMIT; }
```

这个例子所包括的两个更新操作要么全部完成，要么全部不做，否则就会使数据库处于不一致状态，例如可能出现只把账户甲的余额减少而没有把账户乙的余额增加的情况。

在这段程序中若产生账户甲余额不足的情况，应用程序可以发现并让事务滚回，撤销已作的修改，恢复数据库到正确状态。这就是可预知的故障。

这类故障只发生在事务上，而整个数据库系统仍在控制下运行。事务故障意味着事务没有达到预期的终点（COMMIT 或者显式的 ROLLBACK），因此，数据库可能处于不正确状态。恢复程序要在不影响其他事务运行的情况下，强行回滚（ROLLBACK）该事务，即撤销该事务已经作出的任何对数据库的修改，使得该事务好像根本没有启动一样。

这类恢复操作称为事务撤销(Undo)。事务回滚 ROLLBACK 就是由一组 Undo 操作所组成。

2. 系统故障

系统故障也称为软故障(Soft Crash),是指造成系统停止运转的任何事件,使得系统要重新启动。例如,特定类型的硬件错误(CPU 故障)、操作系统故障、数据库管理系统的代码错误,死循环时系统安排停止、系统崩溃、突然停电等。这类故障影响正在运行的所有事务,但不破坏数据库。但是以下两种情况都会使数据库处于不一致状态。

(1) 发生故障时,主存内容,特别是数据库缓冲区中的内容都被丢失,所有运行事务都非正常终止。这时可能一些尚未完成的事务的结果可能已送入物理数据库,从而造成数据库可能处于不正确(不一致)的状态。为保证数据一致性,需要清除这些事务对数据库的所有修改。

因此故障恢复子系统必须在系统重新启动时让所有非正常终止的事务回滚,对未提交的事务进行 Undo(撤销)操作。

(2) 发生系统故障时,有些已完成的事务可能有一部分甚至全部留在缓冲区,尚未写回到磁盘上的物理数据库中,系统故障使得这些事务对数据库的修改部分或全部丢失,从而造成数据库可能处于不正确(不一致)的状态,因此应将这些事务已提交的结果重新写入数据库。

所以系统重新启动后,恢复子系统除需要 Undo(撤销)所有未完成的事务外,还需要对已提交的事务进行 Redo(重做)操作,以将数据库真正恢复到一致状态。

3. 介质故障

通常系统故障称为软故障,而介质故障称为硬故障(Hard Crash)。硬故障指外存故障,例如划盘、磁头碰撞、瞬时强磁场干扰等。使得数据库受损,影响正在存取这部分数据的所有事务。这类故障将破坏存储在介质上的数据库或部分数据库,并影响正在存取这部分数据的所有事务。

在正常情况下,介质故障应该比前两类故障发生的可能性小得多,但是一旦发生,从介质故障中恢复数据库是很费时的,也是破坏性最大的。而且要求日志文件提供最近后备副本后,提交的所有事务的后像,数据量也是很大的。

4. 计算机病毒

除了上述主要的故障类型之外,计算机病毒也是一种故障,它是一种人为的故障或破坏。特点是它可以像微生物学所称的病毒一样繁殖和传播。因此它不仅具有破坏性,还是可以自我复制的计算机程序,计算机病毒会对计算机系统包括数据库造成极大的危害。计算机病毒可以侵入数据库,对数据进行篡改,还可以通过破坏计算机系统导致系统故障,甚至可以破坏存储介质产生介质故障。

计算机病毒已成为计算机系统的主要威胁,自然也是数据库系统的主要威胁。为此计算机的安全工作者已研制出许多预防、检查、诊断、消灭计算机病毒的软件。但是,至今还没有一种可以使计算机"终生"免疫的"疫苗"。因此数据库一旦被破坏,要用恢复技术对数据库加以恢复,一般按介质故障处理。

总结上述各类故障对数据库的影响,有两种可能性:一是破坏数据库本身;二是数据库没有被破坏,但数据可能不正确,这是由于事务的运行被非正常终止。

恢复的基本原理十分简单,可以用一个词来概括——冗余。这就是说,数据库中任何部分被破坏或不正确的数据可以根据存储在系统别处的冗余数据来重建。尽管恢复的基本原理很简单,但实现技术的细节却相当复杂,下面略去一些细节,介绍数据库恢复的实现技术。

8.4 数据库恢复的实现技术

数据对一个数据库系统是至关重要的。但系统发生故障时,可能会导致数据的丢失,甚至导致一个数据库系统的瘫痪,因此,DBMS 必须采用一定的恢复技术恢复数据库中丢失的数据。

恢复机制涉及两个关键问题:①如何建立冗余数据;②如何利用这些冗余数据实施数据库恢复。

建立冗余数据最常用的技术是数据转储和登记日志文件(Log File)。通常在一个数据库系统中,这两种方法是一起使用的。

8.4.1 数据转储

1. 数据转储的概念

数据转储是数据库恢复中采用的基本技术。所谓转储就是 DBA 周期性地将整个数据库复制到磁带、磁盘或其他存储介质上保存起来的过程。由于磁带脱机存放,可以不受系统故障的影响。这些备用的数据称为后备副本(Backup)或后援副本。

当数据库遭到破坏后可以将后备副本重新装入,但重装后备副本只能将数据库恢复到转储时的状态,要想恢复到故障发生时的状态,必须重新运行自转储以后的所有更新事务。下面看一个数据转储的例子。

在图 8-2 中,系统在 T_a 时刻停止运行事务,进行数据库转储,在 T_b 时刻转储完毕,得到 T_b 时刻的数据库一致性副本。系统运行到 T_f 时刻发生故障。为恢复数据库,首先由数据库管理员重装数据库后备副本,将数据库恢复至 T_b 时刻的状态,然后重新运行自 $T_b \sim T_f$ 时刻的所有更新事务,这样就把数据库恢复到故障发生前的一致状态。

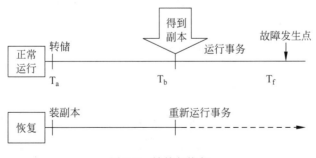

图 8-2 转储与恢复

转储是十分耗费时间和系统资源的,不能频繁进行。DBA 应该根据数据库的使用情况确定一个适当的转储周期。转储周期可以是几小时、几天,也可以是几周、几个月。

转储按转储时的状态分为静态转储和动态转储;按转储方式则分为海量转储与增量转储。下面分别加以介绍。

2. 静态转储和动态转储

（1）静态转储。系统中无运行事务时进行，系统只进行数据的转储操作，即转储操作开始的时刻数据库处于一致性状态，而转储期间不允许其他事物对数据库进行任何存取、修改活动，数据库仍处于一致性状态。显然，静态转储得到的一定是一个数据一致性的副本。

这种转储方法实现简单，但由于转储必须等正运行的用户事务结束，同样，新的事务必须等待转储结束才能执行。显然，这会降低数据库系统的效率。

（2）动态转储。转储操作与用户事务并发进行，即转储期间允许其他事物对数据库进行存取或修改活动。这种转储方法的优点是不用等待正在运行的用户事务结束，也不会影响新事务的运行，但转储结束时后援副本上的数据并不能保证正确有效，这是动态转储的不足之处。例如，在转储期间的某个时刻 T_a，系统把数据 A＝100 转储到磁带上，而在下一时刻 T_b，某一事务将 A 改为 200。转储结束后，后备副本上的 A 已是过时的数据了。

为此，为了克服动态转储的不足，必须把转储期间各事务对数据库的修改活动登记下来，建立日志文件。这样，后援副本加上日志文件就能把数据库恢复到某一时刻的正确状态。

转储还可以按转储方式分为海量转储与增量转储。

3. 海量转储和增量转储

海量转储是指每次转储全部数据库；增量转储则指每次只转储上一次转储后更新过的数据。

海量转储能够得到完整的后备副本，从恢复角度看，一般来说，用海量转储得到的后备副本进行恢复会更方便些。

但实际上，数据库中的数据一般只部分更新，很少全部更新。因此，可以利用增量转储，只转储其修改过的物理块，这样转储的数据量显著减少，从而可以减少发生故障时的数据丢失。

增量转储更适合数据库很大，事务处理又十分频繁的数据库系统。

4. 数据转储方法

数据转储有两种方式，分别可以在两种状态下进行，因此数据转储方法可以分为 4 类：动态海量转储、动态增量转储、静态海量转储和静态增量转储，如表 8-1 所示。

表 8-1　数据转储分类

转 储 方 式	转 储 状 态	
	动 态 转 储	静 态 转 储
海量转储	动态海量转储	静态海量转储
增量转储	动态增量转储	静态增量转储

8.4.2　日志文件

1. 日志文件定义

日志文件又称数据库系统日志，简称日志，是用来记录事物对数据库的更改操作的文件。可以使用日志文件提供数据库恢复时用到的运行情况的记录。为了确保数据库总能成功恢复,日志必须被存储在永恒存储器中。

在具体介绍故障恢复操作之前,先了解几个关于日志文件的相关概念及事务运行状态的变化。

(1) 前像

当数据库被一个事务更新时,所涉及的物理块更新前的映像称为该事务的前像(Before Image,BI),前像以物理块为单位。有了前像,如果需要,可以使数据库恢复到更新前的状态,即撤销更新,这种操作在恢复技术中称为撤销(Undo)。

(2) 后像

当数据库被一个事务更新时,所涉及的物理块更新后的映像称为事务的后像(After Image,AI),后像也以物理块为单位。有了后像,即使更新的数据丢失了,仍可以使数据库恢复到更新后的状态,相当于重做一次更新,这种操作在恢复技术中称为重做(Redo)。

(3) 事务状态

记录每个事务的状态,以便在恢复时作不同的处理。每个事务从交付 DBMS 到结束为止,其状态的变迁如图 8-3 所示。

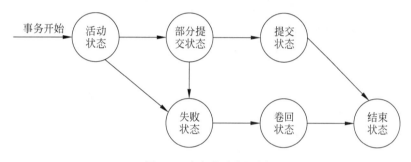

图 8-3 事务状态变迁图

活动状态:在事务开始执行后,立即进入"活动状态"。在活动状态,事务将执行对数据库的读/写操作。但"写操作"并不立即写到磁盘上,很可能暂时存放在系统缓冲区。

部分提交状态:事务的最后一个语句执行后,进入"部分提交"状态。此时事务已经完成执行,但对数据库的修改结果很可能还在内存的系统缓冲区中,如果此时出现故障,事务仍有可能被回滚。

失败状态:处于活动状态的事务还没到达最后一个语句就中止执行,此时称为事务进入失败状态。失败状态还可以从部分提交状态转来,因为部分提交状态下事务语句虽执行结束,但对数据库的修改有可能未写到数据库。

回滚状态:事务失败后,很可能已对磁盘中的数据进行了部分修改。为了保证事务的原子性,应该撤销(Undo)该事务对数据库已作的修改。撤销操作称为事务的回滚(Rollback)。提交状态事务进入提交(Commit)状态后,把对数据库的修改全部写到磁盘上,并通知系统,事务成功的结束,事务进入"结束"状态。只有在事务提交后,事务对数据库的更新才能被其他事务访问。

系统中的每个事务必须处于状态变迁图中的某一个状态。当数据库失效时,可取出最近后备副本,然后根据日志文件,对未提交的事务用前像回滚;对已提交的事务,必要时用后像重做。

第 8 章

数据库恢复技术

2. 日志文件的格式和内容

日志文件是用来记录事务对数据库的更新操作的文件。不同数据库系统采用的日志文件格式并不完全一样。概括起来日志文件主要有两种格式：以记录为单位的日志文件和以数据块为单位的日志文件。

（1）对于以记录为单位的日志文件，日志文件中需要登记的内容包括：

① 各个事务的开始（BEGIN TRANSACTION）标记；

② 各个事务的结束（COMMIT 或 ROLLBACK）标记；

③ 各个事务的所有更新操作；

④ 与事务有关的内部更新操作。

这里每个事务开始的标记、结束标记和每个更新操作构成一个日志记录（Log Record）。每个日志记录的内容包括：

① 事务标识（标明是哪个事务）；

② 操作的类型（插入、删除或修改）；

③ 操作对象（记录内部标识）；

④ 更新前数据的旧值（对插入操作而言，此项为空值）；

⑤ 更新后数据的新值（对删除操作而言，此项为空值）。

（2）以数据块为单位的日志文件

对于以数据块为单位的日志文件，日志记录的内容包括事务标识和被更新的数据块。由于将更新前的整个块和更新后的整个块都放入日志文件中，操作类型和操作对象等信息就不必放入日志记录中了。

3. 日志文件的作用

具体作用如下。

（1）事务故障恢复和系统故障恢复必须用日志文件。

（2）协助后备副本进行介质故障的恢复。

（3）在动态转储方式中必须建立日志文件，后备副本和日志文件结合起来才能有效地恢复数据库。

（4）在静态转储方式中也可以建立日志文件。当数据库遭破坏后可重新装入后援副本，把数据库恢复到转储结束时刻的正确状态，然后利用日志文件把已完成的事务进行重做处理，对故障发生时尚未完成的事务进行撤销处理。这样不必重新运行那些已完成的事务程序就可把数据库恢复到故障前某一时刻的正确状态，如图 8-4 所示。

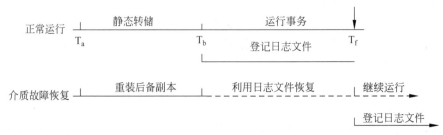

图 8-4　利用日志文件恢复

4. 登记日志文件

为保证数据库是可恢复的,登记日志文件时必须遵循两条原则:

(1) 登记的次序严格按并发事务执行的时间次序;

(2) 必须先写日志文件,后写数据库。

说明:把对数据的修改写到数据库中和把记录这个修改的日志记录写到日志文件中是两个不同的操作。如果在这两个操作之间发生故障,就可能导致这两个写操作只完成了一个。如果先写了数据库修改,而在运行记录中没有登记下这个修改,则以后就无法恢复这个修改了。但是如果先写日志文件,没有修改数据库,按日志文件恢复时只不过是多执行一次不必要的 Undo 操作,并不会影响数据库的正确性。因此为了数据库的安全,一定要先写日志文件,即首先把日志记录写到日志文件中,然后再进行数据库的修改。这就是"先写日志文件"的原则。

这种以后备副本和日志文件为基础的恢复技术,可使数据库恢复至最近的一致状态,在数据库系统中用得最多,大部分商品化的 DBMS 都支持这种恢复技术。但这种恢复技术必须有数据库运行情况的记录,因此需要花费较大的存储空间,而且也影响数据库正常的性能。

8.5　数据库恢复策略

1. 事务内部故障的恢复

事务运行至正常结束前被中止,则出现事务故障。一旦出现事务故障,这时恢复子系统将根据日志文件对出现故障的事务进行 Undo 操作,撤销该事务对数据库已经进行的修改。系统的恢复步骤是:

(1) 由后向前扫描日志文件,查找出现故障事务对数据进行的更新操作;

(2) 为每个更新操作执行其逆操作,即将更新前的旧值重新写入数据库。如果记录是插入操作,则相当于做删除操作;若记录是删除操作,则做插入操作;若是修改操作,则相当于用修改前的旧值代替修改后的新值;

(3) 继续扫描日志文件,对该事务的每个更新操作进行恢复,直至读到此事务的开始标记,事务故障恢复就完成了。

事务故障的恢复是由数据库管理系统自动完成的,对用户是透明的。

2. 系统故障的恢复

前面已讲过,发生系统故障时,未完成的事务对数据库的部分更新可能已经完成并写入数据库,已完成的事务对数据库的更新可能留在缓冲区中还没有写入数据库,因此恢复操作就是要撤销故障发生时未完成的事务,重做已完成的事务。

系统的恢复步骤如下。

(1) 从前向后扫描日志文件,找出故障发生前已经完成的事务(这些事务既有 BEGIN TRANSACTION 记录,也有 COMMIT 记录),将其事务标识记入 Redo 队列。同时找出故障发生时尚未完成的事务(这些事务只有 BEGIN TRANSACTION 记录,无相应的 COMMIT 记录),将其事务标识记入 Undo 队列。

(2) 对于 Undo 队列中的事务进行撤销,方法是从后向前扫描日志文件中每个 Undo 事务的操作,对每个撤销事务的更新操作执行逆操作,即将日志记录中"更新前的值"写入数据库。

(3) 对于 Redo 队列中的事务进行重做,方法是正向扫描日志文件,对每个重做事务重新执行日志文件登记的 Redo 事务的操作。即将日志记录中"更新后的值"写入数据库。

系统故障的恢复是由数据库管理系统在重新启动时自动完成的,不需要用户干预。

3. 介质故障恢复

发生介质故障后,磁盘上的物理数据和日志文件被破坏,这是最严重的一种故障,恢复方法是重装数据库,然后重做已完成的事务。

(1) 装入最新的数据库后备副本(离故障发生时刻最近的转储副本),使数据库恢复到最近一次转储时的一致性状态。

对于动态转储的数据库副本,还需同时装入转储开始时刻的日志文件副本,利用恢复系统故障的方法(即 Redo+Undo),才能将数据库恢复到一致性状态。

(2) 装入相应的日志文件副本(转储结束时刻的日志文件副本),重做已完成的事务。即:首先扫描日志文件,找出故障发生时已提交的事务的标识,将其记入重做队列;然后正向扫描日志文件,对重做队列中的所有事务进行重做处理。即将日志记录中"更新后的值"写入数据库。

这样就可以将数据库恢复至故障前某一时刻的一致状态了。

介质故障的恢复需要 DBA 介入。但 DBA 只需要重装最近转储的数据库副本和有关的各日志文件副本,然后执行系统提供的恢复命令即可,具体的恢复操作仍由 DBMS 完成。

8.6 具有检查点的恢复技术

利用日志对数据库系统进行恢复时,恢复子系统首先要搜索日志文件,确定哪些事务需要 Redo,哪些事务需要 Undo。一般来说,系统需要检查所有日志记录。这样做存在以下两个问题:

① 搜索整个日志将耗费大量的时间;

② 一旦事物提交(Commit),很多需要 Redo 处理的事务实际上已经将它们的更新操作写到数据库中了,然而恢复子系统又 Redo 该事务,同样会造成空间上和时间上不必要的浪费。为了解决这些问题,引入了具有检查点的恢复技术。这种方法使系统在执行期间动态地维护系统日志,并且在日志文件中增加了一类新的记录——检查点记录(Check Point)。即对日志文件周期性地执行检查点。

检查点也称安全点、恢复点。当事务正常运行时,数据库系统按给定的时间间隔设检查点。一旦系统需要恢复数据库状态,就可以根据最新的检查点的信息,从检查点开始执行,而不必从头开始执行那些被中断的事务。

检查点可以作为一类新的日志记录写在日志文件中,增加一个重新开始文件,并让恢复子系统在登录日志文件期间动态地维护日志。

1. 检查点记录的主要内容

(1) 建立检查点时所有正在执行的事务清单;

(2) 这些事务最近一个日志记录的地址。

重新开始文件用来记录各个检查点记录在日志文件中的地址。

2. 动态维护日志文件的方法

（1）建立检查点；

（2）保存数据库状态。

动态维护日志文件的具体步骤如下：

① 将当前日志缓冲区中的所有日志记录写入磁盘的日志文件上；

② 在日志文件中写入一个检查点记录；

③ 将当前数据缓冲区的所有数据记录写入磁盘的数据库中；

④ 把检查点记录在日志文件中的地址写入一个重新开始文件。

建立检查点 C_i 时，对应的日志文件和重新开始文件示例，如图 8-5 所示。

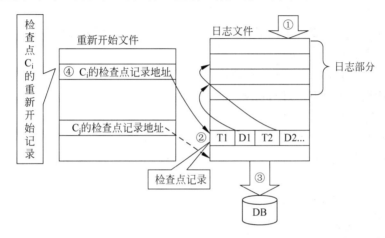

图 8-5　具有检查点的日志文件和重新开始文件

系统可以定期或不定期地建立检查点。检查点可以根据预定的时间间隔建立，如每隔一个小时建立一个检查点；也可以根据某种规则建立检查点，如日志文件写满一半时建立一个检查点。

3. 具有检查点的数据库恢复策略

对在检查点之前提交的事务 T，即在日志中，记录< T, commit >出现在< check point >之前。使用检查点方法，T 对数据库做的修改一定都已写入数据库，写入时间是在这个检查点建立之前或在这个检查点建立之时，这样，在进行恢复处理时，没有必要对该事务执行 Redo。使用检查点方法可以改善之前介绍的数据库恢复系统的效率。

在系统出现故障时，恢复子系统根据事务的不同状态可以采取不同的恢复策略，如图 8-6 所示。

各事务说明如下：

T1 在检查点之前提交；

T2 在检查点之前开始执行，在检查点之后故障点之前提交；

T3 在检查点之前开始执行，在故障点时还未完成；

T4 在检查点之后开始执行，在故障点之前提交；

T5 在检查点之后开始执行，在故障点时还未完成。

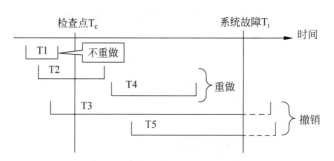

图 8-6　具有检查点的数据库恢复策略

恢复策略如下：

T3 和 T5 在故障发生时还未完成，所以予以 Undo；

T2 和 T4 在检查点之后才提交，它们对数据库所做的修改在故障发生时可能还在缓冲区中，尚未写入数据库，所以要 Redo；

T1 在检查点之前已提交，所以不必执行重做操作。

4. 系统使用检查点方法进行恢复

（1）从重新开始文件中找到最后一个检查点记录在日志文件中的地址，由该地址在日志文件中找到最后一个检查点记录。

（2）由该检查点记录得到检查点建立时刻所有正在执行的事务清单 ACTIVE-LIST。建立两个事务队列：

① Undo-LIST 需要执行 Undo 操作的事务集合；

② Redo-LIST 需要执行 Redo 操作的事务集合。

把 ACTIVE-LIST 暂时放入 Undo-LIST 队列，Redo 队列暂为空。

（3）从检查点开始正向扫描日志文件。

① 如有新开始的事务 T_i，把 T_i 暂时放入 Undo-LIST 队列；

② 如有提交的事务 T_j，把 T_j 从 Undo-LIST 队列移到 Redo-LIST 队列；

③ 重复上述步骤，直到日志文件结束。

（4）对 Undo-LIST 中的每个事务执行 Undo 操作，对 Redo-LIST 中的每个事务执行 Redo 操作。

总结上述的恢复策略如下：

当故障发生后，可以通过检查日志来确定在最近的检查点建立前开始执行的最近的一个事务 T_i。要找到这个事务只需从日志的尾部由后向前搜索日志，直到找到第一个< check point >记录（其实就是日志文件中的最后一个< check point >）。然后继续向前搜索直至发现第一个< T_i,start >记录，事务 T_i 就是检查点建立之前开始运行的最后一个事务，只需对事务 T_i 和事务 T_i 后开始执行的所有事务执行 Redo 和 Undo 操作，即可实现数据库恢复事务 T_i 及其后开始执行的事务构成一个事务集合 T'，$T_k \in T'$。如果日志文件中包含< T_k,commit >，则对 T_k 执行 Redo 操作。否则，对 T_k 执行 Undo 操作。

【例 1】 在如下日志文件中，如果检查点设置在< T_2,commit >之前，出现故障并排除后，由于事务 T_1 在检查点之前已经提交，因此不必执行任何操作；事务 T_2 在检查点之后、故障发生前提交，需要进行 Redo 操作实现数据库的恢复；而事务 T_3 在发生故障时没有提交,因此执行 Undo 操作。

```
<T1,start>
<T1,A,100,110>
<T1,B,200,180>
<T1,commit>
<T2,start>
<T2,C,x,290>              /*x表示数据项C的旧值*/
<T3,start>
<check point>
<T2,commit>
<T3,C,290,390>
```

发生故障。

8.7 数据库镜像

　　如前所述,介质故障是对系统影响最为严重的一种故障。系统出现介质故障后,用户应用全部中断,恢复起来也比较费时。故 DBA 必须周期性地转储数据库,如果不及时而正确地转储数据库,一旦发生介质故障,会造成较大的损失。

　　随着技术的发展,磁盘容量越来越大,价格越来越便宜。为避免磁盘介质出现故障影响数据库的可用性,许多 DBMS 提供了数据库镜像(Mirror)功能用于数据库恢复。其方法是DBMS 根据 DBA 的要求,自动把整个数据库或其中的关键数据复制到另一个磁盘上,并自动保证镜像数据与主数据的一致性,如图 8-7(a)所示。即每当主数据库更新时,DBMS 自动把更新后的数据复制过去。

　　一旦出现介质故障,可由镜像磁盘继续提供使用,同时 DBMS 自动利用镜像磁盘数据进行数据库的恢复,不需要关闭系统和重装数据库副本,如图 8-7(b)所示。

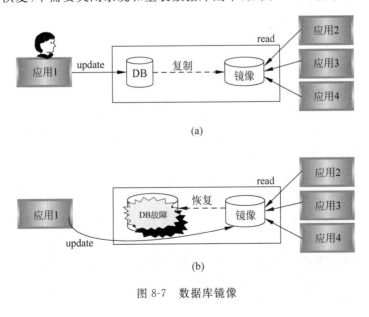

图 8-7　数据库镜像

在没有出现故障时,数据库镜像还可以用于并发操作,即当一个用户对数据加排他锁修改数据时,其他用户可以读镜像数据库上的数据,而不必等待该用户释放锁。

双磁盘镜像技术(Mirrored Disk)常用于可靠性要求高的数据库系统。数据库以双副本的形式存放在两个独立的磁盘系统中,每个磁盘系统有各自的控制器和CPU,且可以互相自动切换。

由于数据库镜像是通过复制数据实现的,频繁地复制数据自然会降低系统运行效率,因此在实际应用中用户往往只选择对关键数据和日志文件进行镜像,而不是对整个数据库进行镜像。

8.8 小   结

保证数据一致性是对数据库的最基本的要求。事务是数据库的逻辑工作单位,只要数据库管理系统能够保证系统中一切事务的 ACID 特性,即事务的原子性、一致性、隔离性和持续性,也就保证了数据库处于一致状态。

但故障是数据库系统无法避免的,一旦出现故障,就可能破坏数据库的一致性。因此数据库管理系统必须提供故障恢复机制。本章介绍了事务故障、系统故障和介质故障以及出现这些故障时数据库系统的常用恢复技术。数据转储和登记日志文件是恢复中最经常使用的技术。恢复的基本原理就是利用存储在后备副本、日志文件和数据库镜像中的冗余数据来重建数据库。在基于日志恢复数据库时,引入了检查点的概念,恢复时没有必要扫描整个日志文件,而只需执行检查点即可得到需要恢复的事务。最后介绍了针对介质故障的数据库镜像技术。

事务不仅是恢复的基本单位,也是并发控制的基本单位。为了保证事务的隔离性和一致性,DBMS 需要对并发操作进行控制。下一章将介绍并发控制技术。

习   题

1. 名词解释与理解

事务,事务提交,事务回滚,事务恢复,系统日志,活锁,数据库镜像

2. 试述事务的 4 个特性。恢复技术能保证事务的哪些特性?

3. 事务执行结果有哪两种状态? 每一种状态对事务操作的影响和数据库的影响如何?

4. 什么是数据库的恢复? 恢复实现的技术有哪些?

5. 针对不同的故障,试给出恢复的策略和方法。即如何进行事务故障的恢复,如何进行系统故障的恢复,以及如何进行介质故障的恢复。

6. 系统日志在事务恢复中的作用是什么? 检查点又是指什么? 它在事务恢复中能够起到什么作用?

7. 写一个修改到数据库中和写一个表示这个修改的日志记录到日志中是两个不同的操作,这两个操作中哪一个应该先做而且更重要些? 为什么?

8. 考虑如下所示的日志记录:

序号	日　志	序号	日　志
1	T_1：开始	8	T_3：开始
2	T_1：写 A，A＝10	9	T_3：写 A，C＝8
3	T_2：开始	10	T_2：回滚
4	T_2：写 B，B＝9	11	T_3：写 B，B＝7
5	T_1：写 C，C＝11	12	T_4：开始
6	T_1：提交	13	T_3：提交
7	T_2：写 C，C＝13	14	T_4：写 C，C＝12

（1）如果系统故障发生在 14 之后，说明哪些事务需要 Redo，哪些事务需要 Undo？

（2）如果系统故障发生在 10 之后，说明哪些事务需要 Redo，哪些事务需要 Undo？

（3）如果系统故障发生在 9 之后，说明哪些事务需要 Redo，哪些事务需要 Undo？

（4）如果系统故障发生在 7 之后，说明哪些事务需要 Redo，哪些事务需要 Undo？

9. 考虑题 4 所示的日志记录，假设开始时 A、B、C 的值都是 0：

（1）如果系统故障发生在 14 之后，写出系统恢复后 A、B、C 的值；

（2）如果系统故障发生在 12 之后，写出系统恢复后 A、B、C 的值；

（3）如果系统故障发生在 10 之后，写出系统恢复后 A、B、C 的值；

（4）如果系统故障发生在 9 之后，写出系统恢复后 A、B、C 的值；

（5）如果系统故障发生在 7 之后，写出系统恢复后 A、B、C 的值；

（6）如果系统故障发生在 5 之后，写出系统恢复后 A、B、C 的值。

10. 什么是检查点记录？检查点记录包括哪些内容？具有检查点的恢复技术有什么优点？

11. 试述使用检查点方法进行恢复的步骤。

12. 什么是数据库镜像？它有什么用途？

第9章 并发控制

【本章主要内容】

1. 简要介绍几类并发操作导致的数据库不一致性问题。
2. 重点阐述并发控制的主要技术之一——封锁。
3. 着重介绍三级封锁协议内容。
4. 对活锁和死锁的概念及解决方法作一般性介绍。
5. 简介并发调度的可串行性及两段锁协议。

9.1 并发控制概述

之前介绍数据库系统的特点之一是数据的共享性，即数据可以被多个用户、多个应用共享使用。允许多个用户同时使用同一个数据库的数据库系统称为多用户数据库系统。例如订票数据库系统、银行数据库系统等都是多用户数据库系统。在这样的系统中，在同一时刻并发运行的事务数可达成百上千个。

数据库中的事务的执行可以分为两种方式：一种是串行执行；一种是并行执行。下面简单了解一下这两种方式的执行过程和特点。

(1) 串行执行：执行过程为每个时刻只有一个事务运行，其他事务必须等到这个事务结束以后方能运行，如图 9-1(a)所示。特点是系统资源利用率低。这是由于事务在执行过程中需要不同的资源，有时需要 CPU，有时需要存取数据库，有时需要 I/O，有时需要通信。如果事务串行执行，则许多系统资源将处于空闲状态。短事务可能需较长时间等待长事务的完成，串行执行有可能导致难以预测的延迟。

因此，为了充分利用系统资源，发挥数据库共享资源的特点，事务处理系统通常允许多个事务并发执行，这样可以交叉地利用硬件资源和数据资源，有利于提高系统的资源利用率。另外，并发执行可以减少不可预测的事务的执行延迟，也可以减少一个事务从开始执行到完成所需的平均时间。

(2) 并行执行：执行过程分两种，一种是在单处理机系统中，事务的并行执行实际上是这些并行事务的并行操作轮流交叉运行，如图 9-1(b)所示。这种并行执行方式称为交叉并发方式(Interleaved Concurrency)。第二种是在多处理机系统中，每个处理机可以运行一个事务，多个处理机可以同时运行多个事务，这种并行执行方式称为同时并发方式(Simultaneous Concurrency)。这是多个事务真正的并行运行方式。

本章讨论的数据库系统并发控制(Concurrency Control in Database Systems)技术是以单处理机系统为基础的，该理论可以推广到多处理机的情况。虽然单处理机系统中的并行事务并没有真正地并行运行,但是减少了处理机的空闲时间,提高了系统的效率。

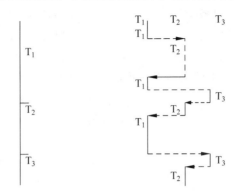

(a) 事务的串行执行方式　　(b) 事务的交叉并发执行方式

图 9-1　事务的执行方式

当多个用户并发地存取数据库时就可能产生多个事务同时存取同一数据的情况。如果对并发操作不加控制就可能会存取和存储不正确的数据,事务的 ACID 特性可能遭到破坏并且导致数据库的不一致性。因此为了保证事务的隔离性和一致性,数据库管理系统需要对并发操作进行正确调度,即数据库管理系统必须提供并发控制机制,控制不同事务之间的相互影响,防止数据库的一致性遭到破坏。并发控制机制是衡量一个数据库管理系统性能的重要标志之一。

本节主要介绍如何利用并发控制(Concurrency-control)机制实现多用户对数据的并发访问控制。允许多个事务同时对数据库进行操作。

下面先来看一个经典的并发访问例子——民航飞机订票系统中的订票业务,说明并发操作可能带来的数据的不一致性问题。

【例 1】　假设有两个旅客在不同的机票销售地点同时预定同一个航班的飞机票,分别视这两个订票操作为事务 T_1 和事务 T_2。

下面是这两名旅客订票的一个活动序列:

① 事务 T_1:甲售票员读出某航班的机票余额 A,设 $A=10$。

② 事务 T_2:乙售票员读出同一航班的机票余额 A,$A=10$。

③ 事务 T_1,甲售票员卖出一张机票,修改机票余额 $A \leftarrow A-1$,所以 $A=9$,把 A 写入数据库。

④ 事务 T_2:乙售票员卖出 2 张机票,修改机票余额 $A \leftarrow A-2$,所以 $A=8$,把 A 写入数据库。

从最后的结果来看,总共卖出去 3 张票,结果数据库中的余票应该为 7 张,但实际上机票余额却为 8。这是由于两个事务并发执行,对同一个数据同时进行更新,造成数据库中数据的不一致性。这就是有名的民航订票问题。

事务的并发操作引起的数据库的不一致主要体现在丢失修改、读“脏”数据和不可重复读。下面分别讨论事务并发执行可能产生的这几种错误。

(1) 丢失修改(Lost Update)是指两个事务 T_1 和 T_2 从数据库中读入同一数据并修改,T_2 提交的结果破坏了 T_1 提交的结果,导致 T_1 的修改被丢失,如图 9-2 所示。前面的民航售票是一个典型的并发执行所引起的不一致例子,其主要原因就是"丢失修改"。

丢失修改是由于两个事务对同一个数据并发写入而造成的,也称为"写-写"冲突。

(2) 读"脏"数据,又称"脏"读(Dirty Read),是指事务 T_1 修改某一数据,并将其写回磁盘,事务 T_2 读取同一数据后,T_1 由于某种原因被撤销,这时 T_1 已修改过的数据恢复原值,T_2 读到的数据就与数据库中的数据不一致,则 T_2 读到的数据就为"脏"数据,即不正确的数据。此种操作称为读"脏"数据。如图 9-3 中,T_1 将 B 值修改为 20,T_2 读到 B 为 20,而 T_1 由于某种原因撤销,之前的修改作废,B 恢复原值 10,这时 T_2 读到的 B 为 20,与数据库内容不一致,就是"脏"数据。

T_1	T_2
①读 A=10	
	②读 A=10
③$A \leftarrow A-1$ 写回 A=9	
	④$A \leftarrow A-2$ 写回 A=8

图 9-2　丢失修改

T_1	T_2
①读 B=10 $B \leftarrow B*2$ 写回 B	
	②读 B=20
③ROLLBACK B 恢复为 10	

图 9-3　读"脏"数据

读"脏"数据的原因是由于一个事务读另个更新事务尚未提交的数据所引起的,称为"读-写"冲突。

(3) 不可重复读(Non-Repeatable Read)是指事务 T_1 读取数据后,事务 T_2 执行更新操作,使 T_1 无法再现前一次读取结果。不可重复读包括三种情况。

① 事务 T_1 读取某一数据后,事务 T_2 对其做了修改,当事务 T_1 再次读该数据时,得到与前一次不同的值。例如在图 9-4 中,T_1 读取 B=20 进行运算,T_2 读取并对其进行修改,将 B=40 写回数据库。T_1 为了对读取值校对重新读取 B,B 现在已经改为 40,与第一次读取值不一致。

② 事务 T_1 按一定条件从数据库中读取了某些数据记录后,事务 T_2 删除了其中部分记录,当 T_1 再次按相同条件读取数据时,发现某些记录神秘地消失了。

③ 事务 T_1 按一定条件从数据库中读取某些数据记录后,事务 T_2 插入了一些记录,当 T_1 再次按相同条件读取数据时,发现多了一些记录。

不可重复读的原因是由"读-写"冲突所引起。

从以上分析可知,并发操作所引起的问题,主要来自于并发执行的事务对同一数据对象的"写-写"冲突和"读-写"冲突,且问题主要出在"写"上,只"读"事务并发执行不会发生问题。

三类数据不一致性的示例如图 9-2、图 9-3、图 9-4 所示。产生这三种错误的主要原因是违反了事务 ACID 中的 4 项原则,特别是隔离性原则。为保证事务并发执行的正确,必须要有一定的调度手段以保障事务并发执行中每

T_1	T_2
①读 A=10 读 B=20 $A+B$=30	
	②读 B=20 $B \leftarrow B*2$ 写回 B=40
③读 A=10 读 B=40 $A+B$=50 (验算不对)	

图 9-4　不可重复读

一事务在执行时不受事务的影响。并发控制就是要用正确的方式调度并发操作,使一个用户事务的执行不受其他事务的干扰,从而避免造成数据的不一致性。

对数据库的应用有时允许某些不一致性,例如有些统计工作涉及数据量很大,读到一些"脏"数据对统计精度影响很小,这时可以通过降低对一致性的要求进而减少系统的开销。

并发控制采用的主要技术是封锁(Locking)技术、时间戳(Timestamp)、乐观控制法(Optimistic Scheduler)和多版本并发控制(Multi-Version Concurrency Control,MVCC)等。本章只介绍众多数据库产品采用的基本方法——封锁方法,以下介绍封锁的相关内容。

9.2　封锁与封锁协议

9.2.1　封锁的概念

封锁是实现并发控制的一个非常重要的技术。所谓封锁就是当事务 T 在对某个数据对象(例如表、记录等)操作之前,先向系统发出请求,对其加锁。加锁后事务 T 就对该数据对象有了一定的控制,在事务 T 释放它的锁之前,其他事务不能更新此数据对象。只有对该数据对象操作完毕并解除对数据的封锁后,才允许其他事务对该数据进行操作。例如,在例 1 中,事务 T_1 要修改 A,若在读出 A 前先锁住 A,其他事务就不能再读取和修改 A 了,直到 T_1 修改并写回 A 后解除了对 A 的封锁为止。这样,就不会丢失 T_1 的修改。

确切的控制由封锁类型决定。给数据对象加锁的方式有多种,基本的封锁类型有两种:排他锁(Exclusive Locks)和共享锁(Share Locks),排他锁简称为 X 锁,共享锁简称为 S 锁。

排他锁又称为写锁。若事务 T 对数据对象 A 加上 X 锁(即 Xlock A),则只允许 T 读取和修改 A,其他任何事务都不能再对 A 加任何类型的锁,直到 T 释放 A 上的锁为止。这就保证了其他事务在 T 释放 A 上的锁之前不能再读取和修改 A。

共享锁又称为读锁。若事务 T 对数据对象 A 加上 S 锁(即 Slock A),则事务 T 可以读 A 但不能修改 A,其他事务只能再对 A 加 S 锁,而不能加 X 锁,直到 T 释放 A 上的 S 锁。这就保证了其他事务可以读 A,但在 T 释放 A 上的 S 锁之前不能对 A 作任何修改。共享锁保护数据对象不被写,但可以同时读。两种封锁示意图如图 9-5 所示。

图 9-5　两种方式示意图

排他锁与共享锁的控制方式可以用表 9-1 所示的相容矩阵(Compatibility Matrix)来表示。

表 9-1　封锁类型的相容矩阵

T₂事务的锁请求

T₁事务已拥有的锁 　　　T₂ / T₁	X	S	—
X	N	N	Y
S	N	Y	Y
—	Y	Y	Y

在表 9-1 中,矩阵中最左边一列表示事务 T_1 已经获得的数据对象上的锁的类型;最上面一行表示另一事务 T_2 对同一数据对象发出的封锁请求。T_2 的请求能否被满足,用矩阵中的 Y 和 N 表示。Y 表示 Yes,表示相容的请求,封锁请求可以满足;N 表示 No,表示不相容的请求,T_2 的要求被拒绝;"—"表示未加锁。

例如,如果事务 T_1 已拥有 X 锁,此时事务 T_2 申请 X 锁不被允许,所以对应的值为 N(第 1 行,第 1 列);

如果事务 T_1 已拥有 X 锁,此时事务 T_2 申请 S 锁不被允许,所以对应的值为 N(第 1 行,第 2 列);

如果事务 T_1 已拥有 S 锁,此时事务 T_2 申请 X 锁不被允许,所以对应的值为 N(第 2 行,第 1 列);

如果事务 T_1 已拥有 S 锁,此时事务 T_2 申请 S 锁则被允许,所以对应的值为 Y(第 2 行,第 2 列);

如果事务 T_1 未加任何锁,此时 T_2 事务无论申请 X 锁还是 S 锁都被允许,所以对应的值都为"Y"(第 3 行各列)。

从以上讨论可知,由于 S 锁只用于读,同一数据对象可允许多个事务并发读,从而提高了并发操作的程度。

9.2.2　封锁协议

封锁协议是指在运用 X 锁和 S 锁这两种基本封锁对数据对象加锁时,还需要约定一些规则,加锁是为了实现并发控制。例如:何时申请 X 锁或 S 锁、持锁时间、何时释放等。对封锁方式制定不同的规则,就形成了各种不同的封锁协议(Locking Protocol)。封锁协议一共分三级。这些协议在不同程度上可以解决对并发操作的不正确调度可能带来的丢失修改、不可重复读和"脏"读等不一致性问题,为并发操作的正确调度提供一定的保证。不同级别的封锁协议达到的系统一致性级别是不同的。

保持到事务结束时才释放的锁称作长锁。在事务中途就可以释放的锁称作短锁。下面分别介绍三级封锁协议。

1. 一级封锁协议

一级封锁协议是指,事务 T 在修改数据 R 之前必须先对其加 X 锁,直到事务结束才释放。事务结束包括正常结束(COMMIT)和非正常结束(ROLLBACK)。

作用:一级封锁协议可防止丢失修改,并保证事务 T 是可恢复的。例如图 9-6 使用一级封锁协议解决了图 9-2 中的丢失修改问题。

在图 9-2 中，事务 T_1 读数据之前没有加锁，事务 T_2 又从数据库中读入同一数据并修改，事务 T_2 的提交结果覆盖（破坏）了事务 T_1 提交的结果，导致事务 T_1 的修改丢失。而在图 9-6 中，由于事务 T_1 在修改数据对象 A 之前先对其申请了 X 锁，直到事务结束才释放。在此期间，事务 T_2 申请封锁数据对象 A 不被批准，直到事务 T_1 结束（即 COMMIT）后才获得锁，才能读取并修改同一数据对象。这时它读到的 A 已经是 T_1 更新过的值 9，再按此新的 A 值进行运算，并将结果值 $A=7$ 写回到磁盘。这样就避免了丢失 T_1 的修改。

在一级封锁协议中，如果仅仅是读数据而不对其进行修改，是不需要加锁的，所以它不能保证可重复读和不读"脏"数据。

在图 9-6 中，lock 表示加锁，unlock 表示解锁，commit 表示事务正常结束。

2. 二级封锁协议

二级封锁协议是指，在一级封锁协议基础上增加事务 T，在读取数据 B 之前必须先对其加 S 锁，读完后即可释放 S 锁。此种封锁方式与一级封锁协议联合构成了二级封锁协议。

作用：二级封锁协议除防止了丢失修改，还可进一步防止读"脏"数据。例如图 9-7 使用二级封锁协议解决了图 9-3 中的"脏"读的问题。

在图 9-7 中，事务 T_1 在对 B 进行修改之前，先对 B 加 X 锁，修改其值后写回磁盘。这时 T_2 请求在 B 上加 S 锁，因 T_1 已在 B 上加了 X 锁，T_2 只能等待。T_1 因某种原因（例如数据库故障）被撤，B 恢复为原值 50，T_1 释放 B 上的 X 锁后，T_2 获得在数据对象 B 上的 S 锁，读 $B=50$。这就避免了 T_2 读"脏"数据。

在二级封锁协议中，由于读完数据后即可释放 S 锁，所以它不能保证可重复读。

	T_1	T_2
t	①获得Xlock A	
	②读$A=10$	Xlock A
	③$A \leftarrow A-1$	等待
	写回$A=9$	等待
	commit	等待
	unlock A	
		④获得Xlock A
		读$A=9$
		$A \leftarrow A-2$
		⑤写回$A=7$
		commit
		unlock A

图 9-6　一级封锁协议可以防止丢失修改

	T_1	T_2
t	①Xlock B	
	读$B=50$	
	$B \leftarrow B*2$	
	写回$B=100$	
		②Slock B
		等待
		等待
		等待
	③ROLLBACK	
	（B恢复为50）	
	Unlock B	
		④获得Slock B
		⑤读$B=50$
		commit B
		unlock B

图 9-7　使用二级封锁协议可防止"脏"读

3. 三级封锁协议

三级封锁协议是指，在一级封锁协议的基础上增加事务 T 对数据 A 作读操作前必须先对 A 加 S 锁，直到事务结束才能释放加在 A 上的 S 锁。此种封锁方式与一级封锁协议联合构成了三级封锁协议。

作用：由于三级加锁协议对事务进行全程加锁（包括 X 锁、S 锁），因此，不仅不丢失修改，不读"脏"数据外，还进一步防止了不可重复读。例如图 9-8 使用三级封锁协议解决了图 9-4 不可重复读问题。

图 9-8 中，事务 T_1 在读 A、B 之前，先对 A、B 加 S 锁，这样其他事务只能再对 A、B 加 S 锁，而不能加 X 锁，即其他事务只能读 A、B，而不能修改它们。所以当 T_2 为修改 B 而申请对 B 的 X 锁时被拒绝，只能等待 T_1 释放 B 上的锁。T_1 为验算再读 A、B，这时 B 仍是 100，求和结果仍为 150，即可重复读。事务 T_1 结束后才释放 A、B 上的 S 锁，T_2 才获得对 B 的 X 锁。

上述三级协议的主要区别在于什么操作需要申请封锁，以及何时释放锁（即持锁时间）。三级封锁协议可以总结为表 9-2。表中还指出了不同的封锁协议使事务达到的一致性是不同的，封锁协议级别越高，一致性程度越高。

	T_1	T_2
	①Slock A 读A=50 Slock B 读B=100 求和=150	
		②Xlock B 等待
	③读A=50 读B=100 求和=150 commit unlock A unlock B	
		④获得Xlock B 读B=100 $B \leftarrow B*2$ 写回B=200 ⑤commit unlock B

图 9-8　三级加锁协议可防止数据不可重复读

表 9-2　不同级别的封锁协议和一致性保证

级　　别	X 锁		S 锁		一致性保证		
	操作结束释放	事务结束释放	操作结束释放	事务结束释放	不丢失修改	不读"脏"数据	可重复读
一级封锁协议		√			√		
二级封锁协议		√	√		√	√	
三级封锁协议		√		√	√	√	√

三级封锁协议是事务 T 在读取数据之前必须先对其加 S 锁，在修改数据之前必须先对其加 X 锁，直到事务结束才释放所有的锁。

封锁由 DBMS 统一管理。DBMS 提供一个锁表，记载各个数据对象加锁的情况。事务如果需要对某数据对象进行操作，须先向 DBMS 提出申请。DBMS 根据锁表的状态和加锁协议，同意其申请或令其等待。锁表是 DBMS 的公共资源，而且访问频繁，一般置于公共内存区。

锁表的内容仅反映数据资源使用的暂时状态，如果系统失效，锁表的内容也将随之失效，无保留价值。

9.3　活锁和死锁

和操作系统一样，加锁技术虽然可以有效地解决并发操作带来的一系列问题，但同时也会带来一些新的问题，如死锁与活锁问题。

9.3.1　活锁

1. 活锁产生的原因

如果事务 T_1 封锁了数据对象 A，事务 T_2 又请求封锁 A，于是 T_2 等待；之后 T_3 也请求

封锁 A，当 T_1 释放了 A 上的封锁之后系统首先批准了 T_3 的请求，T_2 仍然等待；然后 T_4 又请求封锁 A，当 T_3 释放了 A 上的封锁之后系统又批准了 T_4 的请求……T_2 有可能永远等待，这就是活锁的情形，如图 9-9 所示的活锁示例。

活锁又称饿死，是由于事务永远得不到封锁而导致的。

T_1	T_2	T_3	T_4
Lock A	…		
	Lock A	…	…
…	等待	Lock A	
	等待		Lock A
Unlock A	等待	…	等待
	等待	Lock A	等待
	等待	…	等待
…	等待	Lock A	
	等待		Lock A
	等待	…	

图 9-9　活锁的示例

2. 活锁解决的办法

为了避免活锁，在加锁协议中应规定"先申请，先服务"（First Come，First Served）原则，即先来先服务。当多个事务请求封锁同一数据对象时，封锁子系统按请求封锁的先后次序对事务排队，数据对象上的锁一旦释放就批准申请队列中第一个事务获得封锁的资格。

9.3.2　死锁

1. 死锁产生的原因

在数据库中，产生死锁的原因是两个或多个事务都已封锁了一些数据对象，然后又都请求对已被其他事务封锁的数据对象加锁，从而出现死等待。当事务中出现循环等待时，如果不加干预，则会一直等待下去，使得事务无法继续执行。

下面举例说明什么是死锁。如图 9-10 所示，事务 T_1 封锁了数据对象 A，T_2 封锁了数据对象 B，然后 T_1 又请求封锁 B，因 T_2 已封了 B，于是 T_1 等待 T_2 释放 B 上的锁；接着 T_2 又请求封锁 A，因 T_1 封锁了 A，T_2 只能等待 T_1 释放 A 上的锁。这样就出现了 T_1 在等待 T_2，而 T_2 又在等待 T_1 的情况，T_1 和 T_2 两个事务由于互相等待对方释放数据对象上的锁而永远不能继续执行，这样就出现了死锁。

T_1	T_2
Lock A	…
	Lock B
…	
Lock B	…
等待	
等待	
等待	Lock A
等待	等待
等待	等待
	…

图 9-10　死锁

多种事务交错等待的僵持局面称为死锁,关于死锁的问题在操作系统和一般并行处理中已做了深入研究,目前在数据库中解决死锁问题主要有两类方法。

- 防止死锁:这类方法防止死锁的发生其实就是要破坏产生死锁的条件,采取一定措施来预防死锁的发生。防止死锁的方法和操作系统中资源管理类似。
- 检测死锁,发现死锁后处理死锁:这类方法是允许发生死锁,但定期诊断系统中是否出现死锁,若出现,则人为地解除它。

2. 死锁的预防

死锁预防机制的基本思想是避免并发事务互相等待其他事务释放封锁的情况出现,保证系统永不进入死锁状态。预防死锁方法主要有一次封锁法和顺序封锁法两种。

(1) 一次封锁法

一次封锁法要求每个事务开始执行之前必须一次将所有要使用的数据对象全部加锁,否则,该事务就不能继续执行。图 9-10 的例子中,如果事务 T_1 将数据对象 A 和 B 一次加锁,T_1 就可以执行下去,而 T_2 等待。T_1 执行完后释放 A 和 B 上的锁,T_2 继续执行。这样就不会发生死锁。

一次封锁法虽然可以有效地防止死锁的发生,但也存在以下问题:第一,降低数据的使用效率和系统的并发度。因为一次就将以后要用到的全部数据加锁,势必扩大了封锁的范围;第二,数据库中数据是不断变化的,原来不要求封锁的数据在执行过程中可能会变成封锁对象,所以很难事先精确地确定每个事务所要封锁的所有数据对象,为此只能扩大封锁范围,将事务在执行过程中可能要封锁的数据对象全部加锁,这就进一步降低了并发度。

(2) 顺序封锁法

顺序封锁法是预先对数据对象规定一个封锁顺序,所有事务都按这个顺序实施封锁。例如在 B 树结构的索引中,可规定封锁的顺序必须是从根节点开始,然后是下一级的子女节点,逐级封锁。

顺序封锁法同样是预防死锁的有效方法,但也同样存在以下问题:第一,数据对象的封锁顺序需要预先规定,这本身就是一件非常困难的事情。因为数据库系统中封锁的数据对象极多,并且随着不断地对数据进行各类操作(数据的插入、删除等操作)而不断地变化,对于数据对象的封锁顺序需要不断地进行维护,以保证系统最大程度地预防死锁的发生,造成维护成本的增加;第二,事务的封锁请求可以随着事务的执行而动态地决定,很难事先确定每一个事务要封锁哪些对象,因此也就很难按规定的顺序去施加封锁。

可见,无论是一次封锁法还是顺序封锁法,都存在着一定的问题,在操作系统中广泛采用的预防死锁的策略并不太适合数据库的特点,因此,数据库系统普遍采用诊断并解除死锁的方法。

3. 死锁的诊断与解除

(1) 死锁的诊断

数据库系统中诊断死锁的方法与操作系统类似,一般使用超时法或事务等待图法。

① 超时法

如果一个事务的等待时间超过了规定的时限,就认为发生了死锁。超时法实现简单,但其不足也很明显,即超时时间的设置比较困难。因为死锁发生后,须等待一定的时间才能被发现,而且事务因其他原因(如系统负荷太重,通信受阻等)而使事务等待时间超过时限,也可能被误判为死锁。这样如果超时时间设置较短,则这种误判的死锁会增多;但如果超时时间设置较长,死锁发生后不能及时发现,造成系统资源的浪费。因此,时限须根据系统运行情况通过试验确定。

② 等待图法

事务等待图是一个有向图 $G = (T, E)$,T 为节点的集合,每个节点表示正运行的事务;E 为边的集合,每条边表示事务等待的情况。若 T_i 在等待 T_j 释放数据对象的封锁,则在 T_i、T_j 之间画一条有向边,从 T_i 指向 T_j,表示为:$T_i \rightarrow T_j$。

如果事务 T_j 对数据对象 R 进行了封锁,这时,事务 T_i 请求封锁 R,则在事务等待图中存在从事务 T_i 到 T_j 的一条有向边,从 T_i 指向 T_j。当 T_j 释放加在 R 上的封锁后,将这条有向边从事务等待图中删除。

如果事务 T_i 和 T_j 都互相等待对方释放加在所需数据项上的封锁,事务等待图中一定同时存在从 T_i 指向 T_j 和从 T_j 指向 T_i 的有向边,这样就形成了环。当事务等待图中包含环时,就发生了死锁。

图 9-11(a)表示事务 T_1 等待 T_2,T_2 又等待 T_1,产生了环(回路),因此发生了死锁。

而图 9-11(b)表示事务 T_1 等待 T_2,T_1 还等待 T_3,T_2 等待 T_3,T_3 等待 T_4,在这个事务等待图中不包含回路,当然,不会产生死锁。但是死锁的情况可以多种多样,例如,图 9-11(c)中事务 T_1 等待 T_2,T_2 等待 T_3,T_3 等待 T_1,T_3 还等待 T_4。在事务等待图中包含了环:$T_1 \rightarrow T_2 \rightarrow T_3 \rightarrow T_1$,则意味着 T_1、T_2、T_3 都处于死锁状态。这些情况人们都已经做了很深入的研究。

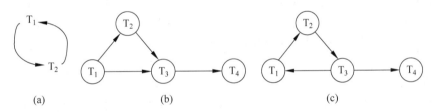

(a)　　　　　　(b)　　　　　　(c)

图 9-11　死锁示例

事务等待图动态地反映了所有事务的等待情况。并发控制子系统根据锁申请和加锁的情况,周期性(比如每隔数秒)动态地维护一个等待图,并进行检测。当且仅当图中存在回路,则表示系统中出现了死锁。

(2) 死锁的解除

数据库管理系统的并发控制子系统一旦检测到系统中存在死锁,必须采取一定的措施设法解除。通常采用的方法是选择一个死锁代价最小的事务,将其撤销,将这个事务对数据对象的封锁进行释放,使需要这些对象的其他事务得以继续运行下去。当然,对撤销的事务所执行的数据修改操作必须加以恢复。

采用选择部分事务回滚的方法解除死锁可能会导致"饿死"问题,即每次回滚都选择同一个事务,该事务可能永远得不到运行。因此,在选择回滚事务的时候还需要考虑该事务已经回滚的次数。

9.4 并发调度的可串行性

9.4.1 事务执行的几种方法

在多个应用中,多个事务的执行有以下几种不同方法。

(1) 串行执行:这是一种能保证事务的正确执行的方法。即以事务为单位,多个事务依次顺序执行,此种执行称为串行执行。

(2) 并发执行:也是以事务为单位,多个事务按一定调度策略同时执行,此种执行称为并发执行。

(3) 并发执行的可串行化:数据库管理系统对并发事务不同的调度可能会产生不同的结果,即事务的并发执行并不能保证事务正确性,那么什么样的调度是正确的呢? 显然,串行调度是正确的,或者执行结果等价于串行执行的调度也是正确的。因此需要采用一定的技术,使得在并发执行时像串行执行时一样,此种执行称为并发事务的可串行化(Serializable)调度,而所采用的技术则称为并发控制(Concurrency Control)技术。

9.4.2 事务的调度与冲突

具有什么样性质的调度是可串行化的调度? 如何判断调度是可串行化的调度? 本节给出判断可串行化调度的充分条件。首先介绍调度的概念。

1. 调度

就是安排多个并发事务的执行顺序。n 个事务 $T_1, T_2, \cdots, T_n$ 的调度 S 是这 n 个事务的一个执行顺序。这 n 个事务的调度需要服从下述约束:S 中事务 T_i 操作的执行顺序,必须与单个 T_i 执行时操作的执行顺序相同;调度 S 中其他事务 T_j 的操作可以与 T_i 的操作交错执行。

2. 冲突操作

冲突操作是指不同的事务对同一个数据的读写操作和写写操作,即有如下表示:

$R_i(x)$ 与 $W_j(x)$ /* 事务 T_i 读 x,T_j 写 x,其中 $i \neq j$ */
$W_i(x)$ 与 $W_j(x)$ /* 事务 T_i 写 x,T_j 写 x,其中 $i \neq j$。

换句话说,就是某个调度中的两个操作同时满足如下三个条件,就说这两个操作是冲突的。

① 它们属于不同事务。
② 它们访问同一个数据项。
③ 两个操作中至少有一个是写操作。

其他操作都是不冲突操作。

9.4.3 冲突的可串行化调度

如果调度 S 中每个事务 T 的操作在调度中都是连续执行的,那么就称调度 S 是串行的;否则,调度 S 就是非串行的。因此在串行调度中,一个时刻只有一个事务处于活动状态,串行调度不会发生不同事务操作的交错。如果假设事务是相互独立的,那么每个串行的调度都是正确的,因此哪一个事务先执行都是无关紧要的。虽然串行调度能够保障事务处理的正确性,但串行调度限制了事务的并发或操作的交错,降低了 CPU 的吞吐率即系统的效率。因此,实际应用中应尽量避免使用。

在非串行调度中,需要确定哪些调度能得到正确结果,而哪些调度得到错误结果。这就是所谓的调度可串行性问题。

多个事务的并发执行是正确的,当且仅当其结果与按某一次序串行地执行它们时的结果相同,人们称这种调度策略为可串行化的调度。

一个给定的并发调度,当且仅当它是可串行化的,才认为是正确的调度。

如果一个具有 n 个事务的调度 S 等价于某个由相同 n 个事务组成的串行调度,那么 S 就是可串行化的。可串行化调度能够有效实现事务的并发,并且保证事务操作的正确性,为了提高数据库系统事务执行效率,应尽量让多个事务并发操作。

为了保证并发操作的正确性,DBMS 的并发控制机制必须提供一定的手段来保证调度是可串行化的。目前 DBMS 普遍采用封锁方法实现并发操作调度的可串行性,从而保证调度的正确性。

不同事务的冲突操作和同一事务的两个操作是不能交换(swap)的。对于 $R_i(x)$ 与 $W_j(x)$,若改变二者的次序,则事务 T_j 看到的数据库状态就发生了改变,自然会影响事务 T_i 后面的行为。对于 $W_i(x)$ 与 $W_j(x)$,改变二者的次序也会影响数据库的状态,x 的值由等于 T_j 的结果变成等于 T_i 的结果。

一个调度 Sc 在保证冲突操作的次序不变的情况下,通过交换两个事务不冲突操作的次序得到另一个调度 Sc',如果 Sc' 是串行的,称调度 Sc 为冲突可串行化的调度。若一个调度是冲突可串行化,则一定是可串行化的调度。因此可以用这种方法来判断一个调度是否是可串行化调度。

可串行性(Serializability)是并发事务正确调度的准则。按这个准则规定,一个给定的并发调度,当且仅当它是可串行化的,才认为是正确调度。下面给出了串行执行、不正确的并发执行以及可串行化的并发执行的例子。

【例 2】 以银行转账为例,现在有两个事务,分别包含下列操作:

事务 T_1:$R(A)$;$A=A-10000$;$W(A)$;$R(B)$;$B=B+10000$;$W(B)$。说明:事务 T_1 从账号 A 转 10000 至账号 B;

事务 T_2:$R(A)$;$X=A*0.1$;$A=A-X$;$W(A)$;$R(B)$;$B=B+X$;$W(B)$。说明:事务 T_2 从账号 A 转 10% 的款项至账号 B。

其具体的程序及其不同的调度执行如下:

在图 9-12(a) 和图 9-12(b) 中,假设 A、B 的初值均为 20000。按 $T_1 \rightarrow T_2$ 次序执行结果为 $A=9000$,$B=31000$;按 $T_2 \rightarrow T_1$ 次序执行结果为 $A=8000$,$B=32000$。两个事务分别串行执行,不管其先后次序执行结果都是正确的,即账号 A 与 B 的存款总和均为 40000,保持了其一致性。

在图 9-12(c) 和图 9-12(d) 中则为并发执行,其中图 9-12(c) 的执行结果与前面串行执行的图 9-12(a) 相同,即 $A=9000$,$B=31000$,账号 A 与 B 的存款总和仍为 40000,因此这种执行称可串行化的并发执行。而图 9-12(d) 也是并发执行,但是其执行结果为:账号 A 与 B 的存款总和为 $10000+22000=32000$,因此一致性产生了错误,由此可见事务的并发执行,如果不加控制会产生执行的错误。

时间步	T_1	T_2
①	Read(A)	
	$A=A-10000$	
	Write(A)	
	Read(B)	
	$B=B+10000$	
	Write(B)	
②		Read(A)
		Temp$=A*0.1$
		$A=A-$Temp
		Write(A)
		Read(B)
		$B=B+$Temp
		Write(B)

(a)

时间步	T_1	T_2
①	Read(A)	
	Temp$=A*0.1$	
	$A=A-$Temp	
	Write(A)	
	Read(B)	
	$B=B+$Temp	
	Write(B)	
②		Read(A)
		$A=A-10000$
		Write(A)
		Read(B)
		$B=B+10000$
		Write(B)

(b)

时间步	T_1	T_2
①	Read(A)	
	$A=A-10000$	
②	Write(A)	
		Read(A)
		Temp$=A*0.1$
		$A=A-$Temp
		Write(A)
③	Read(B)	
	$B=B+10000$	
	Write(B)	
④		Read(B)
		$B=B+$Temp
		Write(B)

(c)

图 9-12　并发事务的不同调度

时间步	T_1	T_2
①	Read(A) $A=A-10000$	
②		Read(A) Temp$=A*0.1$ $A=A-$Temp Write(A) Read(B)
③	Write(A) Read(B) $B=B+10000$ Write(B)	
④		$B=B+$Temp Write(B)

(d)

图 9-12 （续）

9.5 两段锁协议

为了保证并发调度的正确性,数据库管理系统的并发控制保证调度是可串行化的。目前数据库管理系统普遍采用两段锁(Two Phase Locking,2PL)协议的方法实现并发调度的可串行性,从而保证调度的正确性。

所谓两段锁协议是指所有事务必须分两个阶段对数据项加锁和解锁。在对任何数据进行读、写操作之前,首先要申请并获得对该数据的封锁;在释放一个封锁之后,事务不再申请和获得任何其他封锁。

第一阶段是获得封锁,也称为扩展阶段,在这个阶段,事务可以申请获得任何数据项上的任何类型的锁,但是不能释放任何锁。

第二阶段是释放封锁,也称为收缩阶段,在这个阶段,事务可以释放任何数据项上的任何类型的锁,但是不能再申请任何锁。

例如,事务 1 遵守两段锁协议,其封锁序列是:

$$\text{Slock } A \cdots \text{Slock } B \cdots \text{Xlock } C \cdots \text{Unlock } B \cdots \text{Unlock } A \cdots \text{Unlock } C$$
$$|\leftarrow \qquad \text{扩展阶段} \qquad \rightarrow| \quad |\leftarrow \qquad \text{收缩阶段} \qquad \rightarrow|$$

事务 2 不遵守两段锁协议,其封锁序列是:

$$\text{Slock } A \cdots \text{Unlock } A \cdots \text{Slock } B \cdots \text{Xlock } C \cdots \text{Unlock } C \text{ Unlock } B$$

可以证明,若并发执行的所有事务均遵守两段锁协议,则对这些事务的任何并发调度策略都是可串行化的。因此我们得出如下结论:所有遵守两段封锁协议的事务,其并行的结果一定是正确的。

如图 9-13 所示的调度是遵守两段锁协议的,因此一定是可串行化调度。可以验证如下:忽略图中的加锁操作和解锁操作,按时间的先后次序得到了如下调度:

$$S_1 = R_1(A)R_2(C)W_1(A)W_2(C)\ R_1(B)W_1(B)R_2(A)W_2(A)$$

通过交换两个不冲突操作的次序,先交换 $R_2(C)$ 与 $W_1(A)$,得到:

$$S_2 = R_1(A)W_1(A)R_2(C)W_2(C)\ R_1(B)W_1(B)R_2(A)W_2(A)$$

再把 $R_1(B)W_1(B)$ 与 $R_2(C)W_2(C)$ 交换，可得到：

$$S_3 = R_1(A)W_1(A)R_1(B)W_1(B)R_2(C)W_2(C)R_2(A)W_2(A)$$

因此 S_3 是一个可串行化调度。

事务 T_1	事务 T_2
Slock A	
R(A)=260	
	Slock C
	R(C)=300
Xlock A	
W(A)=160	
	Xlock C
	W(C)=250
	Slock A
Slock B	等待
R(B)=1000	等待
Xlock B	等待
W(B)=1100	等待
Unlcok A	等待
	R(A)=160
	Xlock A
Unlcok B	
	W(A)=210
	Unlcok C

图 9-13　遵守两段锁协议的可串行化调度

需要特别说明的是：事务遵守两段锁协议是可串行化调度的充分条件，而不是必要条件。也就是说，若并发事务都遵守两段锁协议，则对这些事务的任何并发调度策略都是可串行化的；但是，若并发事务的一个调度是可串行化的，不一定所有事务都符合两段锁协议。

另外，还需要注意两段锁协议和防止死锁的一次封锁法的异同之处。

① 一次封锁法要求每个事务必须一次将所有要使用的数据全部加锁，否则就不能继续执行。因此一次封锁法遵守两段锁协议。

② 但是两段锁协议并不要求事务必须一次将所有要使用的数据全部加锁，因此遵守两段锁协议的事务可能发生死锁，如图 9-14 所示。

T_1	T_2
Slock(B)	
R(B)=2	
	Slock(A)
	R(A)=3
Xlock (A)	
等待	Xlock (A)
等待	等待
	等待

图 9-14　遵守两段锁协议的事务发生死锁

9.6　封锁的粒度

X 锁和 S 锁都是加在某一个数据对象上的。封锁的对象可以是逻辑单元,也可以是物理单元。例如,在数据库中,封锁对象可以是这样一些逻辑单元属性值、属性值的集合、元组、关系、索引项、整个索引直至整个数据库;也可以是这样一些物理单元:页(数据页或索引页)、块等。封锁对象可以很大,例如对整个数据库加锁;也可以很小,例如只对某个属性值加锁。封锁对象的大小称为封锁的粒度(Granularity)。

封锁粒度与系统的并发度控制的开销密切相关。封锁的粒度越大,系统中能够被封锁的对象越少,并发度也就越小,但同时系统开销也就越小。反之,封锁的粒度越小,并发度较高,但系统开销也就越大。因此,在一个系统中同时存在不同大小的封锁单元供不同的事务选择使用是比较理想的。

选择封锁粒度时必须同时考虑封锁开销和并发度两个因素,对系统开销与并发度进行权衡,以求得最佳的效果。一般来说,需要处理大量元组的用户事务可以以关系为封锁单元,而对于一个处理少量元组的用户事务,可以以元组为封锁单元以提高并发度。

多粒度封锁如果在一个系统中同时支持多种封锁粒度供不同的事务选择,这种封锁方法称为多粒度封锁(Multiple Granularity Locking)。显然需要这种支持多种并发控制粒度的并发控制协议。

具体的实现方法不作深入讨论。读者有需要了解更多详情可以参考相关书籍。

9.7　小　　结

数据库的重要特征是数据的共享性,因此就可能有多个事务同时对相同数据对象进行操作,即事务的并发操作。事务并发操作会带来丢失修改、读"脏"数据和不可重复读等破坏数据库一致性的问题。数据库管理系统必须提供并发控制机制来协调并发用户的并发操作以保证并发事务的隔离性,保证数据库的一致性。

事务不仅是数据库恢复的基本单位,也是并发控制的基本单位,一般采用封锁技术来实现并发控制。本章介绍了最常用的封锁方法和三级封锁协议。不同的封锁和不同级别的封锁协议所提供的系统一致性保证是不同的。对数据对象施加封锁会带来活锁和死锁的问题,数据库一般采用先来先服务、死锁诊断和解除等技术来预防和解除活锁与死锁的发生。

并发控制机制调度并发事务操作是否正确的判别准则是可串行性,两段锁协议是可串行化调度的充分条件,但不是必要条件。因此,两段锁协议可以保证并发事务调度的正确性。

不同的数据库管理系统提供的封锁类型、封锁协议、达到的系统一致性级别不尽相同,但是其依据的基本原理和技术是共同的。

习　　题

1. 并发操作可能会产生哪几类数据不一致? 采用什么方法能避免各种不一致的情况?
2. 在数据库中为什么要并发控制? 并发控制技术能保证事务的哪些特性?

3. 什么是封锁？基本的封锁类型有几种？试述它们的含义？

4. 如何用封锁机制保证数据的一致性？

5. 什么是活锁？试述活锁的产生原因和解决方法。

6. 什么是死锁？请给出预防死锁的若干方法。

7. 请给出检测死锁发生的各种方法，当发生死锁后如何解除死锁？

8. 三级封锁协议指什么？什么是封锁的粒度？

9. 试解释术语"串行调度"与"可串行化调度"的区别。如何理解调度的可串行化对事务调度的影响。

10. 什么样的并发调度是正确的调度？

11. 设 T_1、T_2、T_3 是如下的三个事务，设 A 的初值为 0。

T_1：$A = A+2$；

T_2：$A = A * 2$；

T_3：$A = A ** 2$（即 $A \leftarrow A^2$）

(1) 若这三个事务允许并发执行，则有多少种可能的正确结果？请一一列举出来。

(2) 请给出一个可串行化的调度，并给出执行结果。

(3) 请给出一个非串行化的调度，并给出执行结果。

(4) 若这三个事务都遵守两段锁协议，请给出一个不产生死锁的可串行化调度。

(5) 若这三个事务都遵守两段锁协议，请给出一个产生死锁的调度。

第 10 章　数据库设计实例

【本章主要内容】

1. 简单介绍 SQL Server 的发展历程及 SQL Server 2014 的安装方法。
2. 具体介绍一个数据库设计实例——学生选课管理系统。

通过之前各章的介绍,已经大致了解了数据库的设计过程,为了更好地理解和掌握数据库设计的理论知识,需要对一些数据库设计的实例进行分析和研究。

需要说明的是:为了讨论方便,本章所列举的数据库设计实例都做了一定程度的简化,而实际应用中往往要复杂得多,因为要考虑具体的用户需求、实施环境等细节。所以,在实际应用中,要根据具体情况进行设计和实施,而不能盲目照搬。

本章的实例后台数据库设计采用 SQL Server 2014,前台开发采用 Visual Studio. NET 2015。

10.1　SQL Server 简介

10.1.1　SQL Server 的发展历程

SQL Server 是 Microsoft 公司的一个关系数据库管理系统,一经推出便得到了广大用户的积极响应并迅速成为数据库市场上的重要产品。SQL Server 最早起源于 1987 年的 SybaseSQL Server,最初是由 Microsoft、Sybase 和 Aston-Tate 三家公司共同开发的。1988 年,Microsoft 公司、Sybase 公司和 Aston-Tate 公司把该产品移植到 OS/2 上。后来 Aston-Tate 公司退出了该产品的研发,而 Microsoft 公司、Sybase 公司签署了一项共同开发协议,其结果是发布了用于 Windows NT 操作系统的 SQL Server。并于 1992 年,将 SQL Server 移植到了 Windows NT 平台上。下面简单列出了 SQL Server 发展历程的几个重要阶段。

- 1988 年:SQL Server 问世,由 Microsoft、Sybase 和 Aston-Tate 三家公司共同开发,运行于 OS/2 平台。
- 1993 年:SQL Server 4.2 发布,它是一种功能较少的桌面数据库管理系统。
- 1994 年:Microsoft 与 Sybase 在数据库开发方面的合作中止。
- 1995 年:SQL Server 6.05 发布,该版本重写了核心数据库系统,它是一种小型商业数据库管理系统。
- 1996 年:SQL Server 6.5 发布,SQL Server 逐渐突显实力,以至于 Oracle 推出了运行于 NT 平台上的 7.1 版本作为直接竞争。

- 1998 年：SQL Server 7.0 发布，这是一种 Web 数据库，对核心数据库引擎进行了重大改写，提供中小型商业应用数据库方案。
- 2000 年：SQL Server 2000 发布，该版本继承了 SQL Server 7.0 的优点，同时增加了许多更先进的功能，具有使用方便、可伸缩性好、与相关软件集成程度高等优点。
- 2005 年：SQL Server 2005 发布，引入了. NET Framework，允许构建. NET SQL Server 专有对象，使 SQL Server 具有更加灵活的功能。
- 2008 年：SQL Server 2008 发布，在 SQL Server 2005 的基础上增加和增强了许多新的特性和功能，可为关键业务应用提供可信赖的、高效的、智能的平台，支持基于策略的管理、审核、大规模数据仓库、空间数据、高级报告与分析服务等新特性。
- 2012 年：SQL Server 2012 发布，提供了更多、更全面的功能以满足不同人群对数据以及信息的需求。包括支持来自不同网络环境的数据的交互、全面的自助分析等创新功能。
- 2014 年：2014 年 4 月 16 日于旧金山召开的一场发布会上，Microsoft 公司正式推出 SQL Server 2014。

10.1.2 SQL Server 2014 版本新功能

在 SQL Server 2014 中已经增加了对物理 I/O 资源的控制，这个功能在私有云的数据库服务器上的作用体现得尤为重要，它能够为私有云用户提供有效的控制、分配，并隔离物理 I/O 资源。以下详细介绍 SQL Server 2014 的新特性。

内置内存技术：集成内存 OLTP 技术，针对数据仓库而改善内存列存储技术；通过 Power Pivot 实现内存 BI 等。美国一家博彩企业，通过内置存储技术，将每秒请求量从 15000 增加到 250000，不仅大幅改善了用户体验，而且还获得了压倒对手的竞争力。

安全方面：连续 5 年漏洞最少的数据库，市场占有率是 46%，全球使用率极高。

扩展性方面：计算扩展，高达 640 颗逻辑处理器，每个虚拟机 64 颗 vCPU，每虚拟机 1TB 内存，每集群 64 个节点。网络扩展，网络虚拟化技术提升了灵活性与隔离性，分配最小和最大带宽，以及存储扩展都有很大提升。

BI：企业可以通过熟悉的工具，如 Office 中的 Excel 以及 Office 365 中的 Power BI，加速分析以快速获取突破性的洞察力，并提供基于移动设备的访问。

混合云方面：跨越客户端和云端，Microsoft SQL Server 2014 为企业提供了云备份以及云灾难恢复等混合云应用场景，无缝迁移关键数据至 Microsoft Azure。企业可以通过一套熟悉的工具，跨越整个应用的生命周期，扩建、部署并管理混合云解决方案，实现企业内部系统与云端的自由切换。

与闪存卡搭配：与 LSI Nytro 闪存卡相结合使用，则可满足云中最苛刻工作负载对性能的要求，消除企业 I/O 瓶颈，加速交易，充分挖掘数据价值，使客户受益。

10.2 SQL Server 2014 的安装

本章的实例均采用 SQL Server 2014 数据库管理系统，以下简单介绍 SQL Server 2014 的安装过程。

目前官方提供的安装程序版本包括 Enterprise Edition、Express、Express with Advanced Services、Express with Tools、LocalDB、Management Studio 几种类型,针对的操作系统有 32 位和 64 位。这里介绍 Enterprise Edition 中文版的安装方法。

10.2.1 SQL Server 2014 安装系统需求

1. 硬件环境

(1) 内存处理器要求

以下内存和处理器要求适用于所有版本的 SQL Server 2014。

内存最低要求:Express 版本,512MB;所有其他版本,1GB。建议 Express 版本,1GB;所有其他版本,至少 4GB,并且应该随着数据库大小的增加而增加,以便确保最佳的性能。

处理器速度最低要求:x86 处理器,1.0GHz;x64 处理器,1.4GHz。建议 2.0GHz 或更快。

处理器类型包括 x64 处理器:AMD Opteron、AMD Athlon 64、支持 Intel EM64T 的 Intel Xeon、支持 EM64T 的 Intel Pentium 4。

x86 处理器:Pentium Ⅲ兼容处理器或更快。

(2) 硬盘空间要求(32 位和 64 位)

在安装 Windows Installer 创建临时文件系统驱动器上,用户若想运行安装程序以安装或升级 SQL Server,请确保有至少 6.0GB 的这些文件系统驱动器上的可用磁盘空间。此要求满足即使组件安装到非默认驱动器也可运行通过。

实际硬盘空间需求取决于系统配置和决定安装的功能。

2. 软件要求

(1) 网络软件:SQL Server 2014 支持的操作系统具有内置网络软件。独立安装的命名实例和默认实例支持以下网络协议:共享内存、命名管道、TCP/IP 和 VIA。

(2) 框架:在选择 SQL Server 2014、数据库引擎、Reporting Services、Master Data Services、复制或 Data Quality Services 时,.NET 3.5 SP1 是 SQL Server Management Studio 所必需的,但不再由 SQL Server 安装程序安装。

如果你运行安装程序并没有.NET 3.5 SP1,SQL Server 安装程序要求下载并安装.NET 3.5 SP1,然后才能继续使用 SQL Server 安装。

Internet:使用 Internet 功能需要连接 Internet。

10.2.2 SQL Server 2014 安装步骤

(1) 首先下载 SQL Server 2014 的安装包,双击 setup.exe 文件,如图 10-1 所示。

(2) 启动安装程序 setup.exe 后进入 SQL Server 安装中心,选择"全新 SQL Server 独立安装或向现有安装添加功能",如图 10-2 所示。

(3) 选择全新安装之后进入"安装程序支持规则"界面,安装程序将自动检测安装环境的基本支持情况。完成检测后,单击"确定"按钮,进入后续安装界面。

名称
- 2052_CHS_LP
- redist
- resources
- StreamInsight
- Tools
- x64
- autorun.inf
- MediaInfo.xml
- setup.exe
- setup.exe.config
- SqlSetupBootstrapper.dll
- sqmapi.dll

图 10-1　安装开始界面

第 10 章

数据库设计实例

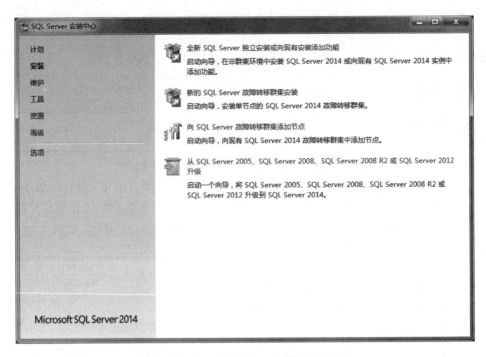

图 10-2　进入 SQL Server 安装中心界面

（4）在"产品密钥"界面选择相应的安装版本并输入产品密钥后，单击"下一步"按钮，进入"许可条款"界面，如图 10-3 所示。

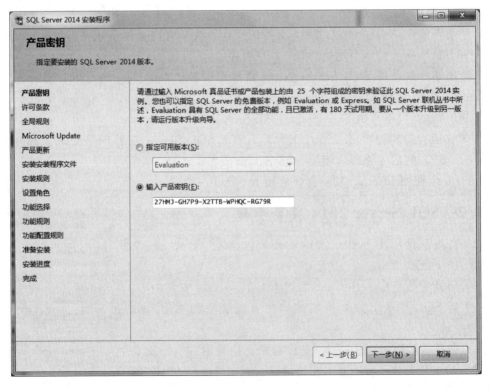

图 10-3　"产品密钥"界面

（5）阅读许可条款，勾选"我接受许可条款"后单击"下一步"按钮，进入"安装程序检测规则"界面，如图 10-4 所示。

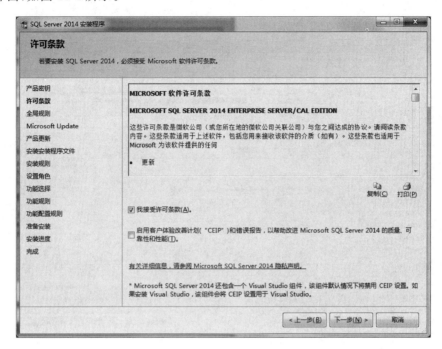

图 10-4　"许可条款"界面

（6）在这一步，安装程序将自动检测全局规则是否通过，如有失败项，需根据相应提示更正失败，全部通过则单击"下一步"按钮，如图 10-5 所示。

图 10-5　"安装程序全局规则"界面

（7）设置 Microsoft 更新，可视个人喜好是否勾选自动检查更新，设置完后单击下一步，如图 10-6 所示。

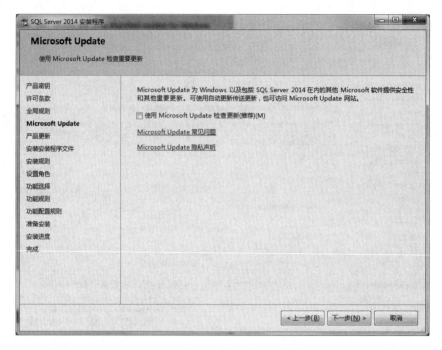

图 10-6　设置更新界面

（8）在这一步，安装程序将自动检测安装规则，同上，如有失败项，需根据相应提示更正失败，全部通过则单击"下一步"按钮，直接进入下一步骤，如图 10-7 所示。

图 10-7　"安装规则"界面

（9）设置角色，选择默认勾选的"SQL Server 功能安装"选项即可，单击"下一步"按钮，进入配置路径界面，如图 10-8 所示。

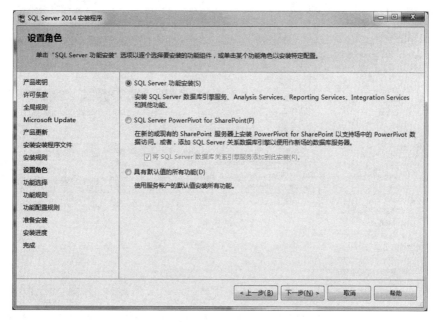

图 10-8 "设置角色"界面

（10）在"配置路径"中需要选择安装哪些 SQL Server 功能并配置相应路径，单击全选后在下方分别配置实例和共享功能的目录，操作完毕后单击"下一步"按钮，进入"功能选择"界面，如图 10-9 所示。

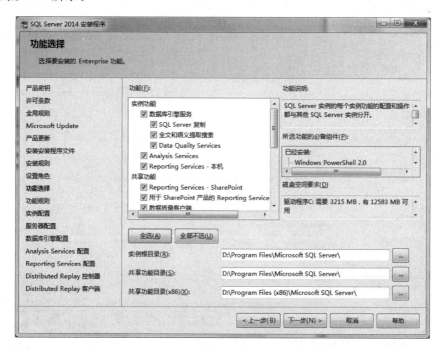

图 10-9 "功能选择"界面

(11) 此时安装程序将自动检测功能规则,如有失败项,需根据相应提示更正失败,全部通过则单击"下一步"按钮,直接进入"功能规则"界面,如图 10-10 所示。

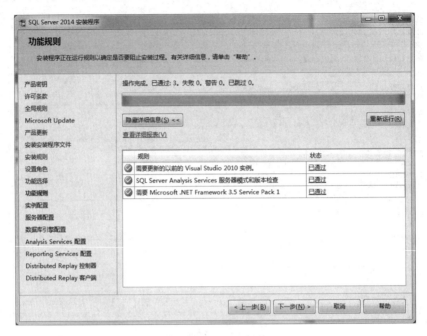

图 10-10 "功能规则"界面

(12) 指定实例 ID,这个 ID 会决定安装路径里实例的文件名,默认是 MSSQLSERVER,这里保持默认的配置就好了,下方会显示涉及的各文件的目录,单击"下一步"按钮,进入"实例配置"界面,如图 10-11 所示。

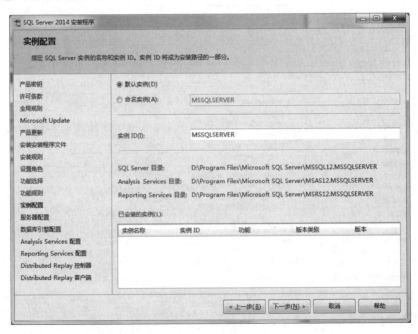

图 10-11 "实例配置"界面

（13）在完成安装内容选择之后会显示磁盘使用情况，用户可根据磁盘空间自行调整，单击"下一步"按钮，进入"服务器配置"界面。这里可以设置用于使用每个 SQL Server 服务的账户的密码，按照默认配置即可，如图 10-12 所示。

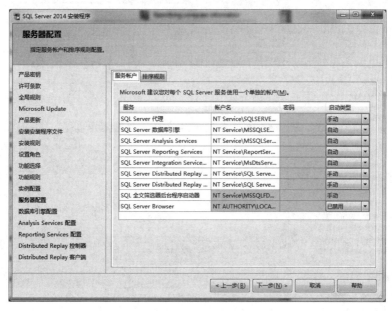

图 10-12 "服务器配置"界面

（14）服务器配置完成后，单击"下一步"按钮，进入"数据库引擎配置"界面。该配置将影响以后使用数据库管理工具时的登录方式。身份验证模式，默认勾选项是"Windows 身份验证模式"，即只需通过 Windows 管理员账户验证即可登录，一般会勾选第二项，"混合模式（SQL Server 身份验证和 Windows 身份验证）"，勾选后需设置系统管理员账户的密码；指定 SQL Server 管理员，单击"添加当前用户"，操作完成后单击"下一步"按钮，如图 10-13 所示。

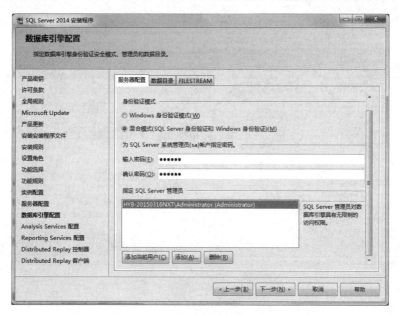

图 10-13 "数据库引擎配置"界面

（15）进入服务器模式，采用默认选项"多维和数据挖掘模式"，同上，单击"添加当前用户"设置对 Analysis Services 的管理权限，完成后单击"下一步"按钮，如图 10-14 所示。

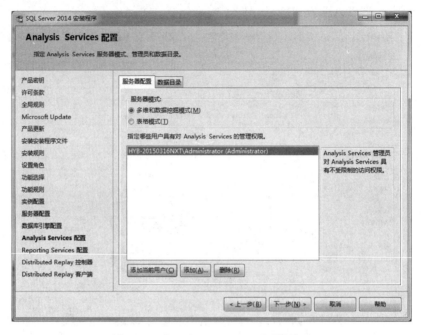

图 10-14 "Analysis Services 配置"界面

（16）如果要指定 Reporting Services 配置模式，采用默认设置即可，当然如果想后续配置可选择"仅安装"，完成后单击"下一步"按钮，如图 10-15 所示。

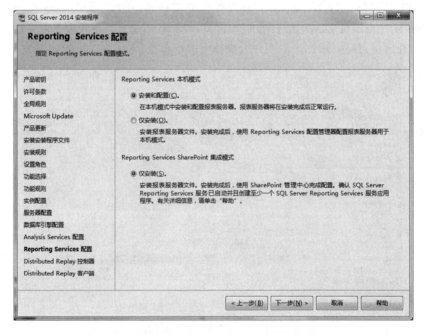

图 10-15 "Reporting Services 配置"界面

（17）如果要指定 Distributed Replay 控制器的访问权限，同上，通过单击"添加当前用户"设置管理员权限，完成后单击"下一步"按钮，如图 10-16 所示。

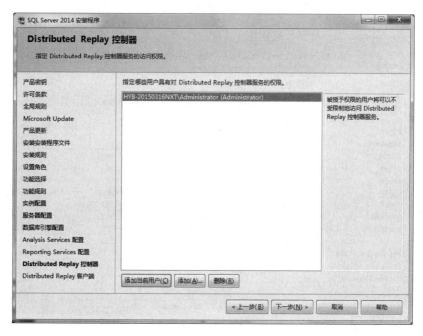

图 10-16 "Distributed Replay 配置"界面

（18）该步骤设置 Distributed Replay 客户端指定的相应控制器和数据目录，在控制器名称处输入"localhost"，目录采用默认设置，完成后单击"下一步"按钮，如图 10-17 所示。

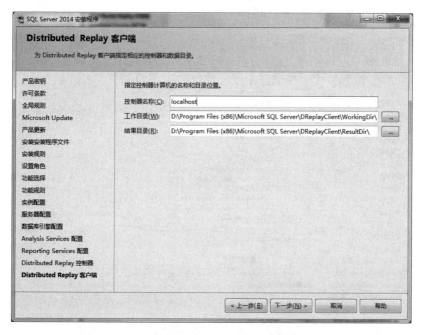

图 10-17 "Distributed Replay 客户端配置"界面

数据库设计实例

(19) 在这一步安装程序将自动检测功能配置规则,全部通过则直接进入下一步骤,如图 10-18 所示。

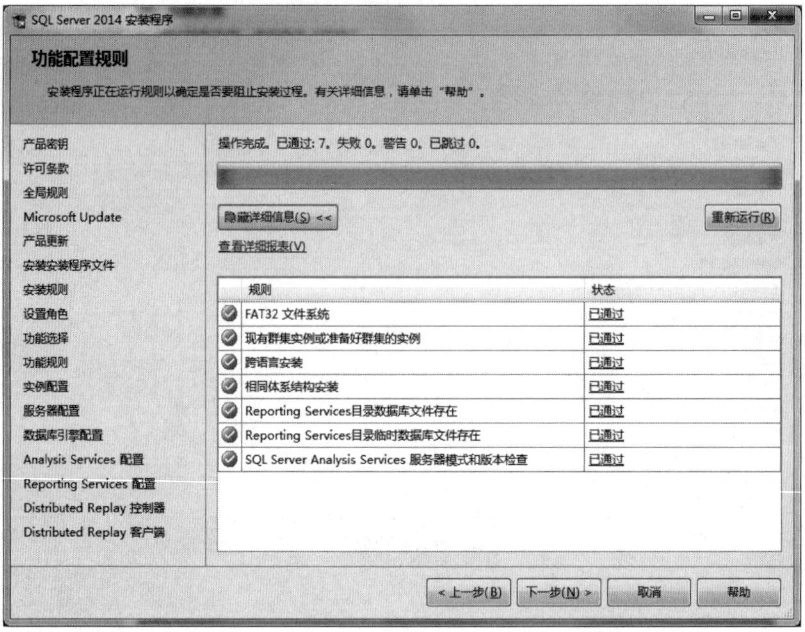

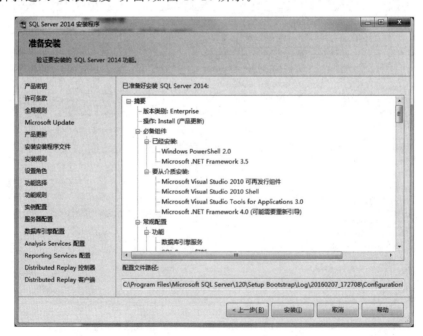

图 10-18 "功能配置规则"界面

(20) 这是安装前最后一步,验证将要安装的 SQL Server 功能,在最下方显示了配置文件的路径,全部验证完毕后单击"安装"按钮,如图 10-19 所示。接下来进入程序安装需要等待一段时间,进入"安装进度"界面,如图 10-20 所示。

图 10-19 "准备安装"界面

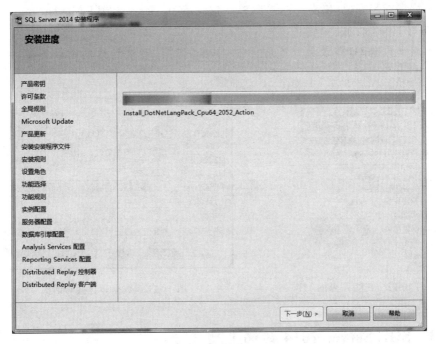

图 10-20　"安装进度"界面

(21) 安装完成后会提示用户需要重新启动计算机,看到该对话框后单击"确定"按钮,则出现安装完成的界面,此时 SQL Server 2014 就安装完毕了,关闭安装程序后请记得重启计算机,如图 10-21 所示。

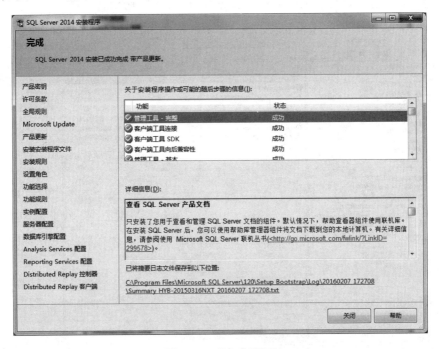

图 10-21　"完成"界面

（22）程序安装完成，单击"开始"图标。找到 SQL Server 2014 Management studio 单击运行，如图 10-22 所示。

（23）启动数据库，登录数据库服务器，单击"连接"连接到数据库服务器，如图 10-23 所示。

图 10-22 "运行"界面

图 10-23 数据库连接对话框

10.2.3 SQL Server 2014 的配置过程

SQL Server 2014 初始采用默认配置，这些设置就能保障 SQL Server 2014 的正常工作，但是为了充分发挥其性能，用户可以对其进行一些必要的配置。

用户可以右击"我的电脑"找到"计算机管理"，在"服务和应用程序"中找到 SQL Server 配置管理器，单击打开，找到"SQL server 服务"，如图 10-24 所示。

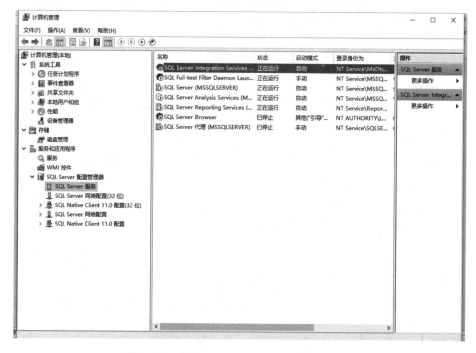

图 10-24 "SQL Server 2014 配置管理"界面

（1）从图 10-24 中可以看到右侧已经列出当前计算机上的所有 SQL Server 服务,同时也可以看到服务的状态信息,包括服务的运行状态、启动模式、登录身份、进程 ID 和服务类型。

（2）如果希望配置服务的属性,可以选中相应的服务并右击,在弹出的快捷菜单中选择"属性"命令,如图 10-25 所示。

（3）在"登录"选项卡中可以更改用户身份。

如果选中"本账户"单选按钮,可以直接输入登录的账户名和密码,也可以单击"浏览"按钮查找系统中已经定义的用户账户。

如果选中"内置账户"单选按钮,在下拉列表框中可以选择内置账户的类型。

（4）"服务"选项卡,其中列出了相应的 SQL 服务类型、错误控制、二进制路径、进程 ID、服务名称、启动模式、退出代码、主机名和运行状态等信息。除了启动模式其他属性不可更改,若要改变此模式可以单击"启动模式"右侧的下拉菜单来选择,如图 10-26 所示。

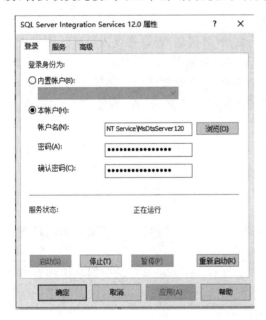
图 10-25　SQL Server 2014 服务的"登录"属性设置

图 10-26　SQL Server 服务的"启动模式"设置

（5）"高级"选项卡中的服务是一些高级属性,通常情况下无须修改。

（6）对服务器中的属性进行更改后,可以单击"应用"或"确定"按钮。若更改了服务的登录身份则需重新启动服务才能生效。

10.3　学生选课管理系统

10.3.1　系统设计背景

当今时代是飞速发展的信息时代,在各行各业中离不开信息处理,这正是计算机被广泛应用于信息管理系统应用环境的原因。采用计算机进行信息管理,不仅提高了工作效率,而且大大地提高了其安全性。而传统的手工数据处理方式,具有工作量大、出错率高、出错后不易更改等问题。

高等学校为了提高教学质量,教学管理方式本着以人为本的原则,管理方式越来越科学、越来越规范。学籍信息管理是各大高校的主要日常管理工作之一,涉及整个学校各个学院、各个专业、每位教师以及每位学生的诸多方面,随着教学体制的不断改革,尤其是学分制、选课制的展开和深入,学生成绩日常管理及保存管理工作日趋繁重、复杂。迫切需要研发一款功能强大、操作简单、具有人性化的学籍信息管理系统。

本系统从素质教育出发,开设多种门类的课程供学生选择,学生的学籍管理也采取弹性学制,允许学生在完成专业方向的必修课程学习之外,可以根据自己的兴趣爱好选修自己感兴趣的课程。

10.3.2 需求分析

学籍管理系统需要解决以往手工管理的种种弊端,因此在此基础上,系统应该实现以下功能:管理员可以维护学生、老师信息,包括增加新同学、新老师;修改已在校教师、学生的基本信息;办理学生、教师登录登记,删除离校学生、教师信息,查询在线人员等。而对于学生用户则可以查询个人信息、修改部分信息等。具体要求如下。

(1) 学生信息管理:查询、更新个人信息;查询已完成课程成绩;查看已选课的课程,还可以查看选课和退选课程信息等。学生信息包括学号、姓名、性别、专业、院系、年龄、电话、QQ、E-mail 等。

(2) 教师信息管理:维护个人信息,并根据实际情况查询;更新个人信息(如电话、E-mail 等);并对所教授的学生进行成绩登记;查看自己的教学安排,包括讲授课程;授课的时间、地点;以往所教授课程的学生的成绩等信息。教师信息包括工号、姓名、性别、年龄、院系、职称、电话、E-mail 等。

(3) 管理员管理:包括维护学生、教师以及课程信息,并对学生、教师账号密码进行管理等。

教学管理的基本规定:每门课可以由多个教师开设,不同老师开设的同名课程有不同的代码;每个教师可以开设多门课程;每个学生可以选修多门课程,每门课程有多个学生选修,每个学生选修每门课程都会获得一个成绩。

为了简便起见,本案例中学校的院系、专业信息固定,不单独教学维护管理,也不考虑教师排课的时间冲突等问题,假定排课由人工进行合理安排。

学籍信息系统主要有三种用户模式。

(1) 管理员:可以设置管理员、学生、教师信息等,拥有系统的最高权限。

(2) 教师:维护个人的基本信息,对所教授的学生分配成绩。

(3) 学生:查询个人的基本信息,选择和退选课程。由于教师能给学生分配成绩,一旦教师为此学生分配了成绩,此学生的该门课程不允许退选。

10.3.3 概要结构设计

分析学籍信息管理系统的需求,将现实世界中教学管理中涉及的人、物、事进行抽象,得到系统的实体、实体属性、实体的码、实体之间的联系以及联系的类型。利用 E-R 图来表示,就可以设计出学籍信息管理系统的概念模型。结合题意的具体分析可以进一步确定实体与联系的属性和码。

通过之前的分析,可以抽取出的学生选课管理系统的基本实体有:学生、教师、课程这3个实体。这3个实体是通过教师授课、学生选课产生联系的,学生与教师、课程三者之间是多对多的联系。

下面介绍概念结构设计的具体步骤。

1. 抽象出该系统的实体

根据分析,学生选课管理系统主要包含学生、教师、课程3个实体。画出3个实体的局部E-R图,如图10-27~图10-29所示,其中学号是学生实体的主码,工号是教师实体的主码,课程号是课程实体的主码。

图 10-27 学生实体属性图

图 10-28 教师实体属性图

图 10-29 课程实体属性图

2. 设计分 E-R 图

在该系统中,设计3个实体:学生、教师、课程,3个实体之间均存在联系。

根据需求分析的结果可以得到,在学生选课系统中,一个学生可以选择多门课程,一个教师也可以教授不同的课程,一门课可以被多个学生选修,同时也可以被多个教师教授。由此可知,学生、教师、课程三者之间是通过选课进行联系的。

- 学生与教师:一个教师可以教授多名学生,每个学生可以选修多个教师的课程。所以,学生与教师之间是通过选课进行联系的,并且二者之间的关系是多对多的联系。
- 学生与课程:一个学生可以选择多门课程,一门课程可以对多个学生开放。因此,学生与课程之间是多对多的联系,学生选修一门课程会有一个成绩。
- 教师与课程:一个教师可以教授多门课程,一门课程同时也可以被多名教师教授。因此,教师与课程之间的关系是多对多的联系。

根据上述分析,得到各个局部的E-R图,如图10-30~图10-32所示。

数据库设计实例

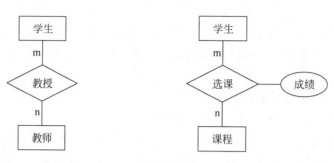

图 10-30　学生和教师之间的 E-R 图　　图 10-31　学生和课程之间的 E-R 图

3. 合并分 E-R 图，生成初步 E-R 图

合并分 E-R 图并不是单纯地将各个分 E-R 图画在一起，而是必须消除各个分 E-R 图中的不一致，以形成一个能为全系统中所有用户共同理解和接受的统一的概念模型。如何合理消除各个分 E-R 图的冲突是生成初步 E-R 图的关键所在。各个分 E-R 图之间的冲突包括 3 种：属性冲突、命名冲突和结构冲突。

经过分析，学生、教师和课程三者之间可以通过选课这个联系进行关联。因此，合并上述分 E-R 图，生成学生选课系统初步 E-R 图，如图 10-33 所示。

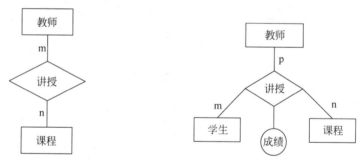

图 10-32　教师和课程之间的 E-R 图　　图 10-33　学生选课系统的初步 E-R 图

4. 全局 E-R 图

将各个实体的属性加入形成全局 E-R 图，如图 10-34 所示。

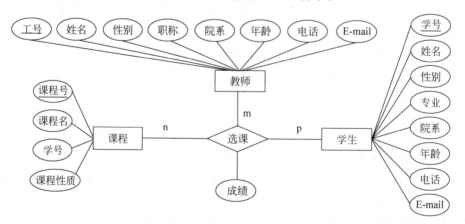

图 10-34　学生选课系统的全局 E-R 图

数据库的逻辑结构设计是根据概念结构设计的全局 E-R 图,按照转换规则,将 E-R 图转换成数据模型的过程。在关系数据库管理系统中,即将实体与联系转换成一系列的关系模式。

　　在 E-R 图中,实体应该单独转换成一个关系模式。其中主码用横线标出,学籍信息管理系统的关系模式如下所示。

10.3.4　逻辑结构设计

　　逻辑结构设计就是将概念结构设计中的全局 E-R 图转换为与选用的 DBMS 产品所支持的数据模型相符合的逻辑结构。

　　在关系数据库系统中,数据库的逻辑设计就是根据概念模型设计的 E-R 图,按照 E-R 图到关系数据模型的转换规则,将 E-R 图转换成关系模型的过程,即将所有的实体和联系转化为一系列的关系模式的过程。E-R 图向关系模型的转换要解决的问题是,如何将实体和实体之间的联系转换为关系模式,以及如何确定这些关系模式的属性和主码。

　　根据第 5 章介绍的 E-R 图向关系数据模型转换的相关规则,将图 10-34 所示的 E-R 图转换为关系数据模型,得到学生选课系统的关系模式如下:

① student(学号,姓名,性别,专业,院系,年龄,电话,E-mail)
② teacher(工号,姓名,性别,年龄,院系,职称,电话,E-mail)
③ course(课程号,课程名,学分)
④ sc(学号,课程号,工号,成绩)

　　在本案例中"学号"是学生的主码,被加入到选课关系模式中,在选课关系中,"学号"应该设置为外码,参照学生中的主码"学号"。同理课程号、工号均为外码,参照课程关系及教师关系的主码"课程号"及"工号"。

10.3.5　数据库系统物理设计与实施

　　在本案例的数据库的实施过程中,前台用户界面的设计采用 Visual Studio. NET 2015 作为开发的主要软件,而后台的数据库设计采用 SQL Server 2014 关系数据库管理系统。

1. 建立"学生选课系统"数据库

　　首先,为学生选课系统建立数据库"学生选课系统",建立数据库有两种方式: Management Studio 图形工具交互向导方式和 SQL 语句方式。下面分别使用这两种方法建立数据库。

　　1) 交互向导方式

　　(1) 首先启动 SQL Server 2014 Management Studio。依次单击"开始"→"所有程序"→ SQL Server 2014→SQL Server 2014 Management Studio Express,启动 SQL Server 2014 数据库管理系统。

　　(2) 登录数据库服务器。单击"连接到服务器"对话框中的"连接"按钮连接到 SQL Server 2014 数据库服务器,如图 10-35 所示。

　　(3) 创建数据库"学生选课系统"。在"对象资源管理器"中右击数据库对象,在弹出的快捷菜单中,单击"新建数据库"命令。在"新建数据库"对话框中输入数据库名称"学生选课系统",设置好后,单击"确定"按钮。之后在"对象资源管理器"中,右击"数据库",在弹出的快捷菜单中执行"刷新"命令,执行结果如图 10-36 所示。

图 10-35 数据库连接对话框   图 10-36 创建"学生选课系统"对话框

2) 使用 SQL 语句方式

还有另外一种建立数据库的方法,即 SQL 语言。如下所示:

```
CREATE DATABASE 学生选课系统                    -- 创建数据库
ON PRIMARY
(
NAME = '学生选课系统_data',                    -- 主数据文件的逻辑名
FILENAME = 'D:\sql2014\学生选课系统.mdf',       -- 主数据文件的物理名
SIZE = 10MB,                                  -- 初始大小
FILEGROWTH = 10 %                             -- 增长率
)
LOG ON
(
NAME = '学生选课系统_log',                      -- 日志文件的逻辑名
FILENAME = 'D:\sql2014\学生选课系统.ldf',       -- 日志文件的物理名
SIZE = 1MB,
MAXSIZE = 20MB,
FILEGROWTH = 10 %
)
```

2. 建立和管理基本表

经过以上分析,需要为该系统数据库建立四张基本表:学生表、教师表、课程表及选课表。建立基本表的方法也有两种:一种是利用 SQL Server 2014 Management Studio 图形工具建立基本表;还有一种就是利用 SQL 语句在查询分析器中建表。

以下介绍利用 SQL 语句在查询分析器中建表。

(1) 启动数据库并连接到服务器。打开 SQL Server 2014,在弹出的"连接到服务器"对话框单击"连接"按钮,连接到数据库服务器。

（2）新建表 SQL 脚本。单击工具栏的"新建查询"。输入 SQL 语句如下。

学生表：
```
Create table student
(学号 char(10) primary key,
姓名 char(20),
性别 char(2) check(性别 in('男','女')),
专业 char(20),
院系 char(20),
年龄 smallint,
电话 char(11),
Email char(20)
);
```
教师表：
```
Create table teacher
(工号 char(10) primary key,
姓名 char(20),
性别 char(2) check(性别 in('男','女')),
院系 char(20),
年龄 smallint,
职称 char(10) check(职称 in('教授','副教授','讲师')),
电话 char(15),
Email char(20)
);
```
课程表：
```
Create table course
(课程号 char(10) primary key,
课程名 char(20),
学分 char(2)
);
```
选课表：
```
Create table sc
(学号 char(10),
课程号 char(10),
工号 char(10),
成绩 char(3),
Primary key(学号,课程号,工号),
Foreign key(学号) references student(学号),
Foreign key(课程号) references course(课程号),
Foreign key(工号) references teacher(工号)
);
```

编写好每一条 SQL 语句后，单击工具栏中的"执行"按钮，运行 SQL 语句，完成一个表（数据库）的创建。右击左侧"对象资源管理器"中的"表"，单击"刷新"命令即可看到新建的学生表。按照此步骤依次建立四张表。建好的表格如图 10-37 所示。若是数据库则右击左侧"数据库"，单击"刷新"命令即可。

图 10-38 为上述的 SQL 脚本新建的学生基本表。

由于篇幅有限，请读者参照学生表的建立过程，完成学生选课系统的教师、课程和选课等基本表的建立。这里不再赘述。下面附上每个表的属性信息列表。表 10-1 为学生基本

数据库设计实例

图 10-37　数据库完成界面

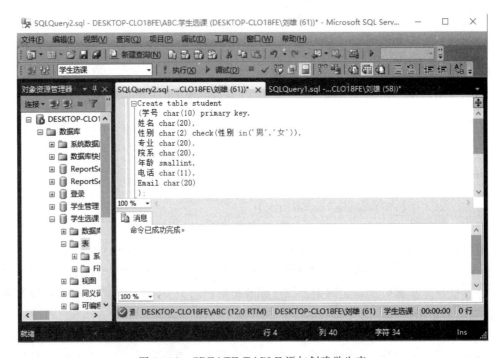

图 10-38　CREATE TABLE 语句创建学生表

表的属性信息；表 10-2 为教师基本表的属性信息；表 10-3 为课程基本表的属性信息；表 10-4 为学生选课基本表的属性信息。

表 10-1　学生(student)基本表的属性信息

属性列	数 据 类 型	是否为空/约束条件
学号	char(10)	主码
姓名	char(20)	否
性别	char(2)	"男""女"
专业	char(20)	否
院系	char(20)	否
年龄	smallint	1～100
电话	char(11)	否
E-mail	char(10)	否

表 10-2　教师(teacher)基本表的属性信息

属性	数 据 类 型	是否为空/约束条件
工号	char(10)	主码
姓名	char(20)	否
性别	char(2)	"男""女"
职称	char(20)	否
院系	char(20)	否
年龄	smallint	1～100
电话	char(11)	否
E-mail	char(10)	否

表 10-3　课程(course)基本表的属性信息

属性	数 据 类 型	是否为空/约束条件
课程号	Char(10)	主码
课程名	Char(20)	否
学分	Char(2)	1～10

表 10-4　学生选课(sc)基本表的属性信息

属性	数 据 类 型	是否为空/约束条件
学号	char(10)	否
工号	char(10)	否
课程号	char(10)	否
成绩	char(3)	允许为空,如果不为空,值应为 0～100

注意：在建立 sc 表时,应该注意分别为选课表的属性"学号""课程号"和"工号"加上外码约束。选课表的这 3 个属性信息是分别来源于 student 表、course 表和 teacher 表的字段,如果没有 student 表中的"学号"、course 表中的"课程号"或 teacher 表中的"工号"属性值,那么为 sc 表添加数据是不符合逻辑的,同时也违反了数据的参照完整性约束条件。利用语句"FOREIGN KEY(属性名)REFERENCES 表名(属性名)"建立外码约束。

3. 管理基本表

随着应用环境和应用需求的改变，有时候需要修改已经建立好的基本表的模式结构。SQL 语言采用 ALTER TABLE 语句修改基本表结构；利用 DROP 子句删除基本表；ALTER TABLE 语句可以修改基本表的名字、增加新列或者增加新的完整性约束条件、修改原有列的定义，包括修改列名和数据类型等；DROP 字句用于删除指定的完整性约束条件。

当然，也可以利用 SQL server 2014 的 Management Studio 图形工具交互式地修改基本表的结构。下面以学生表为例，进行一些基本表的管理操作。

【例 1】 向学生表中增加"入学时间"属性列，其数据类型是日期型。

解析：题目要求向已经存在的 student 表中增加一列"入学时间"，采用 ALTER TABLE…ADD…命令即可完成操作。具体的 SQL 语句如下：

```
ALTER TABLE student ADD 入学时间 DATETIME;
```

同样，也可以利用 Management Studio 图形工具交互式地向 student 表中添加"入学时间"列，具体的操作步骤如下。

（1）打开 SQL Server 2014，在"对象资源管理器"中，单击"学生选课系统"数据库中 ⊞ 🗐 **学生选课系统** 展开，右击 student 表，单击"设计"命令，如图 10-39 所示。

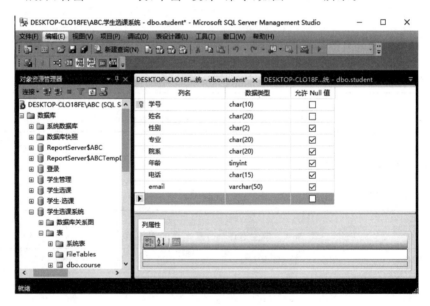

图 10-39 "修改"数据表结构

（2）在最后一行对应的列名输入"入学时间"，数据结构选择 datatime，"允许空"选择"允许"，即 ☑ ，如图 10-40 所示。

（3）单击上方的"保存"按钮，即可完成向 student 表中添加"入学时间"属性列的操作。

【例 2】 将 student 表中的"电话"属性的数据类型改为字符型：VARCHAR(15)。

解析：利用 SQL 语句修改字段类型：

```
ALTER TABLE student ALTER COLUMN 电话 VARCHAR(15);
```

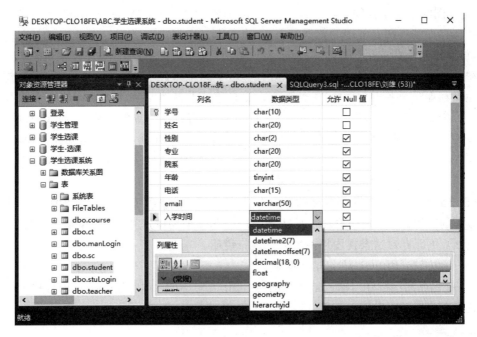

图 10-40　添加"入学时间"属性列

具体的操作步骤如下。

（1）打开 SQL Server 2014，单击"新建查询"，输入上述 SQL 语句，然后单击执行。

（2）右击 student 表，单击"设计"命令，如图 10-41 所示，即可完成修改"电话"属性列的数据类型。

图 10-41　修改"电话"属性列的数据类型

第10章

数据库设计实例

4. 视图的建立和管理

数据库中的视图是常用的数据对象,它用于定义数据库某类用户的外模式。通过创建视图,可以限制不同的用户查看不同的信息,屏蔽用户不关心的或者不应该看到的信息。

视图是从一个或者多个基本表中导出的表,它和基本表不同,视图是一个虚表,其数据不单独保存在一个基本文件中,仍然保存在原来的基本表文件中,数据库系统中只保存视图的定义。视图一经定义,就和基本表一样,也是关系,可以进行基本的操作,如查询、删除等。

在 SQL Server 2014 中,建立视图的方法有两种:一种是利用 SQL 语句建立视图,一种是利用 Management Studio 工具交互式的对象资源管理器方法建立视图。下面以学生选课系统中需要建立的一些视图为例进行说明。

【例 3】 由于每个教师所教授的学生不同,但老师不能管理不属于他班级的同学,为方便各个教师的教学管理人员查看自己所教授的学生,为每个老师分别建立一个学生视图。

解析:下面针对这个视图用两种方法进行说明。

第一种方法:用 SQL 语句建立视图。

在"新建查询"窗口中,输入创建视图的 SQL 语句,单击"执行"按钮,在消息提示框可以看到提示信息"命令已成功完成"。

```
CREATE VIEW view_周一冰
AS
SELECT student. * ,course.课程名
FROM student,course,sc
where student.学号 = sc.学号 and course.课程号 = sc.课程号 and sc.工号 = '2005002';
```

当视图建好之后,就可以像操作基本表一样查看视图:在"新建查询"窗口中,输入查询语句查询新建的视图,这个视图只能看到周一冰教师所教授的学生的信息,而其他学生信息是看不到的,从而使视图能够对机密数据提供安全保护,即限制了不同的用户查看信息的范围。使用下面的 SQL 语句查询视图,查询视图结果如图 10-42 所示。

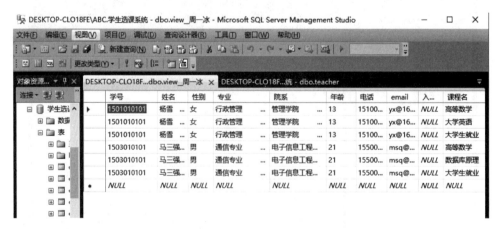

图 10-42　查看周一冰教师所教授的学生视图结果

查询视图 SQL 语句:

```
SELECT * FROM view_周一冰;
```

第二种方法：利用 Management Studio 工具交互式建立视图。

打开"对象资源管理器"，找到"学生选课系统"数据库，单击 ⊞ ▢ 视图 找到"视图"，右击"视图"，在菜单中单击"新建视图"。在弹出的对话框中先单击 student、sc、course，然后单击"添加"按钮，单击"关闭"按钮，将所有的列选中，在"工号"这一行对应的"筛选器"这一行中输入"2005002"，单击"确定"按钮，如图 10-43 所示。

单击工具栏上的 ▨ 按钮，将视图名称命名为"view__周一冰"，单击"确定"按钮，在左侧的"对象资源管理器"中右击"视图"，在弹出的快捷菜单中单击"刷新"命令即可看到新建的视图"view__周一冰"。

查看新建立的视图中的信息，右击"view__周一冰"，单击"打开视图"，在右侧看到新建立的视图的信息，如图 10-43 所示。

图 10-43　新建视图

由于篇幅有限，其他教师视图的建立过程这里不再赘述，都可仿照周一冰教师的视图的建立方法。

5. 数据查询

数据查询是数据库的核心操作。SQL 提供了 SELECT 语句进行数据库查询，该语句具有灵活的使用方式和功能。在学生选课管理系统中常用的查询操作主要包括：学生查询自己的选课信息，了解选择了哪些课程；教师查询自己所教授的课程，有哪些课程以及所教授课程的成绩单等；下面针对常用的查询操作进行举例说明。

【例 4】　查询学号为"1501010101"的学生信息。

解析：本查询只涉及 student 表，是一个简单查询。查询语句如下：

```
Select * from student where 学号 = '1501010101';
```

【例 5】　查询姓名为"马三强"的同学的信息。

解析：本查询只涉及 student 表，是一个简单查询。查询语句如下：

```
Select * from student where 姓名 = '马三强';
```

【例 6】 查询周一冰教师所教授的学生信息。

解：本查询可以直接利用查询视图从而达到此条件查询。

```
Select * from view_周一冰;
```

【例 7】 查询"杨雪"同学的选课信息。

解：本查询需要列出学生选课的具体信息，包括学生的学号、姓名、课程号和课程名等，要实现本查询，需要从学生、课程和选课 3 个表中获取信息，可以用连接查询方法实现，具体查询语句如下：

```
SELECT student.学号,student.姓名,sc.课程号,course.课程名
FROM student,course,sc
where student.学号 = sc.学号 and sc.课程号 = course.课程号 and student.姓名 = '杨雪';
```

查询结果如图 10-44 所示。

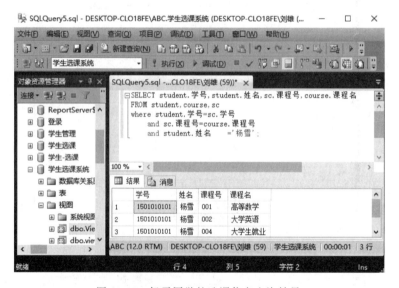

图 10-44　杨雪同学的选课信息查询结果

【例 8】 将课程名为"大学生就业"的学分修改为 3 分。

解：将课程名为"大学生就业"的学分修改为 3 分，也就相当于更新 course 表中的课程名为"大学生就业"的课程记录。

```
UPDATE course
SET 学分 = '3'
where 课程名 = '大学生就业';
```

由于篇幅有限，数据更新操作这里就不过多举例了。还有疑问的同学可以复习第 3 章的相关内容。

6. 数据库维护

数据维护包括许多内容，包括用户权限的设置、数据库完整性维护、数据库的备份、表的备份、日志备份等。这里只介绍数据库的备份。

SQL Server 2014 提供了如下 4 种不同的备份方式。

1) 完整备份

备份整个数据库的所有内容，包括事务日志。该备份类型需要比较大的存储空间来存储备份文件，备份时间也比较长，在还原数据时，也只需要一个备份文件。

2) 差异备份

它是完整备份的补充，差异备份只备份上次完整备份后更改的数据。相对完整备份来说，差异备份的数据量比完整备份的数据量小，备份的速度也比完整备份的速度要快。因此，数据库管理员经常采用的是一次完整性备份后再还原最后一次所做的差异备份，这样才能让数据库中的数据恢复到与最后一次差异备份时的内容相同。

3) 事务日志备份

事务日志备份只备份事务日志里的内容。事务日志记录了上一次完整备份或事务日志备份后数据库的所有变动情况。因此在做事务日志备份之前，也必须要做一次完整备份。事务日志备份在还原数据时，除了先要还原完整备份之外，还要一次还原每个事务日志备份，而不是只还原最近一个事务日志备份。

4) 数据库文件和文件组备份

如果在创建数据库时，为数据库创建了多个数据库文件或文件组，可以使用该备份方式。使用文件和文件组备份方式可以只备份数据库中的某些文件，该备份方式在数据库文件非常庞大的时候十分有效，由于每次只备份一个或多个文件或文件组，可以分多次来备份数据库，避免大型数据库备份的时间过长。另外，由于文件和文件组备份只备份其中一个或多个数据文件。因此当数据库里的某个或某些文件损坏时，可以只还原损坏的文件或文件组备份即可。

在创建数据库备份之前必须先创建备份设备。"备份设备"指的是备份或还原操作中使用的磁带机或磁盘驱动器。在创建备份时，选择要将数据写入的备份设备。Microsoft SQL Server 2014 可以将数据库、事务日志和文件备份到磁盘和磁带设备上。

创建备份设备和备份数据库有两种方法：一种是使用 SQL 语句备份数据库；一种是利用 Management Studio 工具交互式备份数据库。

下面只介绍 Management Studio 工具交互式备份数据库。

1) 创建备份设备

打开"对象资源管理器"，单击"服务器对象"，右击"备份设备"，再单击"新建备份设备"，在打开的"备份设备"窗口中，输入备份设备名称"学生选课系统_bak"，"文件"路径输入"D:\BACKUPDB\学生选课系统_bakup"，单击"确定"按钮即可在左侧的"对象资源管理器"中看到新建的备份文件"学生选课系统_bak"。

2) 备份数据库

右击"学生选课系统"，在操作菜单中选择"任务"。接着，在任务的下拉选项中单击"备份"，然后选择"备份"的位置，用户还可以根据自己的需要对数据库、恢复模式、恢复类型等进行相应的设置。接着单击"添加"按钮，然后选择备份目标。最后单击确定即可，如图 10-45 所示。

图 10-45　数据库的备份

10.3.6　案例的应用程序设计

系统主要分为三个模块,分别为学生模块、教师模块、管理员模块。在具体介绍每个模块的设计之前,首先了解一下前台和后台数据库的连接方式。

1. 前台开发语言和后台数据库的连接方法

1) C♯访问数据库的方式

由于本系统前台用户界面的开发采用的是 C♯语言,使用 Visual Studio. NET 2015 作为开发平台,因此本系统通过 C♯语句进行连接。因为数据库管理系统采用的是 SQL Server 2014,所有连接的时候先用数据库连接字符串,建立一个数据库连接类:Connection. cs。进行连接的字符串语句如下:

```
Class Connection
{ public static string myConnstring
    {get {return "Data Source = DESKTOP - CLO18FE \ ABC; Initial Catalog = 学生选课系统;
Integrated Security = True";}
    }
}
```

注意:

① Data Source 或 Server 表示数据源所在的服务器名,也可以写成服务器的 IP 地址,如果是本地服务器可以有以下几种写法。

- (圆点)

- （local）
- 127.0.0.1
- 本地服务器名

② Initial Catalog 表示连接的数据库名称，可写为 database。

③ Integrated Security 表示是否要对集成身份验证。

④ 如果使用的是混合验证，需要对用户名 user id 和密码 password 字段进行验证。

上面的几点是用本地连接对数据库进行连接的，在连接之前要先在 Connection.cs 文件开头处添加命名空间 using System.data.sqlclient。

2）连接字符串

Connection 对象最重要的属性是连接字符串 myConnString，这也是 Connection 对象唯一的非只读属性，用于提供登录数据库和指向特定数据库所需的信息，格式如下：

```
Connectionstring = @"Data Source = DESKTOP - CLO18FE \ ABC; Initial Catalog = 学生选课系统;
Integrated Security = True";
```

Data Source 指定服务器名，Initial Catalog 指定数据库名字，Integrated Security 指明访问它的安全机制。

3）创建并使用连接对象

在定义了连接字符串之后，即可进行连接，要先加载头文件 using System.data.sqlclient。

```
SqlConnection conn = NEW SqlConnection(mystr);
```

连接数据库的两个主要方法是 open() 和 close()。Open 方法使用 mystr 属性中的信息联系数据源，并建立一个打开连接。而 close 方法是关闭已打开的连接。

2. 登录界面设计

登录界面通过 radiobutton 来选择不同用户的登录模式，整体界面的框图如图 10-46 所示。

添加登录页面代码：

打开当前工程，转到代码窗口，首先需要包含如下命名空间。

```
using System.Data.SqlClient;
```

然后进行如下定义：

```
int intFalg = 0;
SqlConnection conn;
SqlCommand comm;
```

图 10-46　登录界面设计

完成上述操作后，双击登录按钮，添加如下代码。

```
Private void buttonLogin_Click(object sender, EventArgs e)
    {
        string mysql = "";
        string mystr = @"Data Source = DESKTOP - CLO18FE\ABC; Initial Catalog = 学生选课系统;
```

```
    Integrated Security = True";
            conn = newSqlConnection(mystr);
            conn.Open();
             if (radioButtonStu1.Checked)
                {
                    mysql = "select * from stuLogin where 用户名 = '" + textBoxID.Text
                        + "'and 密码 = '" + textBoxPwd.Text + "'";
                }
            if(radioButtonTea1.Checked)
                {
                    mysql = "select * from teaLogin where 用户名 = '" + textBoxID.Text
                        + "'and 密码 = '" + textBoxPwd.Text + "'";
                }
            if (radioButtonMan1.Checked)
                {
                    mysql = "select * from manLogin where 用户名 = '" + textBoxID.Text
                        + "'and 密码 = '" + textBoxPwd.Text + "'";
                }
            comm = newSqlCommand(mysql, conn);
                SqlDataReader dr = comm.ExecuteReader();
                if (dr.HasRows)
                    {
                    intFalg = 1;
                    }
                if (intFalg > 0)
                    {
                    MessageBox.Show("登录成功!");
                    if (radioButtonStu1.Checked)
                    {
                        Formstu fo = newFormstu(textBoxID.Text);
                        fo.ShowDialog();
                    }
                    if (radioButtonTea1.Checked)
                    {
                        FormTea fo = newFormTea(textBoxID.Text);
                        fo.ShowDialog();
                    }
                    if (radioButtonMan1.Checked)
                    {
                        FormMan fo = newFormMan();
                        fo.ShowDialog();
                    }
                    }
                else
                    {
                    MessageBox.Show("登录失败!");
                    }
        }
```

双击退出按钮添加如下代码。

```
private void button2_Click(object sender, EventArgs e)
        {
                Application.Exit();
        }
```

3. 管理员登录窗体设计

管理员登录后可以对学生、教师、课程信息进行查询、增加、删除和修改等操作,程序运行界面如图 10-47 所示。

图 10-47　管理员登录界面

添加和修改学生/教师信息。

```
privatevoid buttonStuInf_Click(object sender, EventArgs e)
    {
        if (comboBox1.Text != "")
          {
                string mystr = @"Data Source = DESKTOP − CLO18FE\ABC;Initial Catalog =
                学生选课系统;Integrated Security = True";
            conn = newSqlConnection(mystr);
            conn.Open();
            if (intFlag == 1)
            {
                mysql = "insert into student values('" + textBox1.Text +
                "','" + textBox2.Text + "','" + comboBox1.Text + "','" +
                textBox4.Text + "','" + textBox5.Text + "','" +
                    textBox6.Text + "','" + textBox7.Text + "','" +
                        textBox8.Text + "')";
            }
            if (intFlag == 2)
            {
                mysql = "insert into teacher values('" + textBox1.Text +
                "','" + textBox2.Text + "','" + comboBox1.Text + "','" +
```

```
                        textBox5.Text + "','" + textBox4.Text + "','" +
                    comboBox2.Text + "','" + textBox7.Text + "','" +
                    textBox8.Text + "')";
        }
        if (intFlag == 3)
        {
            mysql = "update student set 姓名 = '" + textBox2.Text + "',
            性别 = '" + comboBox1.Text + "',专业 = '" + textBox4.Text + "',
            院系 = '" + textBox5.Text + "',年龄 = '" + textBox6.Text + "',
            电话 = '" + textBox7.Text + "',email = '" + textBox8.Text +
                "'where 学号 = '" + comboBox3.Text + "'";
        }
        if (intFlag == 4)
        {
            mysql = "update teacher set 姓名 = '" + textBox2.Text + "',
            性别 = '" + comboBox1.Text + "',院系 = '" + textBox4.Text + "',
            年龄 = '" + textBox5.Text + "',职称 = '" + comboBox2.Text + "',
            电话 = '" + textBox7.Text + "',email = '" + textBox8.Text +
                "'where 工号 = '" + comboBox3.Text + "'";
        }
        try
        {
                comm = newSqlCommand(mysql, conn);
                int i = comm.ExecuteNonQuery();
                if (i > 0)
            {MessageBox.Show("成功!"); }
            else
            {MessageBox.Show("失败!");}
        }
        catch (Exception ex)
        {MessageBox.Show(ex.ToString());}
         finally
        {
            groupBox1.Visible = false;
            intFlag = 0;
            conn.Close();
        }
    }
    else
{
    MessageBox.Show("主码不能为空!");
}
    }
```

查询学生信息：

```
Private void 查询学生信息 ToolStripMenuItem_Click(object sender, EventArgs e)
        {
            buttonDel.Visible = false;
            groupBox1.Visible = false;
            groupBox2.Visible = false;
            groupBox3.Visible = true;
            label12.Text = "按年级查询";
            label13.Text = "按专业查询";
```

```
            string mystr = @"Data Source = DESKTOP - CLO18FE\ABC;Initial Catalog =
        学生选课系统;Integrated Security = True";
            conn = newSqlConnection(mystr);
            conn.Open();
    try
    {
    mysql = "select distinct substring(student.学号,1,2) from student";
        comm = newSqlCommand(mysql, conn);
        SqlDataReader mydr = comm.ExecuteReader();
        comboBox4.Items.Clear();
        while (mydr.Read())
        {
            comboBox4.Items.Add(mydr[0].ToString());
        }
        mydr.Close();
        string mysql1 = "select distinct 专业 from student ";
        comm = newSqlCommand(mysql1, conn);
        SqlDataReader mydr1 = comm.ExecuteReader();
        comboBox5.Items.Clear();
        while (mydr1.Read())
        {
    comboBox5.Items.Add(mydr1[0].ToString());
        }
        mydr1.Close();
    }
catch(Exception ex)
    { MessageBox.Show(ex.ToString()); }
finally
    { conn.Close(); intFlag = 1; }
}
```

课程信息管理,包括简易的增删改查,如图 10-48 所示。

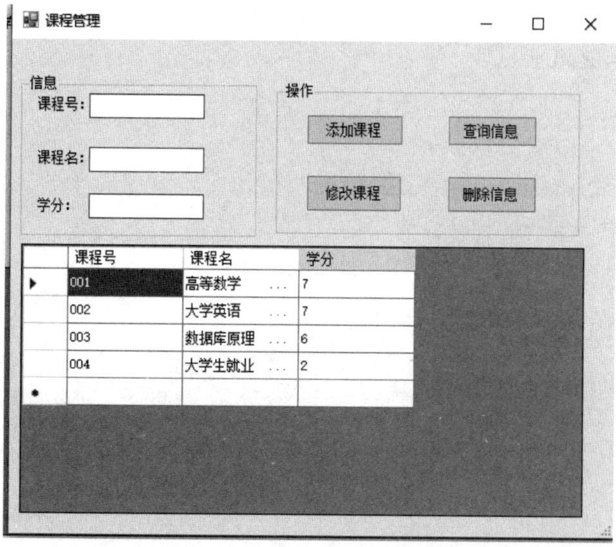

图 10-48　课程信息管理

```
private void 添加学生账号 ToolStripMenuItem_Click(object sender, EventArgs e)
        {

                buttonDel.Visible = false;
                groupBox1.Visible = false;
                groupBox2.Visible = true;
                groupBox3.Visible = false;
                intFlag = 1;
        }
private void 添加教师账号 ToolStripMenuItem_Click(object sender, EventArgs e)
        {
                buttonDel.Visible = false;
                groupBox1.Visible = false;
                groupBox2.Visible = true;
                groupBox3.Visible = false;
                intFlag = 2;

        }


privatevoid button1_Click(object sender, EventArgs e)
{
        string mystr = @"Data Source = DESKTOP - CLO18FE\ABC; Initial Catalog = 学生选
        课系统; Integrated Security = True";
        conn = newSqlConnection(mystr);
        conn.Open();
if (textBoxUser.Text != "")
  {
    if (intFlag == 1)
    {
      mysql = "insert into stuLogin values('" + textBoxUser.Text + "','" +
        textBoxPwd.Text + "')";
    }
    if (intFlag == 2)
    {
      mysql = "insert into teaLogin values('" + textBoxUser.Text + "','" +
        textBoxPwd.Text + "')";
      }
try
{
    comm = newSqlCommand(mysql, conn);
    if (comm.ExecuteNonQuery() > 0)
    {MessageBox.Show("添加成功!");}
    else
    {MessageBox.Show("添加失败!");}
  }
catch (Exception ex)
  {
    MessageBox.Show(ex.ToString());
  }
finally
  {
    groupBox2.Visible = false;
```

```
            intFlag = 0;
        conn.Close();
      }
    }
  else
    {
          MessageBox.Show("主码不能为空!");
      }
    }
private void 修改学生信息 ToolStripMenuItem_Click(object sender, EventArgs e)
        {
            buttonDel.Visible = false;
            clear();
            groupBox1.Visible = true;
            comboBox3.Visible = true;
            textBox1.Visible = false;
            comboBox2.Visible = false;
            textBox6.Visible = true;
            groupBox3.Visible = false;
            label1.Text = "学号:";
            label2.Text = "姓名:";
            label3.Text = "性别:";
            label4.Text = "专业:";
            label5.Text = "院系:";
            label6.Text = "年龄:";
            label7.Text = "电话:";
            label8.Text = "email:";
                String mystr = @"Data Source = DESKTOP - CLO18FE\ABC; Initial Catalog =
                学生选课系统; Integrated Security = True";
            conn = newSqlConnection(mystr);
            conn.Open();
              try
            {
                mysql = "select 学号 from student";
                comm = newSqlCommand(mysql, conn);
                  SqlDataReader mydr = comm.ExecuteReader();
                comboBox3.Items.Clear();
                  while (mydr.Read())
                {
                    comboBox3.Items.Add(mydr[0].ToString());
                }
                buttonStuInf.Text = "确定修改";
                intFlag = 3;
            }
            catch(Exception ex)
            {
              MessageBox.Show(ex.ToString());
            }
            finally
            {
```

```
                conn.Close();
            }
        }
    Private void 修改教师信息 ToolStripMenuItem_Click(object sender, EventArgs e)
        {
            DataSet myds = newDataSet();
            clear();
            buttonDel.Visible = false;
            groupBox3.Visible = false;
            comboBox3.Visible = true;
            textBox1.Visible = false;
            groupBox1.Visible = true;
            comboBox2.Visible = true;
            textBox6.Visible = false;
            label1.Text = "工号:";
            label2.Text = "姓名:";
            label3.Text = "性别:";
            label4.Text = "年龄:";
            label5.Text = "院系:";
            label6.Text = "职称:";
            label7.Text = "电话:";
            label8.Text = "email:";
              string mystr = @"Data Source = DESKTOP - CLO18FE\ABC; Initial Catalog =
              学生选课系统; Integrated Security = True";
            conn = newSqlConnection(mystr);
            conn.Open();
            try
            {
                mysql = "select 工号 from teacher";
                comm = newSqlCommand(mysql, conn);
                myda = newSqlDataAdapter(mysql, conn);
                myda.Fill(myds, "tea");
                  SqlDataReader mydr = comm.ExecuteReader();
                comboBox3.Items.Clear();
                  while (mydr.Read())
                {
                    comboBox3.Items.Add(mydr[0].ToString());
                }
                buttonStuInf.Text = "确定修改";
                intFlag = 4;
            }
              catch (Exception ex)
            {
            MessageBox.Show(ex.ToString());
            }
              finally
            {
```

```
                conn.Close();
            }
        }


private void comboBox3_SelectedIndexChanged(object sender, EventArgs e)
        {
                DataSet myds = newDataSet();
                string mystr = @"Data Source = DESKTOP - CLO18FE\ABC; Initial Catalog =
                学生选课系统; Integrated Security = True";
            conn = newSqlConnection(mystr);
            conn.Open();
                if(intFlag == 3)
                {
                    mysql = "select * from student where 学号 = '" + comboBox3.Text + "'";
                }
                if(intFlag == 4)
                {
                    mysql = "select * from teacher where 工号 = '" + comboBox3.Text + "'";
                }
                try
                {
                    comm = newSqlCommand(mysql, conn);
                    myda = newSqlDataAdapter(mysql, conn);
                    myda.Fill(myds);
                        for(int i = 0; i < myds.Tables[0].Rows.Count; i++){
                        DataRow mydr = myds.Tables[0].Rows[i];
                            textBox2.Text = mydr[1].ToString();
                            comboBox1.Text = mydr[2].ToString();
                            textBox4.Text = mydr[3].ToString();
                            textBox5.Text = mydr[4].ToString();
                            textBox6.Text = mydr[5].ToString();
                            comboBox2.Text = mydr[5].ToString();
                            textBox7.Text = mydr[6].ToString();
                            textBox8.Text = mydr[7].ToString();
                    }
                }
            catch(Exception ex)
            {MessageBox.Show(ex.ToString());}
            finally{
        myds.Clear();
        conn.Close();
                }
    }
```

4. 学生登录窗体设计

学生登录的设计,是为了方便学生管理自己的账户信息,即查看、修改个人信息。程序运行界面如图 10-49 所示。

312

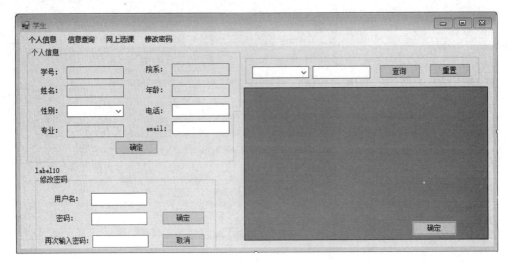

图 10-49　学生登录窗体

下面主要介绍学生查看个人信息的方法，双击菜单栏中的"个人信息"添加如下代码。

```
private void ShowInformation()
    {
        string mystr = @"Data Source = DESKTOP - CLO18FE\ABC; Initial Catalog =
        学生选课系统; Integrated Security = True";
        conn = new SqlConnection(mystr);
        conn.Open();
        DataSet myds = new DataSet();

        mysql = "select * from student where 学号 = '" + textBoxSno.Text + "'";
        comm = new SqlCommand(mysql, conn);
        myda = new SqlDataAdapter(mysql, conn);
        myda.Fill(myds, "StuInf");
        mydt = myds.Tables["StuInf"];
        for(int i = 0; i < mydt.Rows.Count; i++)
        {
            DataRow dr = mydt.Rows[i];
            textBoxSname.Text = dr[1].ToString();
            comboBoxSsex.Text = dr[2].ToString();
            textBoxSmajor.Text = dr[3].ToString();
            textBoxSdept.Text = dr[4].ToString();
            textBoxSage.Text = dr[5].ToString();
            textBoxStel.Text = dr[6].ToString();
            textBoxSemail.Text = dr[7].ToString();
        }
    }

private void Formstu_Load(object sender, EventArgs e)
    {
        buttonSure.Visible = false;
        ShowInformation();
        label10.Text = "欢迎你," + textBoxSno.Text + "" + textBoxSname.Text + "";
```

```
                comboBoxSelect.Text = "课程号";
                buttonLesson.Visible = false;
                groupBox4.Visible = false;
        }
privatevoid 选课()
        {
                DataSet myds = newDataSet();
                string mystr = @"Data Source = DESKTOP - CLO18FE\ABC;Initial Catalog =
                学生选课系统;Integrated Security = True";
            conn = newSqlConnection(mystr);
            conn.Open();
            buttonLesson.Visible = true;
            buttonLesson.Text = "确认选课";
                try
                {
                    mysql = "select course.课程号,course.课程名,course.学分 from
                course where course.课程名 not in (select course.课程名 from
                course,sc where sc.学号 = '" + textBoxSno.Text + "'and course.课
                程号 = sc.课程号)";
                    comm = newSqlCommand(mysql, conn);
                    myda = newSqlDataAdapter(mysql, conn);
                    myda.Fill(myds);
                    dataGridView1.DataSource = myds.Tables[0];
                    dataGridView1.Show();
                }
                catch (Exception ex)
                {
                    MessageBox.Show(ex.ToString());
                }
                finally
                {
                    intFlag = 2;
                    conn.Close();
                }
        }
privatevoid 选课 ToolStripMenuItem_Click(object sender, EventArgs e)
        {
            选课();
        }

privatevoid 退选()
        {
                DataSet myds = newDataSet();
                string mystr = @"Data Source = DESKTOP - CLO18FE\ABC;Initial Catalog =
                学生选课系统;Integrated Security = True";
            conn = newSqlConnection(mystr);
            conn.Open();
            buttonLesson.Visible = true;
            buttonLesson.Text = "确认退选";
                try
```

```
            {
                mysql = "select course.课程号,course.课程名,course.学分 from
            course,sc where sc.学号 = '" + textBoxSno.Text + "'and sc.课程号
             = course.课程号 and 成绩 is null";
                comm = newSqlCommand(mysql, conn);
                myda = newSqlDataAdapter(mysql, conn);
                myda.Fill(myds);
                dataGridView1.DataSource = myds.Tables[0];
                dataGridView1.Show();
            }
            catch (Exception ex)
            {
                MessageBox.Show(ex.ToString());
            }
            finally
            {
                intFlag = 3;
                conn.Close();
            }
        }
    privatevoid 退选 ToolStripMenuItem_Click(object sender, EventArgs e)
        {
            退选();
        }
```

5. 教师信息管理

教师管理几乎与学生管理类似,这里不再过多描述,只描述教师为自己所教授的学生分配成绩此模块,如图 10-50 所示。

图 10-50 教师管理界面

双击菜单栏中的"成绩管理"，编辑代码如下：

```
private void 按专业登记 ToolStripMenuItem_Click(object sender, EventArgs e)
    {
        CellClick = 1;
        groupBox2.Visible = true;
        groupBox2.Text = "查询学生";
        string mystr = @"Data Source = DESKTOP - CLO18FE\ABC; Initial Catalog =
        学生选课系统; Integrated Security = True";
        conn = newSqlConnection(mystr);
        conn.Open();
        mysql = "select distinct 专业 from view_" + label11.Text + "";
        comm = newSqlCommand(mysql, conn);
        SqlDataReader mydr = comm.ExecuteReader();
        comboBox1.Items.Clear();
        while (mydr.Read())
        {
            comboBox1.Items.Add(mydr[0].ToString());
        }
        mydr.Close();
        string mysql1 = "select distinct 课程号 from sc where 工号 = '" +
        textBoxTno.Text + "'";
        comm = newSqlCommand(mysql1, conn);
        SqlDataReader mydr1 = comm.ExecuteReader();
        comboBox2.Items.Clear();
    while (mydr1.Read())
        {
            comboBox2.Items.Add(mydr1[0].ToString());
        }
        conn.Close();
    }
private void buttonSelectStu_Click(object sender, EventArgs e)
    {
        DataSet myds = newDataSet();
        string mystr = @"Data Source = DESKTOP - CLO18FE\ABC; Initial Catalog =
        学生选课系统; Integrated Security = True";
        conn = newSqlConnection(mystr);
        conn.Open();
        if(groupBox2.Text == "查询学生")
        mysql = "select distinct view_" + label11.Text + ".学号,姓名,sc.
            课程号,course.课程名,性别,专业,院系,年龄,电话,email from
                view_" + label11.Text + ",sc,course where 专业 = '" +
                    comboBox1.Text + "'and sc.学号 = view_" + label11.Text + ".学号 and
                    sc.课程号 = course.课程号 and sc.课程号 = '" + comboBox2.Text + "'";

        if (groupBox2.Text == "查询成绩")
            mysql = "select distinct view_" + label11.Text + ".学号,view_"
        + label11.Text + ".姓名,course.课程名,成绩 from view_" +
            label11.Text + ",sc,course where view_" + label11.Text + ".学
        号 = sc.学号 and sc.课程号 = course.课程号 and course.课程号
            = '" + comboBox2.Text + "' and 成绩 is not null";
comm = newSqlCommand(mysql, conn);
myda = newSqlDataAdapter(mysql, conn);
myda.Fill(myds);
```

```
                dataGridView1.DataSource = myds.Tables[0];
                dataGridView1.Show();
                conn.Close();
            }
    private void dataGridView1_CellClick(object sender, DataGridViewCellEventArgs e)
        {
                DataSet myds = newDataSet();
                groupBox3.Visible = true;
                textBoxSno.Enabled = false;
                textBoxSname.Enabled = false;
                if (CellClick == 1)
                {
                    string mystr = @"Data Source = DESKTOP - CLO18FE\ABC;Initial
                    Catalog = 学生选课系统;Integrated Security = True";
                    conn = newSqlConnection(mystr);
                    conn.Open();
                        if (e.RowIndex < dataGridView1.RowCount - 1)
                        {

                    textBoxSname.Text = comm.ExecuteScalar().ToString();
                        string mysql1 = "select distinct 课程号 from sc,view_" +
                            label11.Text + " where view_" + label11.Text + ".学号 = sc.学号 and
                            sc.学号 = '" + textBoxSno.Text + "'";
                    comm = newSqlCommand(mysql1, conn);
                    myda = newSqlDataAdapter(mysql1, conn);
                        SqlDataReader mydr = comm.ExecuteReader();
                    comboBoxCno.Items.Clear();
                        while (mydr.Read())
                        {
                            comboBoxCno.Items.Add(mydr[0].ToString());
                        }
                    conn.Close();
                    }
                }
```

6. 程序运行演示

如图 10-51 所示为学生查询已选课程信息。

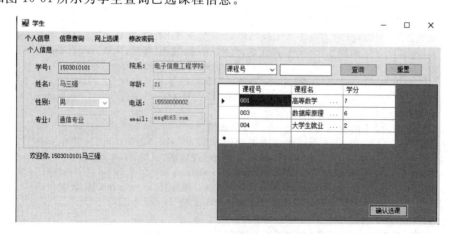

图 10-51　学生查询已选课程信息

如图 10-52 所示为教师分配学生成绩信息。

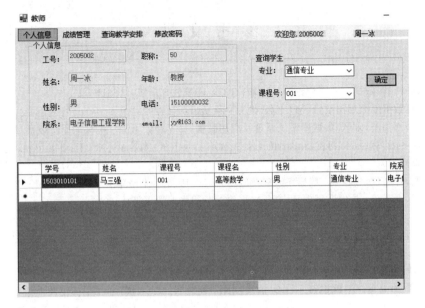

图 10-52　教师分配学生成绩信息

数据库设计实例

参考文献

［1］ 王珊，萨师煊. 数据库系统概论［M］. 5 版. 北京：高等教育出版社，2014

［2］ 尹为民. 数据库原理与技术［M］. 2 版. 北京：科学出版社，2010

［3］ 苗雪兰，刘瑞新，宋歌. 数据库系统原理及应用教程［M］. 3 版. 北京：机械工业出版社，2008

［4］ Silberschatz A，Korth H F，Sudarshan S. Database System Concepts［M］. Fifth Edition. 北京：机械工业出版社，2010

［5］ 雷景生，叶文珺，楼越焕. 数据库原理及应用［M］. 2 版. 北京：清华大学出版社，2012

［6］ 刘亚军，高莉莎. 数据库原理及应用［M］. 北京：清华大学出版社，2015

［7］ 周爱武，汪海威，肖云. 数据库课程设计［M］. 北京：机械工业出版社，2012

［8］ 李建中，王珊. 数据库系统原理［M］. 北京：电子工业出版社，2007

［9］ 陈志泊. 数据库原理及应用教程［M］. 北京：人民邮电出版社，2014

［10］ 何玉洁. 数据库系统教程［M］. 2 版. 北京：人民邮电出版社，2015

［11］ 邱李华，李晓黎，等. SQL Server 2008 数据库应用教程［M］. 2 版. 北京：人民邮电出版社，2012

［12］ 朗振红，廉彦平，等. SQL Server 2014 网络数据库案例教程［M］. 北京：清华大学出版社，2017

［13］ 王预，等. 数据库原理及应用教程［M］. 北京：清华大学出版社，2015

图 书 资 源 支 持

感谢您一直以来对清华版图书的支持和爱护。为了配合本书的使用，本书提供配套的资源，有需求的读者请扫描下方的"书圈"微信公众号二维码，在图书专区下载，也可以拨打电话或发送电子邮件咨询。

如果您在使用本书的过程中遇到了什么问题，或者有相关图书出版计划，也请您发邮件告诉我们，以便我们更好地为您服务。

我们的联系方式：

地　　址：北京市海淀区双清路学研大厦 A 座 707

邮　　编：100084

电　　话：010 - 62770175 - 4520

资源下载：http://www.tup.com.cn

电子邮件：huangzh@tup.tsinghua.edu.cn

QQ：81283175(请写明您的单位和姓名)

用微信扫一扫右边的二维码，即可关注清华大学出版社公众号"书圈"。

资源下载、样书申请

书 圈